水体污染控制与治理科技重大专项"十二五"成果系列丛书

滇池流域水污染防治
环境经济政策实证研究

曾维华　等/著

U0251797

中国环境出版集团·北京

图书在版编目（CIP）数据

滇池流域水污染防治环境经济政策实证研究/曾维华等著.
—北京：中国环境出版集团，2021.11
ISBN 978-7-5111-4818-6

Ⅰ.①滇…　Ⅱ.①曾…　Ⅲ.①滇池—流域—水污染
防治—环境经济—环境政策—研究　Ⅳ.①X524

中国版本图书馆 CIP 数据核字（2021）第 252262 号

出 版 人　武德凯
责任编辑　宋慧敏　范云平
责任校对　任　丽
封面设计　宋　瑞

出版发行　**中国环境出版集团**
　　　　　（100062　北京市东城区广渠门内大街 16 号）
　　　　　网　　址：http://www.cesp.com.cn
　　　　　电子邮箱：bjgl@cesp.com.cn
　　　　　联系电话：010-67112765（编辑管理部）
　　　　　发行热线：010-67125803，010-67113405（传真）
印　　刷　北京中科印刷有限公司
经　　销　各地新华书店
版　　次　2021 年 11 月第 1 版
印　　次　2021 年 11 月第 1 次印刷
开　　本　787×1092　1/16
印　　张　22.25
字　　数　466 千字
定　　价　90.00 元

中国环境出版集团郑重承诺：
中国环境出版集团合作的印刷单位、材料单位均具有中国环境标志产品认证。

著作委员会

主　　　任：曾维华

执行副主任：王慧慧　张家瑞　杨逢乐

副　主　任：贾紫牧　薛英岚　董战峰　陈异晖

成　　　员（按汉语拼音排序）：

陈　龙　陈　馨　程　蕾　董战峰

傅　婕　贾紫牧　龙晓东　马　豫

聂诗芳　王慧慧　王明阳　王文懿

卫欣怡　吴　波　吴　琼　徐雪飞

薛英岚　杨逢乐　曾维华　曾逸凡

张家瑞　张　婷　张晓宇

统　　　稿：曾维华　王慧慧　傅　婕

前　言

　　滇池是我国内陆水体水环境污染防治工作重点关注的"三湖三河"之一。"九五"至"十一五"期间，滇池流域水污染防治累计投资 224.7 亿元，有效遏制了滇池水体富营养化的趋势，但巨额投资尚未使滇池水质得到根本改善。"十二五"期间，滇池治理投资增加到 420.14 亿元，用于在"十一五"的基础上进一步对"六大工程"进行提升和完善。目前，滇池治理工作面临着四个转变：第一，环境决策由单目标决策向环境与发展综合决策转变；第二，环境保护工作的重点由污染防治为主向污染防治与生态环境保护并重转变；第三，污染治理方式由点源治理向区域性和流域性综合治理转变；第四，环境管理手段从以行政管理为主向综合运用法律手段、经济手段和科技手段转变。其中，第一个和第四个转变都与环境经济手段有关，这说明滇池流域水污染防治工作对环境经济政策需求很大。由此可见，滇池流域水污染防治是一项系统工程，需要构建一套与滇池流域水质改善相匹配的政策保障体系，用以调控流域内的用水量、控制排污量。

　　环境经济政策已经成为各国环境政策的重要组成部分，在水环境经济政策方面，一个显著的发展趋势就是大量引入经济政策和市场机制、自愿制度以及信息公开制度等。在我国，尽管水污染控制与治理的经济政策体系已经初步形成，但是由于现有环境经济政策手段比较混乱，尚未形成真正的、完整的体系，在实施过程中遇到很多阻力，执行乏力，亟待理顺环境经济政策手段，综合运用、统一协调。"十二五"期间，《中华人民共和国国民经济和社会发展第十二个五年规划纲要》《国家环境保护"十二五"规划》以及《水污染防治行动计划》（简称"水十条"）明确提出"完善城市供水价格政策""积极推行居民用电、用水阶梯价格制度""建立健全污染者付费制度""提高排污费征收率""完善污水处理收费制度""积极推进环境税费改革"等目标。因此，我国要着重在水环境财政政策、污水处理税费政策、生态补偿政策、水污染物排污权有偿使用和交易政策等领域加大研究力度，制定相关配套政策措施，争取实现突破。具体而言，昆明市水费、污水处理费和排污费的征收均存在收费标准偏低、征收效率偏低、生态补偿难落地等问题，有必要从调控水量和控制水质两个方面开展滇池流域环境经济政策研究，建设以滇池水质改善为目标的一系列政策体系，构建和发挥政策的长效机制。

本书主要针对"十一五"期间滇池流域水环境监管症结与现行环境经济政策存在的问题，围绕构建滇池流域水污染防治环境经济政策技术体系和实证分析开展研究。首先，采用数据包络分析（Data Envelopment Analysis，DEA）方法中的 C^2R 模型和 BC^2 模型，结合投入产出指标，计算了相关政策实施的纯技术效率和规模效率，开展投影值分析，识别政策绩效不佳的决策单元的薄弱环节；应用复杂适应系统（Complex Adaptive System，CAS）理论和综合集成的方法，构建了基于多主体建模（Agent-Based Modeling，ABM）并耦合系统动力学（System Dynamics，SD）的滇池流域水污染防治环境经济政策集成工具包，通过对滇池流域实施城市阶梯水价政策、污水处理收费政策、排污收费政策以及制定再生水价格进行智能仿真，提出了环境容量约束下适合滇池流域社会经济发展的政策标准。其次，建立了污水处理厂季节分类考核标准核算方法体系，并以滇池流域典型污水处理厂为例，开展了季节分类考核案例研究，进而给出滇池流域污水处理厂季节分类考核管理办法。同时，针对滇池流域城市面源污染责任主体和治理经费来源不明确、污水处理厂处理雨水的费用缺乏相应补偿的问题，提出通过收取雨水排放费来补偿污水处理厂对初期雨水的处理；针对雨水径流污染源头进行了最佳管理措施（Best Management Practices，BMPs）的设计和优化，选取案例核算了污水处理厂处理初期雨水的成本，在此基础上给出滇池流域污水处理厂初期雨水处理补偿方案，并提出了关于征收雨水排放费以补偿污水处理厂的政策建议；在明确责权关系的基础上，结合支付意愿法、生态需水、跨界通量三种核算方法，对滇池流域两种生态补偿案例进行了分析，引入静态博弈模型进行上下游均衡分析，提出惩罚机制，在确定生态补偿额度的同时确定惩罚额度范围，建立了流域生态补偿方法体系。最后，引入清洁发展机制（Clean Development Mechanism，CDM）及基于此的排污交易等市场化思路和手段，在实现污染物排放总量控制的前提下，削减农业非点源总氮与总磷的排放，改善滇池流域水质，最终削减进入滇池的污染物总量，为滇池流域非点源污染防治采取基于市场机制的经济手段提供参考。

本书由曾维华和王慧慧负责全书框架设计、组稿和定稿工作。全书共分8章，其中第1章由曾维华、王慧慧、张家瑞、傅婕完成，第2章由曾维华、张家瑞、傅婕、王慧慧完成，第3章由曾维华、张家瑞、徐雪飞、王慧慧完成，第4章由曾维华、薛英岚、徐雪飞、陈异晖完成，第5章由曾维华、薛英岚、徐雪飞、张晓宇完成，第6章由曾维华、聂诗芳、王明阳、吴琼、王慧慧完成，第7章由曾维华、聂诗芳、王慧慧、王明阳完成，第8章由曾维华、陈龙、贾紫牧、陈异晖、张晓宇、王明阳完成。全书最终由曾维华、王慧慧、傅婕、张家瑞、聂诗芳、徐雪飞、王明阳等统稿，曾维华、杨逢乐、董战峰、陈异晖负责校稿。

本书是作者在对由其负责的水体污染控制与治理科技重大专项——"滇池流域水污染控制环境经济政策综合示范"（2012ZX07102-002-05）课题与云南生态环保智库课题（2020YAES-02、2022YAES-04）的研究成果进行综合提炼、整合的基础上完成的，并受到课题资助。在课题实施过程中得到了云南省环境科学研究院以及当地政府的大力支持，在此表示衷心的感谢。本书是研究团队集体智慧的结晶，成书过程中还得益于北京师范大学环境学院求实创新的学术氛围，本书研究团队通过与北京师范大学环境学院其他"973计划""863计划"研究团队开展学术交流，使学术思想得到启发和升华，在此表示衷心的感谢。

由于作者水平和时间有限，本书难免出现疏漏和差错，诚恳希望广大读者提出批评、建议，帮助本书进一步修订和完善。

作　者

2021 年 7 月

目　录

第 1 章

绪 论

1.1 背景与意义

长期以来，我国的环境保护政策基本上是由政府直接行政干预和控制。随着环境保护工作的不断深入和中国特色社会主义市场经济体制的不断完善，迫切需要将市场经济规则拓展到环境保护领域，建立一个长期有效的政策机制来保护环境。环境经济政策通过改变经济约束和激励条件来调控经济主体的环境行为，从而达到保护环境的目的。国内外的理论研究和实践经验均已表明，环境经济政策是将环境问题外部性内部化最为有效的途径。环境经济政策与命令控制型环境政策相辅相成、互为补充，在环境管理中发挥着举足轻重的作用。当前，我国经济调控手段由传统的计划手段逐步转向主要依靠市场手段，环境经济政策正好符合市场经济体制的要求。党的十八大已经明确了环境经济政策对生态文明建设的重要意义，并把环境经济政策机制的建立和健全作为生态文明制度的核心来抓。《中华人民共和国国民经济和社会发展第十二个五年规划纲要》和《水污染防治行动计划》（简称"水十条"）为促进结构调整、资源节约和环境保护，明确提出完善城市供水价格政策，积极推行阶梯用水价、污染者付费、排污费征收和污水处理收费等制度。"十三五"期间，我国将着重在水环境财政政策、城市阶梯价格政策、污水处理税费政策和生态补偿等政策领域加大研究力度，制定相关配套政策措施，争取实现突破。但总体来看，我国尚未形成系统的、适应中国国情的环境经济政策体系，理顺环境经济政策手段、统一协调和综合运用将是环境经济政策今后发展的方向。

滇池治理已经历四个五年计划，截至 2009 年年底，其水污染治理投资已达 123.8 亿元，滇池污染恶化的趋势得到遏制，但湖体富营养化治理效果仍不尽如人意，严重富营养化、生态系统被破坏的状况难以在短期内根本扭转。目前，滇池治理工作面临着四个转变：第一，流域环境决策由单目标决策转向社会经济发展与环境保护综合决策；第二，流域环境保护工作的重点由污染防治为主转向污染防治与生态环境保护并重；第三，流域污染治理方式由点源治理转向区域性和流域性综合治理；第四，环境管理手段从以环境行政命令管理为主转向综合运用各种手段。其中第一个、第四个转变直接与经济手段相联系，这说明滇池水污染防治工作十分需要运用环境经济手段。

本书面向国家环境经济政策制定和实施的重大需求，根据滇池流域水污染防治的特点，开展了实证研究，构建了滇池流域水污染防治环境经济政策技术体系，具体包括政策绩效评估技术体系、基于多主体的环境经济政策模拟技术体系、城市污水处理厂季节分类考核技术体系、城市雨水处理费用补偿技术体系、流域生态补偿技术体系以及基于 CDM 的点源-面源交易技术体系等，由此形成一整套滇池流域水污染防治环境经济政策体系。如果该政策体系能够实施，不仅可以提高滇池流域水环境管理效率，还可以建立一种基于市场的资金筹措长效机制与可持续管理、运营模式。这对滇池流域水环境质量持续改善、实现滇池流域水专项水质改善目标将起到一定的促进作用。该研究成果可直接作为滇池流域相关涉水行政管理部门进行水污染防治环境经济政策设计与实施的依据，可促进政府制定高效的水污染防治环境经济政策法规，为滇池流域水环境保护目标的实现提供政策支撑。同时，还可以向全国类似地区推广，辅助国家完成水污染物总量削减任务，实现节能减排，为我国探索建立和完善水污染防治环境经济政策体系提供实践借鉴。

1.2 水污染防治环境经济政策研究进展与政策需求分析

在水污染防治方面，环境经济政策指的是运用价值规律，采用一些限制性或者鼓励性手段，使水资源使用者少制造或不制造水环境污染。根据经济学分析，水体污染形成的一个重要原因在于水环境的外部性属性，这意味着政府的行政手段难以从根本上解决这种流域性"公共物品"的问题，往往表现出"政策失灵"，而水污染防治环境经济政策则可通过环境成本内部化，有效实现流域水环境质量管理目标。

由表 1-1 和表 1-2 可知，目前国内外实施最为普遍的水污染防治环境经济政策类型为税费手段和政府投资补贴。我国政府补贴政策较少，主要体现为一些间接补贴，如先征后返、减免税收、利润不上缴等，应用广泛的补贴主要有针对治污项目的补贴，对生态建设项目、清洁生产项目、环境科研的补贴以及生产环境友好型产品的补贴等。我国试点阶段的水污染防治环境经济政策主要有生态补偿机制、水污染物排污权交易政策，以上政策在山东、内蒙古、江苏等省份和太湖流域进行试点。

表 1-1 国外一些国家水污染防治环境经济政策应用情况

类型	澳大利亚	加拿大	法国	德国	意大利	日本	韩国	荷兰	挪威	西班牙	英国	美国
押金返还制度	●	●	—	—	●	—	●	●	●	—	—	●
补贴	●	●	●	—	●	●	●	●	—	—	●	●
税费手段	●	●	●	●	●	●	●	●	●	●	●	●
排污交易手段	●	●	—	—	—	—	—	●	●	●	●	●
绿色投融资	●	●	—	●	●	●	●	●	—	●	●	●

表 1-2 我国主要水污染防治环境经济政策实施现状

环境经济政策类型	实施部门	开始时间	实施范围
环保投资渠道	综合计划、财政、环保、金融	1984 年	全国
流域生态补偿	环保、财政	1989 年	北京、山西、河北等十余省份
补贴	财政、环保	1982 年	全国
污水排污收费与超标收费并存	环保	2003 年	全国
超标排污费	环保	1982 年	全国
生活污水处理费	建设、环保	1994 年	全国大部分省份
水排污权交易	环保、建设	1987 年	上海市、江苏省与太湖流域主要城市

1.2.1 环境经济政策概念及分类

国际上,环境政策手段在传统上分为以市场为基础的经济手段以及命令控制型手段,国外学者通常将环境经济政策归为基于市场的经济刺激政策(Market-Based Instruments,MBIs)。环境经济政策是指通过市场、信贷、税收、投资、财政和价格等经济杠杆,调整或影响利益相关者产生和消除污染及生态破坏行为,实现经济社会与环境保护协调发展的机制和制度的组合。环境经济政策是一套政策体系,包括环境税、生态补偿、环境收费、绿色贸易、绿色信贷、排污权交易、环境补贴等具体政策手段,它将经济手段引入了环境政策。有效的环境经济政策能够矫正经济机制"失灵"现象,弥补命令控制型手段的不足,以经济手段的低成本,有效配合使用环境资源。

环境经济政策手段可分为基于价格的手段(如环境税、排污费)和基于总量的手段(如排污交易)。前者的代表是庇古税,把污染看成一种外部不经济性,通过对排污对象收取合理的费用,使外部成本得以内部化,进而将污染控制在预期范围内。后者的代表是科斯排污交易,其认为只要明确界定所有权,在交易成本为零的前提下,环境资源可以在经济行为主体之间形成价格,从而进行交易,自行有效地解决外部性问题。经济合作与发展组织(OECD)是目前国际上对环境经济政策研究与实践最系统的国际机构,

OECD 早在 20 世纪 70 年代就开始研究总结成员国在环境经济政策手段方面的经验,并且出版了大量环境经济政策出版物。在对成员国环境经济政策进行系统分析的基础上,1991 年,OECD 对环境经济政策进行了初步分类,分为环境税费、排污许可证交易、押金退款、执行鼓励金。1994 年,OECD 继续完善环境经济政策分类,将之分为环境税费、排污许可证交易、押金退款、补贴 4 种类型。王金南等(1995)从政策适用范围角度把环境经济政策分为环境经济核算、环境定价、环境税费、环境投融资、环境市场激励 5 种类型。2002 年,世界银行从各种环境经济政策手段与市场关系的角度,把不同层次的环境经济政策手段分为"利用市场"和"创建市场"两类。"利用市场"是通过对现有的市场加以利用来进行环境管理,包括排污费和环境税、押金退款制度;"创建市场"则是通过市场机制对环境问题加以解决,包括明晰产权、排污权交易。这种分类方法产生了较大影响,为很多环境经济学家所接受。根据相关研究,环境经济政策可细分为六大类,各类型环境经济政策及所包括的相应主要政策手段详见表 1-3。

表 1-3 环境经济政策类型

政策类型	主要政策手段
明晰产权	所有权:土地保有权、水权、矿权 使用权:许可证、管理权、特许权、开发权等
创建市场	可交易的排污许可证、可交易的水资源配额等
税收手段	污染税、产品税、差别税收、资源税、土地使用税、投资税减免等
收费制度	排污费、使用者付费、准入费、管理收费、资源/环境/生态补偿费等
财政手段	财政补贴、利率优惠、部门基金、生态/环境基金等
债券与押金制度	环境债券、押金制度等

1.2.2　国内外水污染防治环境经济政策进展

1.2.2.1　水价格政策

价格杠杆是调整社会经济活动和环境行为的有效手段。如果水资源的价格过低,会出现其被过度使用或未能被有效利用的情况。解决水环境问题离不开水价格政策的调整,这就需要水环境和水资源的价格能够真正反映供求关系,供求关系应包括水量和水质两个方面,从而实现环境成本的内在化。

水价的制定和实施是保证国家经济可持续发展和长治久安的重要政策措施之一。水价制度和政策主要包括 4 个方面:水价制定原则,水价制定、调整程序和水价的构成(赵俊波,2013)。在美国,主要是由州政府负责城市水价的管理工作,而联邦政府对城市水价无直接的管理权限,只通过制定相关国家标准和拨款来影响城市供水服务。美国的水价制定原则是：城市供水机构的主要目的不是盈利，同时水利工程所需费用要得到保证。在遵循补偿成本原则的基础上，供水机构可采用不同的水价制定模式，一般遵循单个工程定价原则。美国的供水工程价格年变化幅度不大，但每年都会随着供水成本的变化进行适当调整，主要是根据每年工程的支出情况来制定（Rogers et al.，2002）。在加拿大，由联邦政府、省政府和市政府这 3 个级别的政府机构来对城市水价的制定进行管理，但主要还是各地方市政厅负责控制水价。加拿大水价的制定调整程序主要是在工程建设的论证阶段，由各项目的法人代表亲自核定用水范围、用户数或单位数及水价，根据该地区的水价管理权限，上报相关部门进行审批，在工程建设前签订用水合同。而水价的调整要在重新对供水成本进行核定的基础上，按城市水价构成要素报政府部门重新审批（Dahan et al.，2007）。在法国，直接负责水质管理的是中央政府，环境部是其中最重要的机构。中央政府通过中央、地区和部门实施城市水价政策。法国水价的决定权主要在市长，但并不是由其定价后进行强制执行，而是聚集各代表进行民主对话及水价听证会，通过协商确定水价。水价主要包括水资源费、污染费、用水服务费及征收的附加费等。对水价的调整，通常是综合考虑社会承受能力、通货膨胀等因素后确定的（Boland et al.，1998）。在新加坡，公用事业局管理着供水系统，合理制定水价政策是保障其属下水务署日常工作正常开展的基础。新加坡家庭生活用水按以下标准征收：20 m³/月以下，0.73 新加坡元/m³；20～30 m³/月，0.9 新加坡元/m³；30～40 m³/月，1.05 新加坡元/m³；40 m³/月以上，1.21 新加坡元/m³；对工商业用水按 1.17 新加坡元/m³ 征收，对轮船用水按 1.99 新加坡元/m³ 征收。若需要对水价进行调整，必须由水务署向贸易和工业发展部提出申请，经专家协商后执行。此外，政府根据水的不同用途和使用量，另加收 10%～25%的水资源保护税和 15%～32%的排水费，这两部分费用征收由税务署负责（Meran et al.，2014）。

我国水价政策的制定和实施大体上经历了四个阶段：第一阶段为公益性的无偿供水阶段（1949—1955 年）。中华人民共和国成立初期，由于生产力非常落后，国民经济和社会发展才刚刚开始恢复，我国各城市用水基本属于公益性无偿供水。第二阶段为政策性低价供水阶段（1956—1984 年）。1956 年 10 月 13 日，国务院发布文件，我国各个城市开始计收水费，直至 1984 年，各城市的居民生活水价基本维持在 0.1～0.2 元/m³。第三阶段为按成本核算计收水费阶段（1985—2003 年）。第四阶段为商品供水价格管理阶段（2004 年至今），我国城市供水基本转变为商品型。近些年，我国各城市生活用水价格差异逐年加大，例如，2010 年北京市水价（4 元/m³）已是拉萨市水价（1.2 元/m³）的 3.33 倍，城市水价商品性的地区差异明显，也反映出我国各城市逐渐科学合理地制定水价，以达到合理开发利用区域水资源的目的。表 1-4 为我国主要城市水价标准。

表 1-4　我国主要城市水价标准

城市	居民用水/（元/m³）		工业用水/（元/m³）		阶梯水价情况		实施年份
	基础水价	污水处理费	水价	污水处理费	所处阶段	基础用水量/m³	
北京	3.64	1.36	5.15	2	—	（全年）180	2014
天津	4.90	0.90	7.85	1.2	—	（全年）180	2015
上海	1.92	1.53	2.89	2.11	—	（全年）220	2013
广州	1.08	0.9	2.06	1.4	—	26	2012
深圳	1.4	0.9	2.3	1.05	—	22	2007
南京	1.5	1.3	1.85	1.55	—	20	2009
兰州	1.75	0.5	2.53	1.2	—	（全年）144	2016
成都	2.08	0.9	3.03	1.4	—	（全年）180	2016
青岛	2.5	1	4	1.25	—	（全年）144	2015
济南	3.2	1	4.65	1.3	第三阶段	（全年）144	2015
武汉	1.52	1.1	2.35	1.37	—	25	2014
长沙	1.83	0.75	2.69	1.05	—	15	2012
贵阳	2	0.7	2.5	0.8	—	21	2010
厦门	2.2	1	2.2	1.2	—	（全年）110	2013
石家庄	2.83	0.8	4.33	1	—	（全年）120	2015
大连	2.30	0.95	3.2	1.4	—	（全年）180	2017
宁波	2.4	1	4.32	1.8	—	17	2006
沈阳	2.35	0.95	3.85	1.4	—	（全年）192	2016
哈尔滨	2.4	0.8	4.3	12	—	（全年）150	2015
昆明	2.45	1.00	4.35	1.25	第四阶段	10	2009

注：表中仅梳理了 2017 年之前的主要城市水价标准，部分城市在 2017 年之后有所调整。

1.2.2.2　污水排污收费政策

　　排污费是指排污者（单位和个人）在开发利用自然资源（如水体、空气、土地等）过程中，因对环境产生污染而必须支付的一定费用。排污收费制度基于"谁污染谁付费"这一原则，由环境保护行政主管部门依据环境容量和环境标准，按照排污单位和个人所排放的污染物种类、数量、浓度，向其征收一定费用，具有法律强制性，是实现排污单位和个人环境外部成本内部化的重要手段。

　　排污收费制度在国际通行。德国于 1904 年率先实施排污收费制度，此后相继颁布《向水源排放废水征税法》和《废水纳税法》，推行税费并行政策，对直接排放行为征收废水污染税，对间接排放行为征收排污费。20 世纪 40 年代，日本针对下水道用户开始征收排污费，并先后于 1970 年、1977 年和 1981 年三次修订《下水道法》，规定按照不同水质征收费用。1964 年，法国颁布了新水法，在六大流域实行水污染收费制度，并根据流域情况和污染程度确定收费标准。荷兰于 1970 年颁布了关于地表水污染防治的法律，规定向地表水排放污染物要缴纳排污费。此后，收费价格逐渐提高，并且针对有机污染产生单位开始征收排污税，1980 年荷兰工业有机污染比 1970 年下降超过 60%。1974 年，英国以缴纳许可证申请费的形式征收排污费，规定排污企业必须确定污染物排放量，并根据受纳水体要求缴纳申请费；1995 年，又将排污个人纳入申请费缴纳范围。1983 年，韩国开始实施排放负担金制度，对符合排放标准的排污行为征收基本负担金，对超过排放标准的排污行为加征超标负担金。20 世纪 90 年代中后期，南部非洲发展共同体的多个成员国（如坦桑尼亚等）开始对废水排放者收取一定的排污费。此外，波兰针对废水排放者，按照其所处行业、区域及排放污染物的种类，划分不同等级的费率进行费用征收，同时对超标排污行为实行更严厉的惩罚收费。俄罗斯针对污水达标限额排放行为、污水水质超标排放行为和污水水量超额但水质达标排放行为，征收向水资源设施排放污染物税（简称"水污染税"），特别是针对后两类排污行为，制定了更高的征收标准。总体而言，尽管各国实现方式不尽相同，但在几十年的广泛实践中，通过在法律体系、费率机制、征收范围等方面不断完善，各国的污染物得到了控制、环境质量得到了改善。此外，部分国家已将排污费改为排污税，凭借税收的强制性和严格性，更有效地约束排污行为。相较于发达国家，发展中国家更关注贫穷问题而非环境问题，在经济和环境的博弈中，发展中国家更倾向于前者，使得其虽然实行了相关制度和政策，但效果与预期相差较大。

相较于发达国家，我国在排污收费制度方面起步较晚。1978 年年底，《环境保护工作汇报要点》首次提出"实行排放污染物收费制度"的设想。1979 年 9 月通过的《中华人民共和国环境保护法（试行）》规定"超过国家规定的标准排放污染物，要按照排放污染物的数量和浓度，根据规定收取排污费"，为排污收费制度的建立提供了法律依据。1982 年 2 月，国务院发布《征收排污费暂行办法》，标志我国排污收费制度正式建立（王金南等，2014）。此后经过 20 多年的不断发展和完善，排污收费制度成为我国一项重要的环境管理基本制度。1979—2003 年，全国共征收排污费 671.75 亿元，用于治理污染的资金为 392.5 亿元，治理项目共 36.7 万个。2003 年，国务院颁布《排污费征收使用管理条例》，对排污收费制度进行了全面改革，在政策体系、征收对象、收费标准、排污费使用和管理等方面均发生重大变化。表 1-5 为我国排污收费制度的变迁情况。

总体而言，我国排污收费和环境保护税等制度经过多年的发展和完善，从无到有，积累了丰富经验，取得了显著成绩，对促进污染物控制和环境质量改善发挥了积极作用；但在推广和实践过程中仍存在征收标准较低、管理不规范等问题。

表 1-5 我国排污收费制度的变迁情况

年份	主要内容
1978	《环境保护工作汇报要点》首次提出"实行排放污染物收费制度"的设想
1979	《中华人民共和国环境保护法（试行）》规定"超过国家规定的标准排放污染物，要按照排放污染物的数量和浓度，根据规定收取排污费"，为排污收费制度的建立提供了法律依据
1981	全国有 27 个省、自治区、直辖市逐步开展排污收费的试点工作
1982	《征收排污费暂行办法》对排污费的征收目的、对象、标准、排污费使用和管理等内容进行了详细规定，标志着我国排污收费制度正式建立
1984	《中华人民共和国水污染防治法》规定在原有征收超标排污费的基础上征收污水排污费，使排污收费制度从单一超标收费转变为排污收费与超标收费相结合
1985	全国第一次征收排污费工作会议召开，总结我国的排污收费工作
1989	修订后的《中华人民共和国环境保护法》规定，"排放污染物超过国家或者地方规定的污染物排放标准的企、事业单位，依照国家规定缴纳超标准排污费，并负责治理"
1993	《关于征收污水排污费的通知》统一了全国污水排污费的征收标准，并对不超标的污水也要征收排污费
1994	全国排污收费十五周年总结表彰大会首次提出排污收费制度改革的 4 个转变：由超标收费向排污收费转变，由单一浓度收费向浓度与总量相结合收费转变，由单因子收费向多因子收费转变，由静态收费向动态收费转变
1997	综合分析评估我国排污收费制度实施效果，并且借鉴国外排污收费基本原则，我国完成新排污收费制度设计和标准的制定
2003	施行《排污费征收使用管理条例》，对排污收费制度进行全面改革，在政策体系、征收对象、收费标准、排污费使用和管理等方面均发生重大变化
2004	通过了《中华人民共和国固体废物污染环境防治法》，自 2005 年 4 月 1 日起施行
2007	5 月 23 日，国务院发出了《关于印发节能减排综合性工作方案的通知》，明确提出：按照补偿治理成本原则，提高排污单位排污费征收标准，各地根据实际情况提高 COD 排污费标准，加强排污费征收管理，杜绝"协议收费"和"定额收费"。10 月 23 日，国家环境保护总局公布了《排污费征收工作稽查办法》，自 2007 年 12 月 1 日起施行
2008	修订后的《中华人民共和国水污染防治法》自 6 月 1 日起施行，明确规定了水污染排污费的收费主体，并明确了排污费的使用范围
2016	12 月 25 日，《中华人民共和国环境保护税法》由全国人民代表大会常务委员会第二十五次会议进行审议并获得通过，使得我国环境保护税法律体系进入新的阶段，对环境保护税法律制度建设具有标志性作用
2018	1 月 1 日，《中华人民共和国环境保护税法》正式施行，我国开始通过征收环境保护税来替代排污费

1.2.2.3 水污染物排污权交易政策

20世纪80年代，美国率先针对水体污染物开展排污权交易相关研究和实践，是排污权交易政策实践经验最丰富的国家，其排污权交易主要涉及化学需氧量（COD）、氨氮（NH_3-N）、氮（N）、磷（P）等富营养化物质，部分水体污染物排污权交易项目概况见表1-6。

表1-6 美国部分水体污染物排污权交易项目概况

项目名称	项目位置	开展时间	污染物控制类型
Fox 河交易项目	威斯康星州	1981 年	COD
Dillon 河交易项目	科罗拉多州	1984 年	P
Demoines 河交易项目	俄亥俄州	1990 年	COD、NH_3-N
Tar-pimlico 盆地交易项目	北卡罗来纳州	1992 年	N、P
Passisac 流域交易项目	新泽西州	1996 年	重金属
明尼苏达河交易项目	明尼苏达州	1999 年	P
Hoosic 河交易项目	马萨诸塞州	2005 年	重金属

美国国家环境保护局（USEPA）为了指导和推动水质交易的实施，发布了一系列评估报告和技术手册，主要有2003年发布的 *Water Quality Trading Policy*、2004年发布的 *Water Quality Trading Assessment Handbook*、2007年发布的 *Water Quality Trading Toolkit for Permit Writers* 和2008年发布的 *Water Quality Trading Evaluation*；这些报告和技术手册全面评估了美国的水污染物交易项目，详细说明了交易的相关政策、技术和经济要素等（Kraemer et al.，2004）。

澳大利亚、英国、智利等国也对水体污染物开展了排污交易相关研究和实践（Kraemer et al.，2004），如澳大利亚Hunter河交易项目和Hawkesbury-Nepean河交易项目（Duke，2004）。从国外的情况来看，尽管在理论上水污染物排污交易具备很多优点，相关环境管理部门也重视此排污交易，但实际上开展的情况不如预期。根据2008年USEPA发布的评估报告，只有约100个排污单位真正实现了交易，其中大多数还是发生在同一个项目之中。水污染物排污交易由于在制度、经济因素、技术、管理等方面存在一定的缺陷，相比大气污染物排污交易而言，实施的情况并不理想（Kieser et al.，2004）。

相比发达国家，我国水污染物排污权交易研究与实践起步较晚，直到20世纪80年代末期才开始针对水体污染物开展排污权交易相关研究，先后在上海、浙江、江苏等省市和太湖流域开展实践（王金南等，2008）。1987年，上海市针对COD开展了我国首例水体污染物排污交易。浙江省嘉兴市于2007年成立太湖流域排污权储备交易中心，截至2009年年底，共890家企业参与排污交易。2009年，江苏省环境保护厅出台水污染物有偿管理办法,太湖流域水体污染物排污交易正式在江苏省实施(李鹏,2013)。此后,湖南、山西、陕西、河北、河南、湖北、内蒙古等省份针对 COD 和 NH$_3$-N 开展排污权交易(李格娟,2013;段志国,2014;王品文,2014)。2014 年 8 月,国务院提出,2017 年前基本建立排污权有偿使用和交易制度。在实践中,我国水污染物排污交易的主要成果是实现了排污权的有偿使用,基本上是点源与点源之间的交易,交易的水污染物大多是以 COD 为主,主要是为了解决排污权的归属问题。

1.2.2.4 生态补偿政策

生态补偿指对生产活动所引起的生态活动正外部性所给予的补偿(陶建格,2012),在国外通常被称作"生态服务付费"(Payment for Ecosystem Services,PES)。"生态服务"由 Daily 提出,将其定义为生态系统支撑以及维持人类生存的过程(Daily,1997)。人类所需的生态服务随着社会经济的发展不断增加,但由于生态系统的退化和环境的污染,生态服务的品质会有所下降,这就要求人类必须通过补偿途径,对生态服务供需间的矛盾加以缓解。以流域生态补偿为例,即是通过补偿的手段,对上游地区保护水资源、削减污染物排放等生态建设活动给予激励,以强化生态系统的服务功能,增加服务供给;从经济学角度来说,流域生态补偿旨在实现上游与下游之间的利益平衡。

国外自 20 世纪 50 年代起对生态补偿展开研究,经过数十年的探索和实践,形成了以政府购买为主的生态补偿机制。20 世纪 90 年代初,关于易北河的生态补偿,捷克与德国达成协议,处在上游的捷克积极采取环境保护手段治理易北河污染,德国对捷克进行一定程度的经济补偿(朱桂香,2008)。美国大部分的生态补偿投入由政府承担,并引入竞标机制,以责任主体自愿为原则确定生态补偿标准,使各个利益相关责任主体都能够平等进行博弈,在对生态服务加以保证的前提下,有效优化了补偿机制(孟浩,2013)。美国纽约市通过对用水者征收用水费来进行区域间的水资源横向转移支付。由于产权在国外界定得比较清晰,容易划分生态补偿机制的主体、客体权责,除政府主导外,国外生态补偿也有相当一部分侧重于资金的市场化配置(袁伟彦等,2014)。

国内的生态补偿实践历程大致可分为两个阶段:第一阶段从 20 世纪 80 年代初至 90 年代中后期,在此期间,我国的生态补偿处于探索阶段,研究对象主要集中于森林资源补偿方面(刘春腊等,2013)。第二阶段为 20 世纪 90 年代至今,生态补偿进入试点示范及初步推广阶段,江苏、福建等 14 个省份的 100 多个市、县作为补偿试点(王军锋等,2013),补偿范围也逐步扩大,拓展到农田保护、自然保护区建设、水电开发和流域生态补偿等领域。2008 年修订的《中华人民共和国水污染防治法》指出,"国家通过财政转移支付等方式,建立健全对位于饮用水水源保护区区域和江河、湖泊、水库上游地区的水环境生态保护补偿机制"(徐琳瑜等,2015)。

综合我国各地的实践情况，目前我国的生态补偿大多是通过政府制定的政策、规定来实施，主要集中在"先利用，再补偿"的被动补偿上，缺乏优惠激励政策；补偿方式主要为财政拨款或银行贷款，补偿范围较广，导致补偿标准低、时效性显著，在保护生态环境上缺乏长效机制。而且，目前我国并未颁布全国范围内的"生态补偿条例"，现有提及生态补偿的几部法律亦仅对生态补偿作出笼统要求。目前我国主要实施的生态补偿类型有水源地生态补偿、湿地生态补偿、流域生态补偿、海洋生态补偿、南水北调生态补偿，各类型生态补偿及实施省份见表 1-7。

表 1-7 我国各类型生态补偿及实施省份

类型	北京	天津	山西	河北	辽宁	黑龙江	上海	江苏	安徽	福建	山东
水源地生态补偿	△	—	△	—	—	△	△	△	—	△	△
湿地生态补偿	—	△	—	—	—	△	△	—	—	△	—
流域生态补偿	—	—	△	△	△	—	—	△	△	△	△
海洋生态补偿	—	△	—	—	△	—	—	△	—	△	△
南水北调生态补偿	△	—	—	—	—	—	—	—	—	—	—

类型	湖北	江西	广东	广西	海南	贵州	云南	陕西	青海	河南	湖南
水源地生态补偿	△	△	—	—	—	△	—	—	—	△	—
湿地生态补偿	—	△	△	—	△	—	—	—	—	—	—
流域生态补偿	—	△	—	△	—	—	—	—	—	—	△
海洋生态补偿	—	—	—	△	—	—	—	—	—	—	—
南水北调生态补偿	△	—	—	—	—	—	—	—	—	△	—

注：△表示已实施。

1.2.2.5 政府财政政策

除以上基于市场或基于价格的政策外，政府为了加强治理，鼓励企业清洁发展，还在环境财政方面出台一系列政策，如对环境保护的直接投资、财政补贴、环境性的财政转移支付等。例如，许多发达国家在发展循环经济的过程中，会采取财政补贴的方式对相关企业予以支持。1978 年，USEPA 开始对设置大型废水处理设施的企业提供财政补贴，补贴量为投入的 10%～20%。在综合利用资源以及治污财政补贴方面，我国只有为数不多的间接补贴，如税收减免、不上缴利润等，以上政策的效果并不理想。

1.2.3 国内外水污染防治环境经济政策模拟仿真研究进展

政策的制定和实施是一次性的，因此具有较长的时间周期和很大的风险。政策的模拟研究随着计算机技术的发展逐渐兴起并不断发展。政策的模拟仿真有助于最大限度地降低政策实施的成本和风险,亦有助于决策者制定正确的方针政策,因其可在虚拟环境下进行重复的多次实验,可对实施效果进行比较准确的分析和预测,以较低的成本为政策决策提供参考。在水污染防治方面,环境经济政策模拟仿真的主要方法有:系统动力学(System Dynamics,SD)模拟仿真、可计算一般均衡模型(Computable General Equilibrium,CGE)和基于主体的智能模拟仿真(Agent-Based Modeling,ABM),本研究主要综述以上 3 种方法在水污染防治环境经济政策领域的应用进展。

1.2.3.1 基于 SD 的模拟仿真研究

系统动力学距今已有 60 多年的发展历史,并已逐步发展为体系完备的一门学科(郑春梅等,2013)。Ines 等(2009)利用系统动力学模型来研究水资源管理,将利益相关方参与和系统动力学相结合,研究结果显示此模型可以较好地解决系统复杂的动态变化问题,可在城市水资源管理、流域管理、区域规划等诸多方面发挥重要作用。

Stanley 等(1982)通过 SD 模拟仿真,认为科学合理的水价结构不仅能提高水资源利用效率、促进节约用水,还能保证社会的公平性。Schuck 等(2002)通过 SD 模型模拟的研究结果显示,水资源价格应体现时间性、季节性差异,证明了在此基础上形成的水价一定会使得水资源利用效率得到提高。Raffensperger 等(2005)通过利用 SD 模型模拟水资源定价政策,认为在制定水资源的价格时,可用边际成本方法,同时建议依据用水需求的高低来区分价格。

张银平(2012)采用 SD 模型分析了济宁市水资源系统,基于水平年为 2009 年,建立了需水量系统动力学模型,在掌握济宁市供需水量、人口的基础上,模拟预测了济宁市节水政策对其产生的影响,并针对济宁市的节水管理提出了相应的政策性建议与措施。郑春梅等(2013)采用 SD 模拟仿真分析了天津市水价调控对第二产业、第三产业和城镇生活需水的影响;研究表明,因该市水价偏低,在制定水价时需对居民承受能力和节水效应进行考虑,政府可通过既有的社保体系给予城市低收入居民直接的水费补贴。另外,曾霞等(2013)采用 SD 方法建立了生态补偿模型,此模型是关于流域农村面源污染的,并以化肥污染为例,认为关于流域农村面源污染的传统治理属于政府主导的单一化补偿,应对其加以改进,研究提出可引入多元补偿机制(成立专项生态基金、提供低息贷款等),以保证经济发展与污染治理能够实现良性循环。

1.2.3.2 基于 CGE 的模拟仿真研究

CGE 的基本原则是一般均衡理论,刻画了独立决策经济个体和宏观经济间的相互作用和影响。经不断演化、发展与完善,一般均衡理论和模型已广泛应用于不同领域,如环境污染、国际贸易和宏观经济的政策评估研究。在水污染防治环境经济政策(如环境税费、排污收费政策、水资源价格政策等）方面，CGE 取得了大量的研究成果。

由于水资源的需求程度和供给来源通常存在较大差异，利用 CGE 模型，在水资源价格调整方面的研究较多。Decaluwe 等（1999）通过 CGE 模型分析了水价政策的影响，区分了不同生产技术（通过水泵站获得地表水和地下水，以及通过建大坝取水）获取水的成本，对于水量供给，通过 Weibull 函数进行了刻画。Horridge 等（2005）基于澳大利亚 ORANI 模型，开发了从下而上的区域模型（TERM），把每一个区域看作相对独立的经济体，对因干旱所造成的每一地区农业部门生产力的损失进行了估计，进而对水价等进行了研究。Watson 等（2011）对南普拉特河流域的水价进行了实证研究；研究表明，水价调整将对科罗拉多州 18 个工业部门和农业部门的用水产生一定影响，并进而通过 CGE 模型模拟预测，2002—2030 年农业用水和市政用水价格将分别增加 10.4% 和 8.4%，水价调整将使得从农业向其他行业转变的水资源用水量占比达到 5.7%。

在我国，水价改革亦是近年来研究的热点问题。严冬等（2010）通过 CGE 模型研究了水价改革影响方式，以此评价水价改革效果以及影响此效果的各因素的作用。通过建立的 CGE 模型，对北京市的水价进行研究，结果表明水价改革在不同时期的效果明显不同，其具备促进经济发展的潜力，对于水价政策应重点考虑用水部门对水价的敏感性以及其节水技术水平。王克强等（2011）在 LHRCGE 模型的基础上，模拟分析了各影响效应，所模拟分析的政策包括农业虚拟水贸易组合政策、科技创新政策、供给管理（水量）政策和水价政策，研究结果表明在节水方面这些政策均有作用，而且对国民经济的冲击较小。

另外，对于其他水污染防治环境经济政策（环境税费、生态补偿机制、排污收费政策等），通过采用 CGE 模型，国内外也进行了许多研究。Gomez 等（2004）采用 CGE 模型，对西班牙 Balearic 陆地水权市场进行了分析，阐述了由农业部门转向城镇部门用水的福利效应。模型中的投入有海水、淡水、资本、土地和劳动力，部门之间的劳动力是流动的。结果表明，水市场效率在不断增加，相比于建造一个新的脱盐工厂，建立水市场更有利。Roe 等（2005）为探讨摩洛哥建立的水市场政策对经济的影响，采用跨期 CGE 模型对其进行了研究。对于能够改进灌溉水资源分配的干预政策，在模型中综合考虑了其宏观影响和微观影响；结果显示，与水市场改革的有利影响相比，贸易改革的不利影响相对更大，最后的影响取决于改革的先后顺序。Berrittella 等（2007）所建的 CGE 模型基于多地区、多部门，把水作为生产要素。为了解全球虚拟水贸易在用水供给约束下的情况，利用 GTAP 模型进行了分析，进而对一系列水资源税政策进行了评估。研究显示，征收水资源税会使得水的使用减少，可导致国际贸易、生产和消费格局的转变。Letsoalo 等（2007）利用 CGE 模型对南非政府把水资源管理费引入林业、矿产业和灌溉农业中之后的效果进行了评估，研究显示该政策具有"三重红利"：收入分配均匀、经济快速发展及减少用水。

国内亦采用 CGE 模型在排污收费、税费征收等方面开展了相关研究。张友国等（2005）在系统分析自 2003 年 7 月 1 日起施行的新排污收费标准的基础上，建立了中国排污收费 CGE 模型，通过政策情景的设计，验证其适用性。研究表明，在环境治理领域，排污收费改革是成功的，将经济工具应用在环境政策领域是改革前进的正确方向。原媛（2009）以 2002 年辽宁省投入产出表为基准数据集，建立了一个区域性 CGE 模型，包括宏观闭合、价格方程、生产行为、消费行为和市场均衡；研究结果显示，经由价格机制的传导作用，实行环境税可对产业结构调整产生较大影响。陈雯等（2012）从水污染角度，通过 CGE 模型模拟了水污染税征收的影响；研究显示，对于多数行业，征收水污染税可产生一定的不良影响。

1.2.3.3　基于主体的智能模拟仿真研究

目前，基于主体的智能模拟仿真技术是解决复杂系统的前沿技术，该技术通过自下而上的方式，对系统中主体之间的作用、主体和环境的作用、主体的不同状态和行为特征进行考察，进而表征宏观特征。目前，基于复杂适应系统理论（Complex Adaptive System，CAS）的多主体 ABM 技术已被广泛应用于社会、军事、经济、生态、化学、物理等领域。ABM 对于包含大量智能个体或行为的大型复杂动态系统具有很大的优势，非常适合对其进行分析与建模，且仿真和建模效率很高（Joshua et al.，2004），该技术可为水环境、水资源的管理与可持续发展提供科学的政策分析与模拟。

在研究复杂适应性系统方面，ABM 作为一种重要的工具，已在国外的水污染防治环境经济政策实际应用中发挥越来越明显的决策支持作用。Becu 等（2002）基于主体，建立了 CATCHSCAPE 模型，用于考察农户行为、水管理政策措施和流域内的水力学过程，并在泰国北部得到应用。模型包括社会动力学过程（不同层次的协商和考察农户决策）和水力学过程（作物生长动力学、水分布平衡、浇灌管理体系等）两大部分，同时对于不同流域的管理政策（如水价等），为探讨其对流域系统的影响，采用了一套指标体系（包括社会、经济和技术方面）来进行评估。Hare 等（2002）基于 ABM，建立了一个综合分析模型，考察了排污费、收入税、化肥使用税等不同的污染控制经济政策对农户的生产行为所产生的影响。此模型包括市场模型、地下水污染模型、农场模型、农户决策模型和政策者模型 5 个部分。Ma 等（2011）采用 ABM 对日本金泽市城市发展中水资源需求和水价格进行了仿真研究，并采用 NetLogo 软件进行仿真模拟；研究表明，ABM 仿真能够很好地体现水价变化，可调控城市供水和家庭个体用水的关系，并提出应提高公众和家庭对城市水价决策的认知程度和敏感程度。Yuan 等（2014）在分析北京市家庭主体和政府主体的行为规则的基础上，利用 ABM 对北京市 2020 年的家庭用水需求情况进行了模拟预测；研究表明，若北京市水价以较高的速度增长，到 2020 年，居民总用水量将降到 2.949 亿 m³，反之将达到 3.175 亿 m³。

通过人工智能来实现复杂系统的模拟在我国的主要应用领域包括物流运输、轨道交通、城市规划和社会经济等，而在环境领域，特别是与水污染防治环境经济政策有关的，其开发和应用还比较少。田昕（2007）基于 ABM，提出了一个对南水北调东线合适的水资源供需协商模型，针对供需双方的协商如何达成一致进行了设计，从而实现水资源配置的"沟通与协调"和"以供控需"，且通过 Swarm 平台进行仿真试验，进而预测将来水资源的利用以及发展趋势。刘小峰（2011）构建了基于复杂自适应系统理论的社会经济环境系统 ABM 模型，把太湖流域作为研究区，研究了在水环境保护优先和经济优先两种管理模式下系统的动态演化规律；针对企业偷排行为控制难、污水处理项目运营风险高的问题，研究了在 4 种不同情景下排污者行为与污水处理项目运营间的动态变化规律。张永亮（2012）基于主体建模方法且应用复杂系统理论，对排污交易系统进行了仿真模拟，同时利用 GIS 技术，选择合适的水质模型，对太湖流域的水污染物排污交易政策进行了模拟研究；研究表明，对于流域排污权交易，其政策设计须在实现水质目标的不确定性、成本效益和公平性上寻求权衡，对于太湖流域的水污染物排污交易比较适宜的权衡方案是交易比率约束下的交易机制。

1.2.4 滇池流域水污染防治环境经济政策需求分析

滇池是中国内陆水体水环境污染防治工作重点关注的"三湖三河"之一。"九五"至"十一五"期间，滇池流域水污染防治累计投资 224.7 亿元，有效遏制了滇池水体富营养化的趋势，但巨额投资尚未使滇池水质得到根本改善。"十二五"期间，国家和地方政府投资 420.14 亿元，继续推进滇池水污染防治。未来滇池治理的工程规模仍将不断增大，资金需求仍会不断增长。相对于滇池水污染防治不断增长的巨大资金需求而言，我国目前用于滇池水环境保护和污染防治的财政投资金额仍然十分有限。因此，在资金总量尚显不足的情况下，开展滇池流域水污染防治财政投资绩效评估研究，有利于提高财政投资资金的效益和效率，避免财政投资低效、无效等问题的产生。

发达国家的经验证明，建立并实施一套与社会经济发展相适应的环境经济政策是政府干预环境保护的有效途径。环境经济政策主要有环境收费、环境激励补贴、信贷、保险、建立市场（交易许可证制度）等类型。环境收费政策是我国政府进行环境管理的主要经济手段，在我国环境保护中发挥了重要作用。我国现行的水污染防治收费政策主要有排污收费制度、污水处理收费制度和城市供水价格政策，以上三种政策均通过制定一定的征收标准，由国家或地方政府相关部门对用水和排污单位统一征收相关费用，从而引导企业、居民自觉减少排污、降低水耗，以达到控污和节水的目的。随着社会经济的快速发展以及城市规模的不断扩大，水资源短缺和水环境污染逐渐成为制约滇池流域社会经济可持续发展的重要因素。因此，基于国家环境经济政策制定和实施的重大需求，根据滇池流域水污染防治的特点，昆明市政府在排污费征收、污水处理收费制度和城市供水价格（主要体现在施行阶梯水价）政策等方面均制定了一系列的措施，以保障社会经济与环境保护的和谐发展。本研究开展了滇池流域水污染防治收费政策实施绩效的评估，即开展滇池流域水污染防治环境经济政策的研究，通过分析水污染防治收费政策的实施效果，探讨影响其实施效果的主要因素，提出适应滇池流域可持续发展的水污染防治环境经济政策组合，为改善水污染防治收费政策、提高实施效果提供参考。

1.3 污水处理厂季节性分类考核及雨水补偿政策研究进展与政策需求分析

1.3.1 国内外污水处理厂季节分类考核相关政策研究进展

美国的污水处理厂考核指标和目标是基于水污染总量控制框架的，主要有 3 种：变量总量控制、最大日负荷总量（Total Maximum Daily Loads，TMDL）计划和季节性污水排放计划（冯金鹏等，2003）。美国将污水处理厂纳入国家污染物排放削减系统（National Pollutant Discharge Elimination System，NPDES）许可证范围内，将污水处理厂排放的污水和污泥进行许可证化管理。USEPA 授权各州在许可证上根据地区实际情况对污水处理厂添加例外条款，如雨季接纳合流制污水的污水处理厂可根据雨季特定的去除率标准进行考核；若雨季由于进水污染物浓度较低，致使污水处理厂可满足排放浓度标准却无法达到去除率标准时，可适当放宽去除率限制 [《清洁水法》第 403 条第 10（e）款]。

为了在满足水体的环境标准下充分利用其自净能力，节省治污费用，美国一些地区以受纳水体实测的同化能力来动态变更允许排污量，不同于根据历史资料以某种保证率下的设计条件计算出固定允许排污量的传统算法。据统计（Lamb et al.，1982），至 1981 年，美国已有 45 个州采用了污水处理厂季节分类考核管理办法，由此可节省 2%～19%的运行费用。以佐治亚州为例，环境容量的计算方法采用最近 10 年内同期每月连续 7 日的平均流量的最小值（Monthly 7Q10s）来计算，得出夏季中期至秋季中期，污水处理厂的出水要满足五日生化需氧量（BOD_5）<10 mg/L、NH_3-N<2 mg/L 的要求；在其他月份，污水处理厂出水仅需要满足 BOD_5<30 mg/L、NH_3-N 浓度不加限制的季节分类考核标准。州内的 30 座污水处理厂因采用季节分类考核管理办法，节省了 5 000 万美元的基建费用，且每年可节省运营成本 240 万美元。Tyteca（1983）、Eheart 等（1987）、O'Neil 等（1983）和 Boner 等（1982）也得出了相似的结论，即通过实施雨季、旱季不同的排放标准，污水处理厂可节省相当一部分的基建和运营成本。

自 20 世纪 90 年代以来，我国的城镇污水处理厂建设随着 COD 等污染物的约束性控制的实施得到快速发展，但相应的运行管理水平在多年内的改进和提高不足。住房和城乡建设部于 2010 年制定了《城镇污水处理工作考核暂行办法》（建城函〔2010〕166 号），考核指标主要为城镇污水处理设施覆盖率、污水处理率、处理设施利用效率、污染物削减效率及相关的监督管理指标。考核目标主要根据《城市污水处理厂运行、维护及其安全技术规程》（CJJ 60—1994）、《城镇污水处理厂污染物排放标准》（GB 18918—2002）、《城市污水水质检验方法标准》（CJ/T 51—2004）、《城市污水处理厂工程质量验收规范》（GB 50334—2002）等标准制定。考核实行全年考核制，对大部分的考核指标，都是将全年的平均值与设计值或国家标准相比较得出评分。

在省级层面，各省、自治区、直辖市也都根据住房和城乡建设部相关文件及国家相关标准和规范，制定了各自的污水处理厂考核管理办法。以江西省为例，《江西省城镇污水处理厂运行管理考核办法（暂行）》（赣建城〔2011〕29 号）规定，考核内容包括污水处理、污泥处理处置、生产运行管理、设施设备管理、化验分析、台账管理、安全管理和厂容厂貌等 8 个方面，各考核内容均实行全年统一考核。然而，一方面，降雨引起的地表径流污染和水体流量增多将使污水处理厂排放河流的环境容量发生变化，污水处理厂作为水体重要的排放点源，其排放污染物的总量标准在保证功能区水质要求的前提下，应充分考虑其环境容量的波动。另一方面，降雨将会对污水处理厂的进水污染物浓度、处理负荷等产生较大影响：首先，在雨季，污水处理厂的进水碳源过少，因碳氮比和碳磷比过低，污水处理厂在脱氮除磷时往往需要添加额外的碳源，在一定程度上增加了污水处理成本，这种情况尤以服务区域为老城区和采用合流排水制的污水处理厂为甚（卓珊慧等，2012）；其次，在雨季，由于初期雨水的冲刷作用，污水处理厂的进水携带大量泥沙，进水悬浮物（SS）浓度明显高于旱季，将增大污水处理厂预处理设施的负荷，提高对应的处理成本和折旧费用（邵林广，1992）；最后，雨季污水处理厂进水溶解氧浓度偏高，这对脱氮除磷过程中的缺氧和厌氧环境不利，污水处理厂若还实行与旱季相同的排放标准，则需在处理负荷本已有所增加的情况下，再提高氮污染物的去除效率，大大提高了运行难度和处理成本（高琼等，1992）。

1.3.2　国内外初期雨水补偿相关政策研究进展

雨水不仅能造成城市洪涝，也是城市河流污染的重要原因。鉴于此，发达国家积极立法，以实现对雨水的科学管理。1987 年，美国国会对《清洁水法》（Clean Water Act，CWA）进行修订，要求 USEPA 制定雨水污染排放控制分阶段方案，即"暴雨计划"，并将其逐步纳入国家污染物排放削减系统（NPDES）。暴雨计划规定，雨水公共事业［包括污水处理厂、雨水管网、雨水调蓄池和最佳管理措施（Best Management Practices，BMPs）

等]的运营资金来源于从用户征收的相关雨水排放费用,一些州将雨水管理的支出包含在污水排放费中,基于用户的污水排放流量来征收,还有一些州按用户的不动产硬化面积来征收。这种资金机制有效保证了雨水处理公共事业的长期稳定运行。

德国提出了"排入管网径流量零增长"的目标,各城市根据各自的实际情况制定了当地的雨水费用征收标准,征收的雨水排放费用于补贴城市雨水污染处理设施建设,征收额度与污水排放费相当,约为水费的1.5倍。在此基础上,又制定了相应的经济激励政策,若用户采取雨水处理或资源化利用措施,则不再征收雨水排放费。如汉诺威市规定建筑房屋、硬化下垫面若因雨水不能渗入地面而流入城市雨水管网,则需缴纳雨水排放费,费用额度按硬化下垫面的面积计算;如果雨水可以完全渗入地下,则可免缴雨水排放费。

我国于20世纪90年代逐步认识到雨水径流污染的重要性,并开始雨水污染处理和利用的研究、示范应用及推广工作,相关的法律法规也加入了雨水处理的内容。《中华人民共和国水法》(2002年)指出"国家鼓励对雨水、微咸水的收集、开发、利用",虽从法律上提倡雨水的收集利用,但并未对鼓励和激励形式作出要求。建设部于2006年发布了《绿色建筑评价标准》(GB/T 50378—2006),对雨水的收集和渗透利用给出了具体的量化指标。与此同时,各级地方政府也制定了关于城市雨水管理的法规政策。北京市编制了《北京市2010年雨水利用规划》,实行雨水处理、利用设施补贴制度,补贴金额可达雨水设施建设费用的20%~50%。

总体来看,美国、德国等发达国家对雨水径流污染的危害认识较早,通过长期的管理和实践,已形成较为完整的处理、收集、资源化利用、经济激励、排放许可和收费的雨水管理体系,有效削减了城市雨水径流产生的面源污染对水环境造成的危害。中国的雨水管理起步较晚,目前虽然在一些工程设施和工艺技术水平上达到或接近发达国家的水平,但雨水管理政策多集中于对技术标准的制定上,现有的雨水设施激励政策也仅局限于设施的建设过程,缺乏对设施稳定运行的长期激励和支持。

1.3.3 国内外相关政策经验总结

总体来看,国外关于污水处理厂季节分类考核已形成了一套较为完整的体系且进行了广泛的推广实施,污水处理厂在分类考核的管理体制下,通过调整自身工艺,在保证排放水体水质的前提下,有效降低了处理成本,充分发挥了污水处理厂的环境效益和经济效益。

我国在雨季降水导致地表径流污染对污水处理厂影响方面的研究工作处于起步阶段,相关管理部门并未认识到季节变化对污水处理厂的较大影响。目前国内已有污水处理厂雨季处理工艺调控的相关研究,但还没有上升到季节分类管理考核的层面,存在诸多不足之处,已对污水处理厂的稳定运行造成影响。

根据国外的成功经验，管理部门应根据实际情况对污水处理厂实施季节分类管理，在雨季、旱季采用不同的考核标准，这样既能充分利用水体随季节而动态变化的环境容量，还可使污水处理厂更加适应季节变化对其运行造成的影响，实现差异化和精细化管理。

1.3.4 滇池流域污水处理厂季节分类考核与雨水补偿政策设计需求分析

污水处理厂是解决水环境污染问题的关键基础设施，是地区环境保护和经济发展之间的桥梁。近年来，为治理滇池水环境污染，地方政府及相关部门投入大量物力、财力，新建、扩建污水处理厂和对污水处理工艺进行改造升级，污水处理厂在滇池水污染治理中起到越发关键的作用。此外，滇池流域入湖河流中有相当一部分由污水处理厂的尾水构成，对滇池入湖负荷也有相当大的影响。因此，从滇池水污染控制出发，只有对污水处理厂实行灵活科学的管理模式，才能真正发挥其环境效益和经济效益。

现行的滇池流域污水处理厂的考核管理办法尚未针对滇池流域的实际特点作出相应差异化调整，其考核形式为全年统一考核，考核标准根据国家相关标准统一确定。滇池流域年内雨季、旱季分明，而降雨与污水处理厂的进水水质、处理量、排放河流的环境容量及污水处理成本等都密切相关，雨季、旱季更替对污水处理厂有很大影响。截至 2015 年，滇池流域共有正常投入运营的较大规模的污水处理厂 8 座，分别为昆明市第一至第八污水处理厂，日设计处理量超 110 万 m^3。鉴于滇池流域较为明显的雨季、旱季差异，以及降雨对污水处理厂的重大影响，滇池流域有必要在"水十条"和《滇池流域水污染防治"十三五"规划》的相关精神指导下，充分体现流域特点，因地制宜，对雨季、旱季实行不同的污水处理厂考核管理标准。

根据对国内外雨水处理补偿政策实施现状的了解和目前滇池流域相关政策的梳理，总结目前滇池流域相关政策需求有以下两个方面：

（1）污水处理厂作为滇池流域雨水污染控制的主要末端处理环节，在雨季将额外处理大量雨水，其中包含污染物浓度较高的初期雨水，其处理成本也将相应提高。但目前尚缺乏对污水处理厂处理雨水的补偿机制，处理雨水的成本费用得不到保障。因此，亟须通过对污水处理厂处理雨水的成本进行实际调研和核算，来确定污水处理厂的雨水补偿额度。

（2）目前滇池流域面源污染控制的责任主体和相应费用来源尚未明确，相关设施的建设运营主要依靠财政拨款，不利于其长期高效运行。因此，亟须通过征收相关雨水排放费用，落实相应的责任主体，确定费用来源，在此基础上建立对雨水处理设施的补偿和激励机制，保证其可持续运行。

1.4 流域生态补偿政策研究进展与政策需求分析

1.4.1 国外流域生态补偿政策研究进展

流域生态补偿也称为"流域生态系统服务付费"（Payment for Watershed Ecosystem Services，PWES），通常包括流域生态破坏补偿和流域生态重构与建设补偿。国际上对流域生态补偿机制的研究和实践最早源于流域的管理和规划。其研究主要集中在流域生态补偿方式上，进而协调补偿主体与补偿对象的关系（李群，2007）。Martin（2002）通过对密西西比河的生态服务价值及成本进行研究，建立了一个可用于比较生态经济价值与成本的能值分析方法。Pattanayak（2004）运用市场价值法，评估了流域上游对下游地区的生态系统服务价值。Moran 等（2007）利用支付意愿法，对苏格兰地区居民的生态补偿支付意愿开展问卷调查，并通过 AHP 和 CE 法对调查结果进行统计分析；结果表明，基于环境和社会福利的目标，当地居民表现出强烈的支付意愿。Saz-Salazar（2009）对比不同利益相关方的受偿意愿和支付意愿，计算出恢复流域水质的社会效益和经济效益，评估案例也由早期以支付意愿调查为主向支付意愿和受偿意愿对比调查转变。

涉及跨界调水的生态补偿是国内外的研究热点。相关研究表明，以区域分水岭为基础的区域水权的设立，以水市场为媒介的区域水权交易，是解决跨流域调水外部性的重要手段（才惠莲，2009）。所谓区域水权，系指区域利益主体对本区域内或流经本区域的水资源所拥有的使用或避免受损害的权利，它是区域利益在水资源使用权中的反映（李浩，2011）。我国学者也开始逐步注意到建立跨流域调水的水权分配和水市场机制，并以此作为生态补偿的必要补充（陈进，2006）。

流域生态补偿机制在实践方面也取得了一系列成果，并正在朝着国际化方向发展。其中，通过市场手段进行补偿比较成功的案例是美国纽约市与上游卡茨基尔（Catskills）流域（位于特拉华州）之间的清洁供水交易。南非则将流域生态保护同恢复行动与扶贫有机结合起来，每年投入约 1.7 亿美元雇用弱势群体来进行流域生态保护，以改善水质，增加水资源供给。此外，德国易北河的生态补偿政策、厄瓜多尔通过信用基金实现对流域的保护、哥斯达黎加通过国家林业基金向保护流域水体的个人进行补偿等也是流域生态补偿比较成功的案例。除以上国家外，目前许多国家也建立了流域生态补偿机制框架，这里不再赘述。

1.4.2 国内流域生态补偿政策研究进展

近年来，国内众多专家学者也积极地从多方面开展与生态环境保护相关的理论研究和实践，在流域生态补偿机制研究上取得了一定的成果。

许多专家学者对生态补偿标准核算方法进行了实例研究。徐大伟等（2008）提出了基于跨界水质水量指标的流域生态补偿量测算方法。基于支付意愿法的区域生态补偿实例应用研究众多，获得了广泛关注，如张志强等（2002）通过调查黑河流域居民对恢复张掖地区生态系统服务的支付意愿，提出了基于生态系统服务恢复的条件价值评估法。彭晓春等（2010）以东江流域为例，通过实地问卷调查和条件价值评估法，评估了流域上下游利益相关方的生态补偿意愿，并探讨构建了东江流域生态补偿机制。李青等（2011）通过问卷调查的方式，对天目湖居民和旅游者的生态补偿支付意愿进行了了解。贾国宁等（2012）从支付能力和支付意愿的角度，应用扩展线性支出系统（ELES）模型和条件价值评估法（CVM），定量研究居民对生活用水水价的承受能力。以上对意愿调查法的价值评估仅限于考虑支付意愿，没有对保护区居民的受偿意愿进行调查研究，较为片面，不利于实际政策的实施。

在基于调水的生态补偿研究中，李浩等（2010）以生态补偿客体、补偿标准、补偿形式及补偿保障体系为主要内容，建立了跨流域调水生态补偿机制框架，为生态补偿标准核算方法提供了参考。流域生态补偿测算方法目前没有统一的标准，且测算技术难度较大，已成为当前国内外生态补偿研究领域亟须解决的主要关键问题之一。在流域各利益主体博弈均衡理论研究方面，梁丽娟等（2006）阐述了基于个体理性与集体理性的矛盾，指出流域生态补偿机制是为了走出流域生态"囚徒困境"的制度安排，并且建立了流域生态补偿能够达到集体理性的选择性刺激机制。党志良等（2010）建立了博弈论模型，分析博弈双方的利益，探讨南水北调中线受水区（北京市）和陕西水源区的利益冲突，提出北京市应对陕西省进行补偿，而陕西三市应减少废水排放，保证水源水质，在这样的合作情况下才能使整体利益最大化。

在实践方面，国内流域生态补偿应用的主要政策手段是上级政府对下级政府的财政转移支付，或整合相关资金渠道集中用于被补偿地区，或同级政府间的横向转移支付。一些地方开始尝试基于市场机制的生态补偿方式，如水权交易、建立生态补偿基金等，目前仍处于探索阶段。我国从 20 世纪 80 年代末开始进行生态补偿的探索和尝试，初期主要集中在林业和农业领域。20 世纪 90 年代末期，流域治理领域也开始引入生态补偿机制。迄今为止，已有一些省份进行了相关试点和理论探讨，并出台了一系列政策和法规。我国流域生态补偿的实践主要有三类：大江大河源区生态建设补偿实践、省域内流域上下游的生态补偿和中小流域上下游间的生态补偿。大江大河源区生态建设补偿实践主要有退耕还林（草）、天然林保护、长江防护工程以及三江源自然保护区建设等。这些项目的主要投资来源是中央财政资金和国债资金，项目区域范围广，投资规模大，建设期限长，是国家生态保护和建设的重要举措。如天然林保护工程总投入 1 064 亿元；在西部大开发中，2000—2002 年，国家水利部门为治理西部地区水土流失投资 31.2 亿元。但从总体上看，目前我国无论是在理论上还是在实践上，对流域生态补偿问题均未形成系统的理论体系和完整的方法架构。一些发达国家由于市场经济运行较早，可以为建立流域生态补偿机制提供基础和借鉴（程颐，2008）。

1.4.3 滇池流域生态补偿政策设计需求分析

目前对生态补偿理论的研究和实践还存在一些问题：生态补偿总额度偏低及人均补偿标准偏低；生态补偿的范畴和框架不健全；补偿标准的确定缺乏科学性；补偿机制市场化程度不明显；政策和法规不健全、可操作性差等。在补偿标准核算、补偿方式以及管理方法等方面仍有很多问题值得探讨、完善。针对流域生态补偿核算方式的研究，其不足具体表现为以下几方面：①较少专家学者根据流域整体性和差异性，将滇池流域生态补偿分为多种模式，单一模式对流域生态补偿的理解较为片面。②一些流域生态补偿核算结果与实际相差较大，如基于生态系统服务功能价值的生态补偿方法得出的生态补偿量往往偏大。③一些专家学者研究意愿调查法的价值评估仅限于考虑支付意愿，没有对保护区居民的受偿意愿进行调查研究，较为片面，不利于实际政策的实施。④一些研究中的博弈模型较为简单，现实参考价值不大，难落地，且无具体生态补偿量的支撑。⑤某些政策机制依据不足，如激励机制、惩罚机制中缺乏科学地界定生态补偿的额度和惩罚额度的步骤。

但目前流域生态补偿测算方法没有统一的标准，且测算技术难度较大，已成为当前国内外生态补偿研究领域亟待解决的主要关键问题之一。综合分析，滇池流域生态补偿政策设计需求有以下几点：

①针对流域生态补偿方法相对单一的问题，需根据流域整体性和差异性，将滇池流域生态补偿分为多种模式，包括流域内水源保护区的生态补偿模式的设计和跨界调水的跨流域生态补偿模式的设计。

②针对流域生态补偿机制不健全，补偿区域、补偿方法、补偿额度、补偿绩效、生态转移支付等方面的国家性方案和标准尚未出台，补偿缺乏科学性的问题，本研究选取了更为科学具体的核算方法，如基于意愿调查法的水源区生态补偿选取的样本量更大，设计的问卷更为科学丰富。

③针对生态补偿资金难以落实的问题，本研究中意愿调查法的价值评估综合考虑了支付意愿和保护区居民的受偿意愿，将两者进行比较，政策的实施可行性增强。

④针对受益者不付费、破坏者不赔偿的基本原则问题，本研究有具体生态补偿量等额度作支撑，将博弈模型赋值，不仅限于短期均衡，也包含长期均衡分析。

⑤由于现行情况下滇池流域生态服务补偿市场仍然是初级的、不健全的，本研究要

做到政策机制依据充分，有大量实地调研数据作为支撑，如激励机制、惩罚机制能科学地界定生态补偿的额度和惩罚的额度。

1.5 总量控制政策研究进展与政策需求分析

1.5.1 国内外总量控制政策研究进展

1972 年，USEPA 提出最大日负荷总量（TMDL）概念，并实施 TMDL 计划。所谓最大日负荷总量，是指受纳水体在满足特定水质标准的前提下，每日能够接受的某种污染物的最大负荷量。它既包括污染负荷在点源和非点源间的分配，又考虑到安全临界和季节性变化。TMDL 计划通过识别具体污染区域和土地利用状况，考虑点源和非点源污染物排放浓度和数量，提出相应的污染控制措施，引导整个流域实施最佳的管理计划。TMDL 计划是美国水环境实施总量控制制度的成功案例，已在全美广泛实施，在点源和非点源污染综合控制方面取得了显著成效。

1973 年，日本制定《濑户内海环境保护特别措施法》，对 COD 排放量实施总量控制。1978 年，日本对东京湾、伊势湾、濑户内海 3 个区域实施污染物排放总量控制。2001 年，又将 NH_3-N 和 P 作为目标污染物纳入排放总量控制体系。截至 2011 年 6 月，日本先后实施了 7 次区域污染物总量控制减排计划。目前，上述 3 个区域的生活、工业污染源排放的污染物总量均大幅降低。

此外，英国、德国、法国等国成立专门机构，针对泰晤士河、莱茵河和多瑙河实施总量控制。同时，建立有效的协调机制，协调各污染防治部门之间的工作。20 世纪 50 年代至 80 年代，泰晤士河总污染负荷减少 90%；截至 1980 年，河流水环境已经恢复到 17 世纪的原貌，达到了饮用水水源标准。莱茵河经过 50 多年的综合治理，污染已经得到了有效的防治，水质得到基本改善。

1986 年，国家环境保护委员会颁布《关于防治水污染技术政策的规定》，其中明确指出 "对流域、区域、城市、地区及工矿企业排放的污染物实行总量控制"，这是我国首次在国家层面的规范性文件中提出污染物排放总量控制制度。1989 年召开的第三次全国环境保护会议提出将污染物排放总量控制作为五项新的环境管理制度之一，从科学角度阐述了污染物排放总量控制的问题。1996 年，全国人大通过《中华人民共和国国民经济和社会发展 "九五" 计划和 2010 年远景目标纲要》，正式将污染物排放总量控制作为中国环境保护和污染防治的重大举措之一。同年，国务院批准实施《"九五" 期间全国主要污染物排放总量控制计划》，明确对废水中的 COD、石油类、氰化物、砷、汞、铅、镉和六价铬排放量实行总量控制。2000 年，国务院颁布实施《水污染防治法实施细则》，对水体污染物总量控制制定了更详细、更具体和更具有实施性及可操作性的规定。此后，全国人大分别于 2006 年和 2010 年通过《中华人民共和国国民经济和社会发展第十一个五年规划纲要》和《中华人民共和国国民经济和社会发展第十二个五年规划纲要》；2010 年，环境保护部印发《"十二五"主要污染物总量控制规划编制指南》，确定污染物排放总量控制和削减指标，落实总量控制和减排目标责任制，提升污染物总量控制和减排水平，强化总量控制和减排能力。主要污染物总量控制相关规定见表 1-8。

表 1-8　主要污染物总量控制相关规定

时间	相关规定	主要作用
1986 年	《关于防治水污染技术政策的规定》	首次在国家层面的规范性文件中提出污染物排放总量控制制度
1988 年	《水污染排放许可证管理暂行办法》	标志着我国开始实施水体污染物排放总量控制
1996 年	《中华人民共和国国民经济和社会发展"九五"计划和 2010 年远景目标纲要》《"九五"期间全国主要污染物排放总量控制计划》	正式将污染物排放总量控制作为我国环境保护的重大举措，明确对 8 种水污染物实行排放总量控制
2000 年	《水污染防治法实施细则》	对水体污染物总量控制制定了更详细、更具体和更具有实施性及可操作性的规定
2006 年	《中华人民共和国国民经济和社会发展第十一个五年规划纲要》	确定污染物排放总量控制和削减指标
2010 年	《中华人民共和国国民经济和社会发展第十二个五年规划纲要》《"十二五"主要污染物总量控制规划编制指南》	落实总量控制和减排目标责任制，提升污染物总量控制和减排水平，强化总量控制和减排能力

总体来看，以美国为主的一些发达国家在水污染物总量控制方面开展了广泛深入的实践，积累了成熟有效的经验，水污染物总量控制已成为一些发达国家改善水环境质量、控制水污染物排放的重要措施。相比之下，我国水污染物总量控制起步较晚，虽然在研究和实施过程中取得一些有益经验，但也暴露出诸多问题，亟待解决：第一，基本未考虑非点源污染对水质的影响；第二，未对引起水体富营养化的 N、P 实施总量控制；第三，总量控制指标的分配原则和分配方法有待进一步研究和改善；第四，与其他环境管理制度的协调性有待加强。

1.5.2　国内外清洁发展机制政策研究进展

清洁发展机制（Clean Development Mechanism，CDM）是《京都议定书》中确定的温室气体减排的三种灵活履约机制之一。

1997 年 12 月，《京都议定书》正式签订，并于 2005 年生效。《京都议定书》第 12 条所确立的 CDM 是指发达国家通过提供资金和技术的方式，与发展中国家开展项目合作，通过项目所实现的温室气体减排量，实现发达国家缔约方在《京都议定书》下承诺的温室气体减排量。直到 2001 年 10 月，在摩洛哥马拉喀什举行的第七次缔约方会议上，与会各国才就《京都议定书》所规定的 CDM 方式和程序达成一致，标志着 CDM 正式启动。

在国际上，研究 CDM 相关问题比较知名的研究机构有 OECD、IEA（经济合作与发展组织下属的国际能源机构）、RFF（未来资源研究所）、WBCSD（世界可持续发展工商理事会）的能源与气候变化小组以及印度的 TATA 能源研究所等。

在 CDM 项目基准线的确定方法研究中，OECD 与 IEA 的研究人员通过对发电、水泥、节能等案例进行详细深入的研究，提出了一些确定 CDM 项目基准线的方法。同时，他们对 CDM 项目有关的其他问题进行了一定的研究。清洁空气认证中心（CCAP）对 CDM 的研究虽然比较综合，但也对巴西等国的电力部门进行了 CDM 项目基准线的案例研究工作，发现了一些有启发性的问题，并且这些问题也得到了 OECD 研究人员的重视。WBCSD 的能源与气候变化小组的研究工作主要侧重于 CDM 的经济机制方面，他们对增量成本的理论方法在 CDM 项目中的应用进行了详细深入的讨论，并提出了有关建议。

在开发 CDM 项目上，印度、巴西最为活跃，主要集中在以下方面：可再生能源（风电、太阳能、生物质能、水电等），改善终端能源利用效率（节能），改善供应方能源利用效率（超临界、超超临界），替代燃料，农业 [甲烷（CH_4）和氧化亚氮（N_2O）减排项目]，工业过程（水泥生产等），减排 CO_2 项目，减排氢氟碳化物 HFC-23、PFCs 或 SF_6 的项目等。

自 2004 年 11 月起，我国政府根据《京都议定书》的有关规定及《管理办法》受理 CDM 项目。截至 2007 年 12 月 31 日，我国共计公示 948 个 CDM 项目，其中 150 个项目获得注册，30 个项目获得签发，总签发碳减排量达 2 579.25 万 t CO_2。截至 2010 年年底，我国 CDM 项目的累计碳减排量领先于其他发展中国家，占全世界总量的 40% 以上。CDM 项目主要集中在新能源和可再生能源项目中，商务模式呈现多样化。

国内最早研究 CDM 的单位有清华大学核能技术研究院、国家计委能源研究所和中国人民大学环境经济研究所等。清华大学核能技术研究院作为中国政府在缔约方会议谈判中有关 CDM 方面的主要技术支持单位，对国外在 CDM 项目基准线的确定方面的研究成果进行了详细总结。清华大学也已经开始与一些国家和国际机构合作，开展 CDM 项目的案例研究，并且已成立了清华大学清洁发展机制研究中心（CDM-RDC）。该中心将与项目政府部门、企业以及国内外环保非政府组织合作，以开展 CDM 的理论、实践与公共政策研究为目的，积极促进中国 CDM 的发展和相关项目的孵化、育成，建立健全相关法规和政策，提升我国 CDM 的科研水平和项目实践能力。

国家发展和改革委员会能源研究所能源环境与气候变化中心在 CDM 的基本理论方面进行了许多有益的探讨，特别是在 CDM 基准线理论和基准线确定方法，以及 CDM 项目的经核证减排量（Certified Emission Reductions，CERs）定价机制方面取得了明显进展，为 CDM 项目的案例研究提供了一定的理论依据。该中心与日本的综合开发研究所（NIRA）进行 CDM 的理论与案例研究工作，与其他国家或地区等进行相关的合作研究工作。能源研究所的可再生能源中心也与世界银行等合作开展过风力发电等方面的共同执行活动（Activities Implemented Jointly，AIJ）项目研究工作。

中国人民大学环境经济研究所与清华大学环境科学与工程系等机构的学者以兰州市为案例，在天然气替代煤炭发电和供热领域引入 CDM 项目，进行了基准线和减排增量成本的案例研究；同时，对单项目和多项目动态基准线的测算方法进行了试验，并就有关基准线测算不确定性问题进行了研究。北京大学光华管理学院从经济的角度，将国际技术转让和 CDM 相结合，就 CDM 项目对中国未来经济发展的短期影响和长期影响进行了研究。

总体来看，目前国外对清洁发展机制的研究主要集中在方法学领域、碳排放权交易领域、获得 CERs 成本问题、环境保护技术的转让和 CDM 项目运行管理等方面。相比之下，虽然我国 CDM 项目发展较快，但在进一步推广中也暴露出诸多问题：第一，CDM 项目参与方对 CDM 机制认识不足；第二，CDM 项目业主排放权议价能力弱；第三，CDM 项目的风险因素较多，导致交易成本较高。

1.5.3 国内外排污交易政策研究进展

1976 年，美国率先开展排污交易相关研究和实践，特别是在以 SO_2 为主的大气污染物排放交易方面开展了迄今为止国际上最成功的排污交易实践。德国、加拿大、英国等不同程度地借鉴美国的相关经验，开展了排污交易实践。相较于大气污染物排放交易的广泛开展，水体污染物排放交易尚处于探索阶段。

总体来看，以美国为主的一些发达国家在水体污染物排放交易方面，交易数量较少、市场规模较小，尚未形成以市场主导为根本的交易格局，政府干预作用较强。我国水污染物排污交易起步较晚，虽然陆续在十余个省级行政区域内进行了尝试，并取得积极进展和有益经验，但在进一步推广过程中也暴露出诸多问题：第一，缺乏国家层面的具有权威性和指导性的法律法规和技术指南；第二，缺乏科学合理、公平公正的初始排污权价格形成机制；第三，污染物排放监测基础相对薄弱，执法队伍和部门监管能力有待提高；第四，市场规模较小，政府干预较强，尚未形成严格意义上的水体污染物排污交易市场。

1.5.4 滇池流域总量控制政策设计需求分析

当前，非点源污染总量控制和污染减排缺乏基于市场交易的手段的引导和推动。滇池流域的总量控制制度主要建立在水环境的点源污染研究和控制基础上。随着点源削减量的不断提高，非点源削减逐渐成为改善滇池水质的重要任务之一，甚至部分地区农村非点源和城市非点源已成为入湖污染物的主要来源。虽然《云南省滇池保护条例》将农业和城市非点源纳入总量控制范围，体现了环境治理工作的进步性，但缺乏对经济手段特别是基于市场交易的经济手段进行详细说明的具体办法和指南。尽管"十一五"和"十二五"期间开展了一些针对农业和城市非点源污染治理的工程，取得一些显著成效，但缺乏基于市场交易的手段的引导和推动，政府主导性较强。此外，农村农户的化肥施用、农田固体废物、生活污水和垃圾等污染源量大面广，处理率相对较低，单纯依靠政府行政、财政等手段，治理成本相对较高。

同时，CDM 项目的有关参与方对 CDM 机制认识不足。CDM 是随着国际碳交易市场的兴起而进入我国的，在我国的传播时间还较短。虽然云南省早在2005年就开始进行CDM项目的研究和实施，但总体来看，滇池流域的许多企业和金融机构尚未充分认识到其中蕴藏的巨大商机，对 CDM 项目的开发、排放权交易规则、资产价值、操作模式、交易风险等方面尚不熟悉。目前，CDM 项目主要集中在温室气体和常规大气污染物交易领域，且除了少数商业银行，其他金融机构和投资者尚未涉足。针对水污染物〔如总氮（TN）和总磷（TP）〕的 CDM 项目尚未开展。

水排污权交易仍处于试点阶段，总体框架还未形成。污染源监管部门鼓励各排污企业开展排污权交易，那些削减污染边际成本高的企业希望从边际成本低的企业购买排污权，有了额外排污权，部分难处理的废水可以不处理，满足排放标准即可直接排放；而边际减排成本低的企业可以将排污权卖给那些边际减排成本高的企业，从而多削减污染物，相比拥有的排污权少排污染物，这样就会有剩余排污权可供交易。这样，排污权交易双方可以最小的经济代价实现排污许可，在满足排污许可条件下，实现整体上的经济利益最佳。卖方卖出自己加大处理力度而剩余的排污权，进而得到的交易报酬是排污权交易市场对有利于环境的外部经济性的补偿；那些边际处理成本高而无法按照政府规定减排或者不愿意减排的企业可以购买其所需要的排污权，其支出的费用实际上是排污权交易市场对不利于环境的外部不经济性所付出的代价。

总量控制是我国目前实施的一项基本环境管理制度，通过明确排污单位在污染物排放过程中应遵守的限制，从而控制排污单位的排放总量，对地区污染物排放控制、环境质量改善起到了积极作用。而 CDM 的思路是允许减排成本相对较高的排污主体向减排成本相对较低的排污主体转移实施可持续发展的减排项目，从而减少污染物排放量。其本质是一项在总量控制约束下排污主体履行其所承诺的限排或减排义务的灵活交易机制。

因此，在污染物排放总量控制目标的前提下，引入 CDM 思路，开展非点源污染减排CDM 研究，并基于此构建滇池流域点源-非点源污染物排放交易机制框架，既可满足"水十条"中"深化污染物排放总量控制。将工业、城镇生活、农业、移动源等各类污染源纳入调查范围""控制农业面源污染。实行测土配方施肥，推广精准施肥技术和机具""深化排污权有偿使用和交易试点"等相关要求,又可实现滇池流域"十三五"水污染防治的相关目标,还可以拓宽非点源污染治理费用的来源渠道,为滇池流域水污染防治采取基于市场机制的经济手段提供参考。

1.6 滇池流域水污染防治环境经济政策实施现状及技术体系

1.6.1 研究区概况

1.6.1.1 自然地理概况

滇池流域地处长江、红河、珠江三大水系分水岭地带,属长江流域金沙江水系,流域面积 2 920 km²,地理坐标为东经 102°29′9″—103°0′51″、北纬 24°28′10″—25°27′24″,为南北长、东西窄的湖盆地,地形可分为山地丘陵、湖滨平原和滇池水域三个层次。山地丘陵居多,面积 2 030 km²,约占 69.5%;湖滨平原面积 590 km²,约占 20.2%;滇池水域面积约 300 km²,约占 10.3%。滇池流域在昆明市辖区范围内包括昆明市主城区(五华区、盘龙区、官渡区、西山区)、呈贡新区全部行政辖区,以及晋宁区 6 个乡镇(昆阳镇、晋城镇、宝峰镇、新街乡、上蒜乡、六街乡)和嵩明县 2 个乡镇(滇源镇、阿子营镇)。

滇池位于昆明市主城区下游,是我国第六大淡水湖泊,被誉为云贵高原的"明珠",也是国家重点保护和治理的水域之一。滇池湖体南北长 39 km,东西宽 7.65 km,湖面面积为 309 km²,平均水深 5 m,现由人工闸将其分隔成草海和外海两部分,湖面面积分别占总面积的 2.7%和 97.3%。滇池具有工农业用水、调蓄、防洪、旅游、航运、水产养殖、调节气候和水力发电等功能。入滇池主要水系有 12 个,主要入湖河流 29 条,多发源于流域北部、东部和南部的山地,以及滇池上游的松华坝水库及几个大中型水库,这些河流穿过人口密集的城镇、乡村,并接纳工农业生产废水及居民生活污水,呈向心状流入滇池,如图 1-1 所示。

1.6.1.2 社会经济概况

2014 年,滇池流域常住人口 404.23 万人,其中农业人口 37.37 万人,城镇人口 366.86 万人,城镇化率为 90.76%。流域内人口主要集中在昆明市主城四区,人口最多的是官渡区,其次是五华区、盘龙区和西山区,4 个主城区的人口占滇池流域内人口的 86.73%。随着滇池流域人口增加和城市化进程加快,流域面临的环境压力将进一步增大。"十五"期间,滇池流域人口年平均增加 22.4 万人,年增长率达 10.2%;城区人口年平均增加 10.6 万人,年增长率达 5.2%。1997 年,滇池流域的总人口密度为 828.18 人/km²,而 2014 年滇池流域的总人口密度为 1 384.3 人/km²。

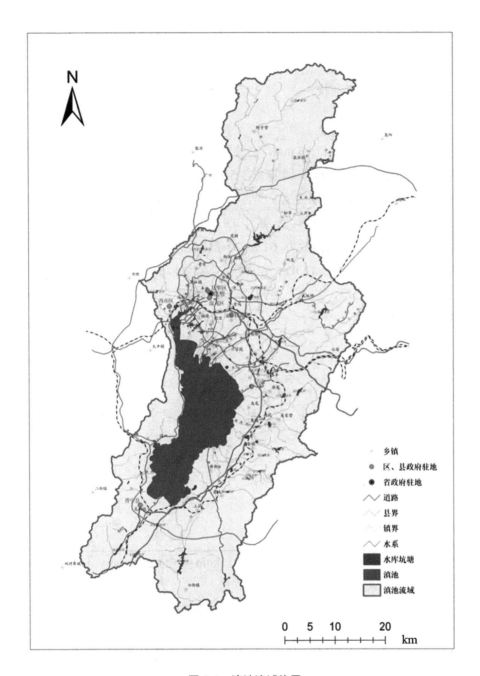

图 1-1 滇池流域位置

2014 年，滇池流域 GDP 占昆明市的 80% 左右，达 2 960 亿元。三次产业中，第一产业为 43.64 亿元，较 2013 年增长 2.2 个百分点；第二产业为 1 193.85 亿元，较 2013 年增长 9.6 个百分点；第三产业为 1 722.65 亿元，较 2013 年增长 9.6 个百分点。2011 年年底三次产业结构为 5.1∶44.2∶50.7。人均 GDP 为 7.32 万元。滇池环境急剧恶化的阶段正好是昆明市工业化、城市化、市场化迅速发展的阶段，强烈的发展愿望使得 2 920 km² 的滇池流域承载着过重的生态负担。

1.6.1.3 水环境和水资源现状

（1）水环境现状

滇池湖面多年平均降水 917.93 mm，蒸发量 1 426 mm；在水位为 1 887.4 m 时，湖面面积约 309 km²，湖容 15.6 亿 m³，调节湖容 5.7 亿 m³。

2014 年，滇池草海水质类别为劣 V 类，全湖平均营养状态指数为 72.6，处于重度富营养状态，主要超标指标为 NH_3-N（V 类），TP、COD、BOD_5（劣 V 类）。外海水质类别为劣 V 类，全湖平均营养状态指数为 64.7，处于中度富营养状态，主要超标指标为高锰酸盐指数（IV 类）、TP（V 类）、COD（劣 V 类）。滇池外海和草海富营养化状态见图 1-2。可以看出，经过多年的治理，基本上遏制了滇池进一步富营养化的趋势，但仍未扭转滇池富营养化的状态。

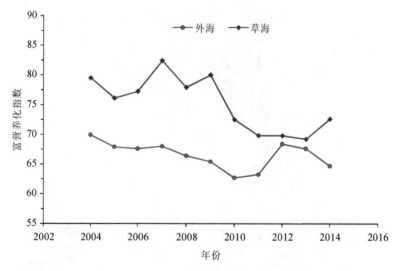

图 1-2 滇池外海和草海富营养化状态

2014 年，滇池 35 条入湖河流中，水质为地表水 II 类的有 2 条（冷水河、牧羊河），地表水 III 类的有 2 条（盘龙江、洛龙河），地表水 IV 类的有 7 条（马料河、南冲河、大河、白鱼河、古城河、东大河、老宝象河），地表水 V 类的有 12 条（新宝象河、金汁河、大观河、柴河、捞渔河、西坝河、船房河、乌龙河、中河、茨巷河、大清河、老运粮河），水质劣于地表水 V 类的有 5 条。

滇池流域集中式饮用水水源地水质保持良好。松华坝水库、自卫村水库、宝象河水库、双龙水库水质类别为 II 类，其余水库水质类别为 III 类，综合达标率为 100%。

2014 年，滇池流域排放的 COD、TN、TP、NH_3-N 分别为 15.37 万 t、2.45 万 t、0.22 万 t、1.4 万 t，4 种污染物入湖总量分别为 4.0 万 t、1.06 万 t、687 t、0.53 万 t。滇池流域污染源主要包括陆域点源、陆域面源、湖面干湿沉降和湖体内污染负荷。其中，流域点源污染产生的 COD、TN、TP、NH_3-N 分别占流域污染物总量的 74.8%、73.6%、74.5%、90.0%，主要来源为工业企业排放的工业废水、城镇居民生活排放的生活污水以及第三产业排放的生活污水。未来，滇池流域经济仍将保持高速增长，而目前滇池流域水环境容量已饱和，污染负荷的增加将进一步加大滇池水环境容量的压力。

（2）水资源现状

滇池多年平均入湖水量为 6.7 亿 m^3，多年平均出湖水量为 4.17 亿 m^3；湖面多年平均蒸发量为 3.97 亿 m^3，多年平均亏水量为 1.3 亿 m^3，多年平均地表水资源量为 5.4 亿 m^3，地下水资源量约为 0.565 亿 m^3，流域内多年平均水资源量为 5.965 亿 m^3。滇池流域内人均水资源量不足 300 m^3，约为全国人均水资源量的 1/10、全省人均水资源量的 1/25。已建成的蓄水工程控制流域面积为 1 651 km^2，总库容为 5.243 亿 m^3；其中，松华坝水库的库容达 2.29 亿 m^3，兴利水库的库容达 1.01 亿 m^3；宝象河、松茂、横冲、果林、柴河、双龙等 6 个中型水库的总库容为 1.09 亿 m^3；其他小（一）型和小（二）型水库总库容为 0.853 亿 m^3。随着掌鸠河引水工程的建成和通水，城市的每日供水量达到了 158 万 t，年供水量达到 5.7 亿 m^3，可满足 340 万人的供水需要；向昆明空港、呈贡新区供水的引水工程于 2012 年 3 月通水，平均年调入滇池流域的水量为 2.9 亿 m^3。2013 年年末，牛栏江-滇池通水，2014 年共向滇池流域补水 4.41 亿 m^3。滇池流域水资源的开发利用方面，即使只统计滇池上游水利设施的供水情况，水资源开发利用率也已达到 55.8%，超过国际公认上限（40%）；若加上滇池供水量，则全流域的水资源开发利用率将达到 151%。

从水环境和水资源现状可以看出，滇池流域同时存在资源型缺水和水质型缺水的问题，尽管通过外流域调水缓解了流域用水压力，但随着城镇化和工业化进程的进一步加快，滇池流域水资源供给和需求之间的矛盾仍将非常突出，水资源短缺的情况不可能在短期内得到解决，因此不仅需要基于水质改善的目标，还需要从水量调控角度出发，建立滇池流域生态环境持续改善的长效保障机制，保障滇池流域可持续发展。

1.6.2 滇池流域水污染防治环境经济政策实施现状分析

1.6.2.1 财政投资政策

滇池是我国重点关注的"三湖三河"之一。自 1996 年以来，国家先后批准并实施了四期五年计划，依次是《滇池流域水污染防治"九五"计划及 2010 年规划》《滇池流域水污染防治"十五"计划》《滇池流域水污染防治"十一五"计划》《滇池流域水污染防治"十二五"规划》。图 1-3 为 2001—2012 年滇池流域水污染防治年投资额。

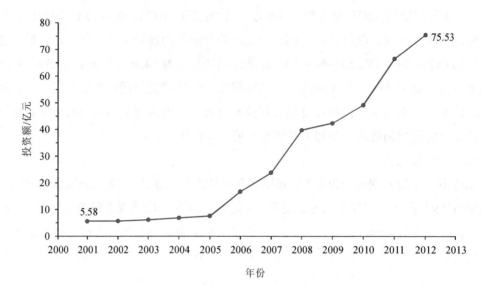

图 1-3　滇池流域水污染防治年投资额

由图 1-3 可以看出，滇池流域水污染防治年投资额呈现逐年递增的趋势，投资力度越来越大，由 2001 年的 5.58 亿元增加到 2012 年的 75.53 亿元，年均增长 26.72%。

将"九五""十五""十一五"期间的若干项目归类，参考云南省 2001—2012 年环境状况公报，得到以上 3 个五年计划期间滇池流域的投资分类（表 1-9），分别为城市排水基础设施建设类（含污水处理厂及配套管网建设等）、水生态修复类、水资源优化配置类（主要指跨流域调水以及再生水回用等）、监督管理类、面源污染控制类（含农业和农村面源污染控制示范工程等）。

由表 1-9 可知，滇池流域"九五"期间投资 21.2 亿元，其中用于城市排水基础设施建设的投资最多，达到 10.4 亿元。"十五"期间共投资 31.7 亿元，仍然是城市排水基础设施建设的投资金额最大，达到 17.2 亿元，占总投资的 54.3%，而监督管理为 0.5 亿元，仅占 1.6%。"十一五"期间，总投资 171.8 亿元，其中城市排水基础设施建设投资为 106.3 亿元，占总投资的 61.9%，而监督管理仅占 0.6%，比例进一步下降。3 个五年计划期间累计投资共 224.7 亿元，其中用于城市排放基础设施建设的资金比例达到 59.6%，水生态修复的资金比例为 20.2%，水资源优化配置的资金比例为 4.5%，监督管理的资金比例为 0.8%，面源污染控制的资金比例为 14.8%。

表 1-9 "九五"至"十一五"期间滇池流域财政投资分类

阶段	城市排水基础设施建设		水生态修复		水资源优化配置		监督管理		面源污染控制		合计
	金额/亿元	比例/%	金额/亿元	比例/%	金额/亿元	比例/%	金额/亿元	比例/%	金额/亿元	比例/%	
"十一五"	106.3	61.9	34.4	20.0	2.6	1.5	1.0	0.6	27.3	15.9	171.8
"十五"	17.2	54.3	8.0	25.2	4.8	15.0	0.5	1.6	1.2	3.9	31.7
"九五"	10.4	49.1	3.0	14.2	2.7	12.7	0.3	1.4	4.8	22.6	21.2
合计	133.9	59.6	45.4	20.2	10.1	4.5	1.8	0.8	33.3	14.8	224.7

将滇池外海 [图 1-4 (a)]、草海 [图 1-4 (b)] 富营养化指数与滇池治理年投资额进行拟合,结果见图 1-4。

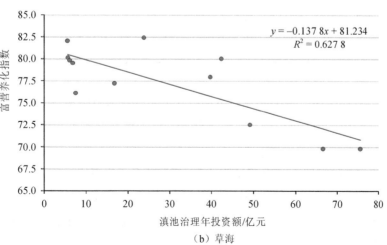

图 1-4 滇池治理年投资额与湖体富营养化情况拟合

由图 1-4 可以看出，滇池治理年投资额与外海和草海的富营养化指数均呈较强负相关（外海，R^2=0.573 5；草海，R^2=0.627 8），治理财政投资在降低滇池水体富营养化方面达到了一定的效果。经过多年的治理，已经基本上遏制了滇池湖体进一步富营养化的趋势。但是，同时可以看到，多年的投资未能从根本上扭转滇池富营养化的状态，滇池外海和草海分属于中度和重度富营养化状态，滇池治理依然任重道远。

1.6.2.2 污水排污收费制度

滇池流域从 1982 年开始实施排污收费制度，迄今为止已经实施 30 余年。这一制度是滇池流域实施最早的环境经济政策。滇池流域污水排污收费制度变迁情况见表 1-10。

表 1-10　滇池流域污水排污收费制度变迁

阶段	时间	主要政策	政策描述
建立及逐步系统化阶段	1982—1993 年	《云南省执行国务院〈征收排污费暂行办法〉实施细则》《云南省征收超标排污费若干问题补充规定》	①根据废水排放量收费； ②单一浓度收费
系统制度化阶段	1993—2003 年	《云南省征收排污费管理办法》《云南省污染源治理专项基金有偿使用实施办法》	①根据废水量收费，为 0.05 元/t； ②浓度超标，为 0.15 元/t
革新转变阶段	2003—2009 年	《排污费征收使用管理条例》《排污费征收标准管理办法》《排污费资金收缴使用管理办法》	①排污即收费； ②多污染物因子收费，前三项污染物当量之和； ③每一污染物当量 0.7 元； ④超标加倍
强化实施阶段	2009 年至今	《云南省发展和改革委员会、云南省财政厅、云南省环保局关于调整我省二氧化硫和化学需氧量排污费征收标准有关问题的通知》《云南省排污费征收标准调整实施方案》	①调整 COD、NH_3-N 和铅、汞、铬、镉、类金属砷的污染物排污费征收标准，每污染当量提高至 1.4 元； ②超标加倍

由表 1-10 可以看出，滇池流域污水排污收费制度自实施以来经历了以下三个转变：由超标收费转变为排污收费；由单一浓度收费转变为浓度与总量相结合收费；由单因子收费转变为多因子收费。

滇池流域污水排污费年征收额见图 1-5。由图 1-5 可以看出，随着经济的快速发展，滇池流域污水排污费年征收额呈现波动增加的趋势，由 2001 年的 360.47 万元增加到 2012 年的 1 156.54 万元，年均增长 11.18%；2009 年提高征收标准后，排污费年征收额有较大幅度的增加。

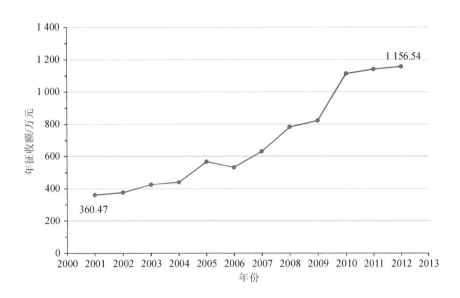

图 1-5 滇池流域污水排污费年征收额

图 1-6 为滇池流域单位 COD 排放工业增加值和单位废水排放工业增加值。由图 1-6 可以看出,2001—2012 年,滇池流域单位 COD 排放工业增加值和单位废水排放工业增加值均呈现波动增加的趋势。其中,单位 COD 排放工业增加值由 2001 年的 393.03 万元/t 提高到 2012 年的 1 668.66 万元/t,单位废水排放工业增加值由 2001 年的 0.05 万元/t 提高到 2012 年的 0.22 万元/t。因此,污水排污收费政策有利于调动排污单位污染治理的积极性,引导其自觉减少污染物排放、提高水资源利用效率。

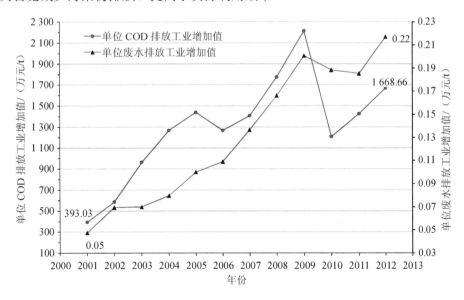

图 1-6 滇池流域单位 COD 排放工业增加值和单位废水排放工业增加值

对滇池流域污水排污费年征收额与企业排污情况进行拟合（图 1-7），可以看出，污水排污费年征收额与单位 COD 排放工业增加值和单位废水排放工业增加值均呈正相关，其中，与单位 COD 排放工业增加值拟合度较低 [R^2=0.570 1，见图 1-7（a）]，与单位废水排放工业增加值拟合度较高 [R^2=0.876 7，见图 1-7（b）]。由于在 2003 年执行新标准前，主要是针对企业废水排放量和废水浓度超标量征收污水排污费，因此对企业废水排放行为具有较好的约束作用；2003 年施行"总量收费"新标准后，滇池流域转为按照排放污染物的种类、数量缴纳排污费，因此对 COD 排放起到了较好的控制作用。

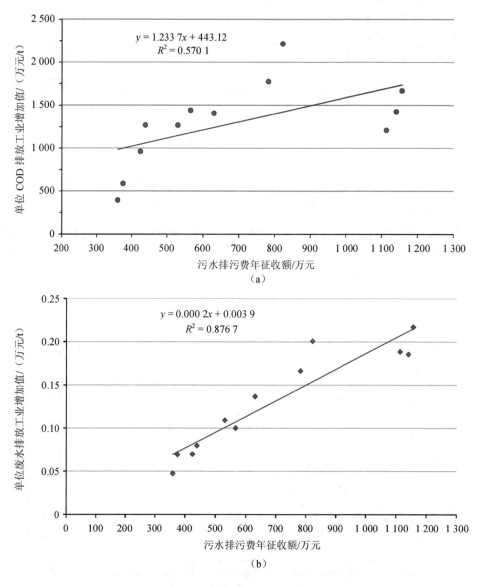

图 1-7 污水排污费年征收额与企业排污情况拟合

1.6.2.3 水价和污水处理收费政策

昆明是水资源短缺的特大型城市，为了保护和合理开发利用水资源，促进节约用水，加大城市污水处理力度，昆明市于 1997 年率先试点征收污水处理费，自 2002 年起施行阶梯式水价，是全国较早施行阶梯式水价的城市。污水处理费包含在滇池流域居民、企事业单位等的日常用水的水价中，由相关部门统一征收。表 1-11 为 2002—2009 年滇池流域阶梯水价和污水处理费的征收标准。

表 1-11 2002—2009 年滇池流域阶梯水价和污水处理费的征收标准

时间	水价/（元/m³）		污水处理费/（元/m³）		居民阶梯水价情况
	居民生活用水	工业生产用水	居民	工业	
2002—2004 年	1.30	1.60	0.50	0.60	三级阶梯，基数用水量 15 m³；16~20 m³ 部分，加价 50%；21 m³ 以上，加价 100%
2004—2006 年	1.30	1.60	0.50	0.60	四级阶梯，基数用水量 10 m³；11~15 m³ 部分，加价 50%；16~20 m³ 部分，加价 100%；21 m³ 以上，加价 150%
2006—2007 年 6 月 30 日	2.05	3.30	0.75	0.95	四级阶梯，基数用水量 10 m³；11~15 m³ 部分，加价 50%；16~20 m³ 部分，加价 100%；21 m³ 以上，加价 150%
2007 年 7 月 1 日—2009 年 5 月 31 日	2.45	4.10	0.75	0.90	四级阶梯，基数用水量 10 m³；11~15 m³ 部分，加价 50%；16~20 m³ 部分，加价 100%；21 m³ 以上，加价 150%
2009 年 6 月 1 日以后	2.45	4.35	1.00	1.25	四级阶梯，基数用水量 10 m³；11~15 m³ 部分，加价 100%；16~20 m³ 部分，加价 150%；21 m³ 以上，加价 200%

注：污水处理费不计入阶梯水价；表中只列出了居民水价和工业用水水价，其他行政事业用水等暂未列出。

由表 1-11 可以看出，为充分发挥价格杠杆，滇池流域阶梯水价和污水处理费政策自实施以来，经过了多次调整，2002—2009 年平均每隔一年调整一次，其中居民生活用水水价由 1.3 元/m³ 增长到 2.45 元/m³，增长了 88.5%，水价阶梯也由开始的三级阶梯调整到四级阶梯，基数用水量由 15 m³ 降低到 10 m³；工业用水水价增长幅度较大，由 1.60 元/m³ 增长到 4.35 元/m³，增长了 171.9%。居民和工业污水处理费征收标准分别由 0.50 元/m³ 和 0.60 元/m³ 调整到 1.00 元/m³ 和 1.25 元/m³，分别增长 100% 和 108.3%。图 1-8 为滇池流域居民生活和工业水费与污水处理费年征收额。

由图 1-8（a）可以看出，滇池流域居民生活用水和工业生产用水水费年征收额均呈

现总体增加的趋势，其中居民生活用水水费由 2001 年的 1.73 亿元提高到 2012 年的 4.37
亿元；工业生产用水水费年征收额由 2001 年的 0.59 亿元提高到 2012 年的 2.76 亿元；从
图中还可以看出，2006 年、2009 年调整征收标准，居民生活用水和工业生产用水水费年
征收额均有较大程度的提高。由图 1-8（b）可以看出，生活污水处理费和工业废水处理费
年征收额均呈现总体增加的趋势，其中生活污水处理费年征收额由 2001 年的 0.64 亿元提
高到 2012 年的 1.59 亿元，工业废水年征收额由 2001 年的 0.14 亿元提高到 2012 年的 1.34
亿元；同样，2006 年、2009 年调整污水处理费征收标准，污水处理费年征收额均有较大
程度的提高。

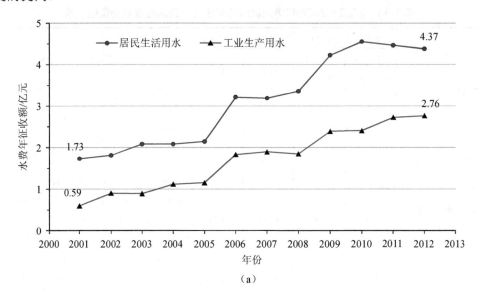

（a）

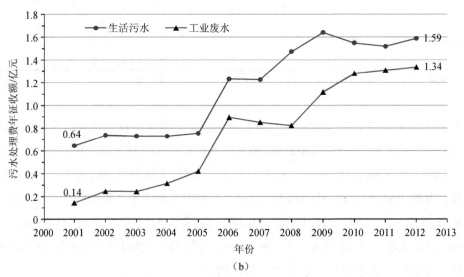

（b）

图 1-8　滇池流域居民生活和工业水费与污水处理费年征收额

图 1-8 显示滇池流域历年居民生活用水水费和生活污水处理费年征收额分别高于工业生产用水水费和工业废水处理费年征收额，这可能与昆明市大力发展第三产业、推进新型工业化等政策有关。因此，滇池流域应继续调整和优化产业结构。此外，随着滇池流域城镇化进程的加快，滇池流域应加大节水宣传力度，增强居民在日常生活中的节水意识，提高居民家庭节水设施的普及率。

图 1-9 为工业用水水费年征收额与工业用水重复利用率拟合图。可以看出，工业用水重复利用率与工业用水水费年征收额拟合度较好（$R^2=0.948\ 5$），呈较强的正相关关系，说明随着工业用水水价的不断调整，企业提高了其工业用水重复利用率，从而有效地限制了工业废水排放随工业产值增加而增加。

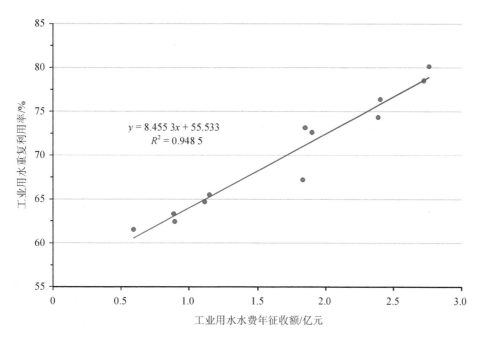

图 1-9 工业用水水费年征收额与工业用水重复利用率拟合图

1.6.3 滇池流域水污染防治环境经济政策问题识别与分析

1.6.3.1 滇池流域水污染防治财政投资实施绩效现状及存在的主要问题

滇池流域"九五""十五""十一五"期间的投资分类见表 1-9。经过多年治理，滇池外海综合营养状态指数由 2001 年的 74.18 降至 2012 年的 68.40，由重度富营养状态转为中度富营养状态。由于滇池流域是昆明市乃至云南省人口最稠密、社会经济最发达的地区，社会经济与城镇化的快速发展同水资源短缺与水环境污染之间的矛盾仍十分突出，滇池流域水污染治理仍旧任重道远,需长期坚持治理。因此,在资金总量尚显不足的情况下,提高滇池流域水污染防治财政投资资金的使用效率,提高其产出效益,具有非常重要的现实意义。

1.6.3.2 滇池流域水污染防治收费政策实施现状及存在的主要问题

"十二五"期间,昆明社会经济发展仍保持了较快的增长速度,总体上处于工业化中后期加速发展阶段,这一时期也是环境形势的多变期、环境危机的高发期和环境问题的敏感期,昆明面临着产业及城市化快速发展带来的巨大资源环境压力。

尽管滇池流域较早实施了阶梯水价、污水处理费和排污收费政策,但仍存在如下问题:①收取的污水处理费标准偏低,不能满足污水处理厂日常运营的需求;②城市水价标准偏低,不能较好地调控居民用水行为,流域内居民节水意识较弱,存在较多的浪费现象;③排污收费政策收费标准偏低,已不能有效调控企业排污行为,需制定更为严格的政策以控制企业排污。

1.6.3.3 滇池流域初期雨水补偿现状及存在的主要问题

近年来,滇池流域内工业和生活污水点源排放得到了一定程度的控制,但滇池水质并未得到根本改善。

根据《滇池流域水污染防治规划(2016—2020年)》研究报告,2015年滇池流域污染物入湖负荷中,城市面源COD占比为52.46%,TN和TP也达到10%左右。随着近年滇池流域城市化建设的加速,硬化地面大量增加,城市面源污染更有增加的趋势。

城市面源污染指降雨及形成的地表径流对水环境造成的污染,其中尤以初期雨水的污染最为严重。初期雨水具有污染程度高、径流量大的特点。在降雨初期,雨水溶入了空气中大量的污染性气体,降落到屋顶与地面,经冲刷沥青油毡屋顶、沥青混凝土路面后,形成初期雨水,初期雨水中含有大量有机体、病原体和悬浮固体等污染物,因此初期雨水的污染程度较高,污染物浓度通常高于普通市政管网中的浓度;此外,由于初期雨水的瞬时径流量较大,在流量超过污水收集系统的设计能力时,超出部分将以溢流方式未经处理直接排放,对环境造成危害。根据文献调研,滇池第二大入湖河流宝象河在降雨初期的固体悬浮物浓度比非降雨时高106倍。

为控制城市面源,滇池流域相关部门已通过建设截污管、雨水调蓄池等设施,将雨水先截留起来,避免降雨强度过大时发生溢流现象,待降雨过后,将这部分雨水转运至污水处理厂进行净化处理。因此,在雨季,污水处理厂将额外处理大量雨水。以昆明市第六污水处理厂为例,雨季的污水处理量比旱季多18%,且由于初期雨水中含有浓度较高的有机污染物和悬浮物,将显著影响污水处理厂的污水处理过程,造成污水处理厂整体运行成本增加。根据文献调研,雨季处理单位体积雨水的成本超过旱季成本的30%~60%。图 1-10 为 2013 年 10 月昆明市第六污水处理厂服务区域降水量和污水处理成本对照图。由图中可以看出,降雨显著提高了污水处理厂的运行处理成本。

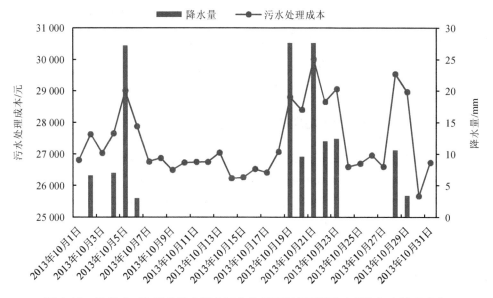

图 1-10　2013 年 10 月昆明市第六污水处理厂服务区域降水量和污水处理成本

目前,滇池流域尚未针对污水处理厂处理雨水出台补偿政策。据调研,滇池流域污水处理厂为保证雨季处理雨水的稳定高效,已对现有工艺进行改造升级,并对相关处理构筑物进行了扩建、改建,但其运行费用却未得到管理部门的有效补偿。对污水处理厂来说,只有在经济上得到有效保障,才能保证其长期的高效稳定运行,充分发挥其作为解决城市水环境污染关键基础设施的社会效益和环境效益。

与发达国家流域实施情况以及国家、地方总体要求相比,滇池流域雨水管理政策实施存在以下两方面问题:

①根据"水十条"中"将再生水、雨水、微咸水等非常规水源纳入水资源统一配置"的水资源利用要求,目前,滇池流域已形成"雨水截留→调蓄→污水处理厂深度处理→回用"这一套较为完善的体系,但在污水处理厂这一关键末端处理环节,缺乏对处理雨水成本的经济补偿,不利于污水处理厂处理雨水的长期稳定运行。

②目前,滇池流域的工业废水与生活污水等点源排放的责任主体非常明确,排污费制度、居民污水处理费征收等政策有效保证了污水处理厂在点源处理方面的费用来源,但城市面源治理的责任主体和费用来源尚不明确,相关设施的规划、建设和运营主要依靠财政拨款,不但加重了环境保护工作的财政负担,还存在补偿范围不全面、补偿额度与实际成本存在偏差的问题,不利于雨水处理设施的长期可持续运行。

鉴于此,建议滇池流域相关部门制定"雨水排放费"制度。向用户征收的费用主要用于保障雨水公用设施的正常运营,从而将城市雨水管理的部分成本转移至受益者,起到减轻市政财政压力和激励公众自觉采取措施以减少地表径流的双重作用。雨水排放费的征收体系遵循"使用者付费原则",与水的供应对应水费、废水处理对应排污费一样,雨水处理也可依照服务费的征收模式进行。不同的是,水费、排污费是用户基于自己的直接利益付费,雨水费是间接获益。污水处理厂处理雨水的目的在于减少径流和合流制溢流污染引发的水环境污染,因此公众需要为这一成本付费。

1.6.3.4 滇池流域生态补偿实施现状及存在的主要问题

滇池流域松华坝水源区真正意义上的生态补偿政策是从 2005 年 7 月 1 日试行的《昆明市松华坝水源保护区生产生活补助办法(试行)》。该办法通过一年多的试行和完善,于 2007 年 1 月 1 日正式实施,于 2010 年 12 月 31 日到期。2009 年,《中共昆明市委 昆明市人民政府关于进一步加强集中式饮用水源保护的实施意见》对相关补偿政策进行了修订;"十二五"开局之年实施的《昆明市松华坝、云龙水源保护区扶持补助办法》使水源区生态补偿政策得到延续和加强。松华乡位于松华坝水源区的核心位置,对其生态补偿的实施效果直接影响着松华坝水库的水质和水量。

根据《昆明市松华坝、云龙水源保护区扶持补助办法》对松华坝水源保护区补助范围及标准作出的规定以及 2013 年落实的提案,现阶段水源保护区的补偿主要包括:①生产扶持,如退耕还林补助、"农改林"补助、产业结构调整补助、清洁能源补助、劳动力转移技能培训补助、生态环境建设项目补助;②生活补助,如学生补助、能源补助、新型农村合作医疗补助;③管理补助,如护林工资补助、保洁工资补助、监督管理经费补助。

现阶段滇池流域水源保护区补偿基本上是行政补偿,主要通过政府的行政力量推动实施,而跨流域的生态补偿实践则是空白,总体补偿效率低,覆盖范围窄,数额低、不能体现市场价值。在具体生态补偿政策实施过程中存在很多困难。

第一,公众和政府管理部门对水资源的生态价值认识有限,受益方参与补偿的积极性不高。第二,流域生态补偿机制不健全,由于补偿区域、补偿方法、补偿额度、补偿绩效、生态转移支付等方面的国家性方案和标准尚未出台,当地政府的政策制定缺乏依据和指导。目前,涉及滇池跨流域生态保护和生态建设的法律法规都没有对"谁来补偿"和"补偿给谁"作出明确的界定和规定,对于牛栏江-滇池补水工程补偿主客体也无明显界定,对其在上下游生态环境方面具体拥有的权利和必须承担的责任仅限于原则性的规定,导致各利益相关者无法根据法律界定自己的责、权、利。第三,流域生态补偿方法相对单一,补偿资金难以落实。目前滇池流域生态补偿的方法主要是资金补助,且资金的主要来源是政府的财政收入,增加了政府的财政压力,而实质上补偿资金的使用效率很低。

1.6.3.5 滇池流域排污权交易政策总体框架尚未形成

2013 年 1 月 1 日，《云南省滇池保护条例》（以下简称《条例》）正式实施。《条例》将重点水污染物总量控制制度作为削减和控制滇池污染的核心手段，规定"昆明市人民政府、有关县级人民政府应当严格控制排污总量，根据重点水污染物排放总量控制指标的要求，将控制指标分解落实到排污单位，不得突破控制指标和出境断面水质标准"。《条例》的颁布实施，表明每年排入滇池的各类重点水污染物总量是一定的，滇池流域各个地区都有额定指标，对于发生超标的县、区，来年的项目审批（会产生重点水污染物的）将受到控制，防止出现以牺牲环境为代价的不科学发展。由于并非每个地方都会用完额定指标，在实际工作中可以考虑以"水污染物排污权交易"的方式，控制流域内水污染物总量的增加。虽然《条例》将农业和城市非点源纳入总量控制范围，但相关规定仍比较原则化，缺乏具体办法和指南进行详细说明。

排污权交易作为一种典型的基于市场机制的经济激励型环境政策手段，具有费用有效性高、管理成本低等特点。2012 年，昆明 SO_2 排污权首次公开竞价交易成功，这标志着昆明市将排污权引入市场机制的试点工作进入实质性的操作阶段。但昆明市目前尚未出台滇池水污染控制相关排污权交易政策，滇池流域内排污权交易政策仍处于试点阶段，总体框架尚未形成。除此之外，滇池流域内实施的排污许可证制度与总量控制制度脱节，多数工业企业排污许可证各污染物排放总量是参考环境影响评价报告和建设项目竣工环境保护验收报告进行核算的，存在"需要多少就核算多少"的现象，忽视资源负荷及环境容量的实际情况。

1.6.4 滇池流域水环境经济绩效评估技术体系

本书主要采用数据包络分析（DEA）C^2R 模型和 BC^2 模型，构建了一整套滇池流域水污染防治环境经济政策绩效评估技术，对滇池流域 2001—2012 年实施的主要水污染防治环境经济政策进行全面合理的评估与分析，并结合投入/产出指标，计算相关政策实施的纯技术效率和规模效率，开展投影值分析，识别政策绩效不佳决策单元的薄弱环节。

其工艺流程为"选择水污染防治环境经济政策—确定投入/产出指标—DEA 模型选择—效率值和投影值分析"，其技术体系路线见图 1-11，具体如下。

①选择滇池流域现行的主要水污染控制环境经济政策，包括财政投资政策和水污染防治收费政策，并对其实施现状进行分析；

②在此基础上，针对各项政策的特点，筛选和构建每项政策用于绩效评估的投入和产出指标；

③采用 DEA 方法的 C^2R 模型和 BC^2 模型，计算各项政策的纯技术效率和规模效率；

④进行效率值和投影值分析。

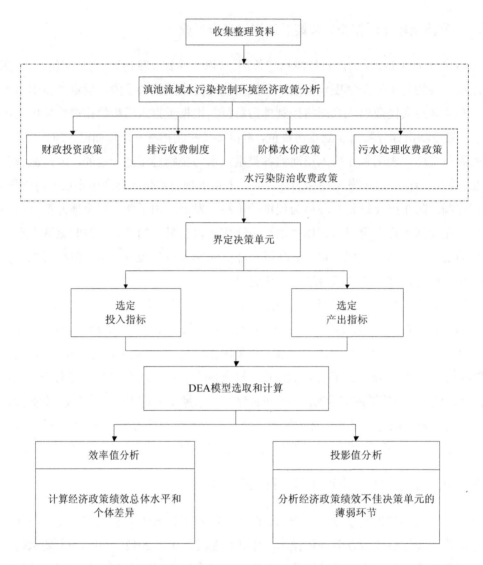

图 1-11　水环境经济绩效评估技术体系路线

1.6.5　滇池流域水污染防治环境经济政策集成智能仿真技术体系

　　滇池流域水污染防治环境经济政策集成智能仿真技术通过对滇池流域实施的城市阶梯水价政策、污水处理收费政策、排污收费政策及再生水价格进行智能仿真,提出环境容量约束下的适合滇池流域社会经济发展的政策标准。该项技术依据滇池流域水污染防治"十三五"规划目标,对以上政策进行智能仿真,可为"十三五"时期滇池治理目标的实现提供政策支撑。

　　该技术体系的基本原理是应用复杂适应系统(Complex Adaptive System,CAS)理论和综合集成的方法,构建基于多主体建模(ABM)耦合系统动力学(SD)的滇池流域水污染防治环境经济政策集成工具包。该工具包集成水污染防治环境经济政策 ABM 与 SD 耦合技术,可智能仿真微观企业主体与居民主体对各政策的适应行为,将政策的调控结果涌现到宏观社会-经济-环境复杂系统中,从而实现多种政策对微观主体行为调控与宏观实施效果的模拟。其具体技术体系路线见图1-12。

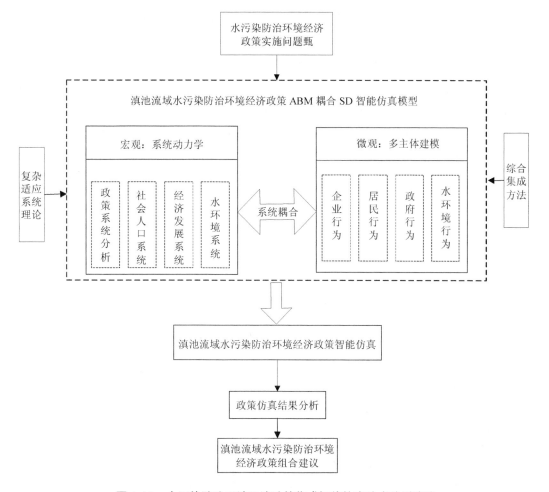

图 1-12 水污染防治环境经济政策集成智能仿真技术体系路线

1.6.6 滇池流域污水处理厂季节分类考核标准核算方法体系

1.6.6.1 研究内容

①建立滇池流域污水处理厂季节分类考核标准核算方法体系。再根据污水处理厂尾水排放水体是否有剩余环境容量,将污水处理厂分为两类:对于有剩余环境容量的污水

处理厂，通过对受纳河流剩余环境容量和水质超标风险的估算和比较，选择最优的季节划分方案，在此基础上核算季节分类考核标准；对于无剩余环境容量的污水处理厂，通过对受纳河流流量、污水处理厂服务区域降水量和污水处理量的综合考虑，划分出雨季、旱季，根据各季节污水处理厂近年处理现状核算季节分类考核标准。

②选取滇池流域典型污水处理厂进行季节分类考核案例研究。对于有剩余环境容量情况，选择第六污水处理厂作为研究对象；对于无剩余环境容量情况，选择第一污水处理厂作为研究对象。在确立季节分类考核标准核算方法体系的基础上，分别根据污水处理厂实际运行情况核算其季节分类考核标准。

③拟定滇池流域污水处理厂季节分类考核管理办法。在滇池流域现行污水处理厂考核管理办法的基础上，通过对季节分类考核标准的核算，拟定适用于滇池流域的污水处理厂季节分类考核管理办法，并提出相应的污水处理厂管理体制方面的政策建议。

④在污水处理厂季节分类考核标准下，以第六污水处理厂为案例，通过对污水处理厂运行方案和运行成本的模拟和优选，估算季节分类考核可能对污水处理厂产生的经济效益。

1.6.6.2 技术体系路线

污水处理厂季节分类考核标准核算方法体系路线见图 1-13。

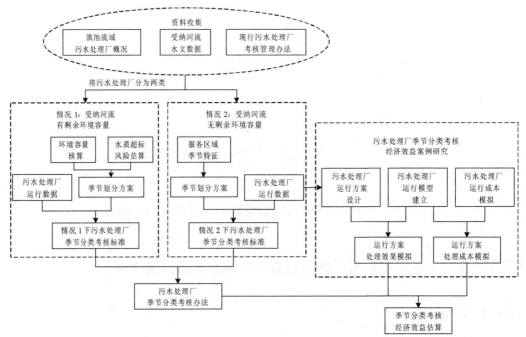

图 1-13　污水处理厂季节分类考核标准核算方法体系路线

1.6.7　滇池流域污水处理厂初期雨水补偿额度核算技术体系

　　污水处理厂初期雨水补偿额度核算技术体系的基本原理是针对滇池流域城市面源污染责任主体和治理经费来源不明确、污水处理厂处理雨水的费用缺乏相应补偿的问题，提出通过收取雨水排放费来补偿污水处理厂对初期雨水的处理。首先针对雨水径流污染源头进行最佳管理措施的设计和优化，然后选取案例核算污水处理厂处理初期雨水的成本，在此基础上拟定滇池流域污水处理厂初期雨水补偿的方案，并提出关于征收雨水排放费以补偿污水处理厂的政策建议。其具体技术体系路线见图1-14。

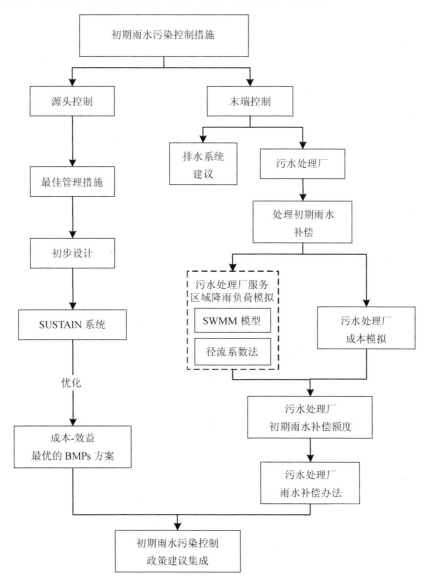

图 1-14　污水处理厂初期雨水补偿额度核算技术体系路线

1.6.8 滇池流域生态补偿政策体系

1.6.8.1 研究内容

研究工作主要包括流域生态补偿理论体系梳理和实证研究。

（1）流域生态补偿理论体系梳理

在现有研究成果基础上，探讨流域生态补偿机制的概念、内涵，基于理论和现实，分析滇池流域生态补偿机制实施的必要性和可行性。

（2）基于支付意愿法的松华坝水源保护区生态补偿

调研、了解松华坝水源保护区生态补偿现状，设计支付意愿及受偿意愿调查问卷，完成调查方案，确定调查地点，分析被调查居民个人信息、对环境保护的认知状况、居民受偿及支付意愿，计算出水源区居民受偿意愿额度及受水区居民支付意愿额度。

（3）基于跨界通量的牛栏江调水生态补偿

明确牛栏江-滇池调水跨界生态保护的责权关系，界定跨界断面水质水量生态补偿的相关责任主体。在明确相关责任主体的基础上，掌握跨界断面水量、水质状况。根据昆明市经济发展状况以及在云南省环境监测中心得到的监测数据，选取具体的水质评价指标和水量指标，建立跨界通量的生态补偿方法，根据跨界通量生态补偿量测算模型，测算出牛栏江-滇池调水跨流域生态补偿额度。

（4）基于滇池生态需水的牛栏江调水生态补偿

滇池流域主要从牛栏江引水。首先，采用最低生态水位法计算滇池流域的生态需水量，参照河流最低年平均水位法来计算湖泊最低生态水位；其次，根据水源区和受水区的经济发展状况确定生态补偿系数，使水源区生态补偿量的分担更加合理、公平，以消除单指标分担的片面性，进而求得生态补偿量。

（5）滇池流域生态补偿中的博弈均衡问题研究

构建博弈均衡模型，模型中引入监督惩罚机制。利用同一个基本博弈模型，将 3 个案例联系起来定性分析，并具体问题具体分析，分别进行 3 个案例的长期博弈和短期博弈分析。科学地界定生态补偿额度和惩罚额度是流域生态补偿机制运行的核心，无论是生态补偿额度还是惩罚额度范围的确定，都是必要的。

（6）滇池流域生态补偿政策建议

为使滇池流域生态补偿机制与当地的生态环境保护相结合，发挥最大的补偿效益，从完善相应的法律体系、加强政策实施、加大环境保护宣传教育力度等方面提出相应的对策、措施和建议。

1.6.8.2　技术体系路线

首先,在明确责权关系的基础上,建立生态补偿核算方法。根据流域整体性和差异性,将滇池流域生态补偿核算方法分为三种模式:一是对流域水源区的补偿;二是相邻行政区域间的补偿;三是跨流域调水的生态补偿。其次,分别提出三种模式下生态补偿标准的计量方法,并以滇池流域数据为基础,进行案例区生态补偿标准的计算。最后,对三种模式的结果分别用同一个基础博弈模型进行博弈分析,以此对滇池流域生态补偿准市场机制的理论体系进行系统分析与研究,对补偿标准进行量化,提出具体的补偿方式,解决好生态补偿中的几个重要关系,建立相应的保障体系,初步提出滇池流域生态补偿政策建议。其具体技术体系路线见图1-15。

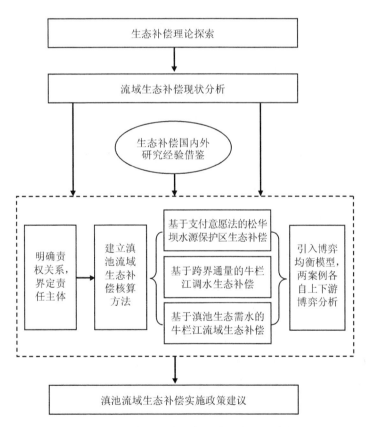

图1-15　滇池流域生态补偿技术体系路线

1.6.9 滇池流域非点源污染减排清洁发展机制技术体系

1.6.9.1 滇池流域农业非点源污染减排清洁发展机制研究

研究区域化肥大量施用产生的 TN 和 TP 是导致该区域农业非点源污染的重要来源之一。通过实施测土配方施肥工程，减少化肥尤其是氮肥和磷肥的施用，减少 TN 和 TP 产生和排放的潜力巨大。因此，具备开展 CDM 项目的基本条件。基于相关 CDM 方法学，以昆明市呈贡区为例，分析实施 CDM 项目的可行性，计算 TN 和 TP 的减排量，对于推进我国农业非点源污染治理和相关 CDM 项目实施具有重要的指导意义。

1.6.9.2 滇池流域城市非点源污染减排清洁发展机制研究

研究区域初期雨水径流产生的 TN 和 TP 是造成该区域城市非点源污染的主要来源。通过实施绿色屋顶工程，增强区域雨水滞留能力和污染物削减能力，减少 TN 和 TP 产生和排放的潜力巨大。因此，具备开展 CDM 项目的基本条件。基于相关 CDM 方法学，以昆明市官渡区西南城区为例，分析实施 CDM 项目的可行性，计算 TN 和 TP 的减排量，对推进我国城市非点源污染治理和相关 CDM 项目实施具有重要的指导意义。

1.6.9.3 滇池流域总量控制与污染减排清洁发展机制技术体系

在污染物排放总量控制目标的前提下，引入 CDM 思路，开展非点源污染减排清洁发展机制研究，并基于此构建滇池流域点源-非点源污染物排放交易机制框架，可以拓宽非点源污染治理费用的来源渠道，为滇池流域水污染防治采取基于市场机制的经济手段提供参考。

工艺流程为"非点源排放总量控制—非点源污染减排清洁发展机制设计—点源-非点源排污交易"，其具体技术体系路线见图 1-16。具体流程如下。

①构建滇池流域非点源排放总量核算体系，主要针对农业非点源污染，估算其污染负荷，分析不同农业非点源污染来源贡献率，识别关键污染源。根据各污染源排放现状，按照比例分配环境容量，确定总量控制目标，估算农业非点源削减量。

②在非点源总量控制前提下，引入 CDM 思路，构建滇池流域非点源污染减排清洁发展机制框架，研究 CDM 项目技术措施、组织机构、运作程序、项目方法学等内容。

③基于 CDM 项目，构建滇池流域点源-非点源排污交易体系，研究点源与非点源排污交易的市场结构、交易模型、交易比率、交易成本、交易价格等内容。

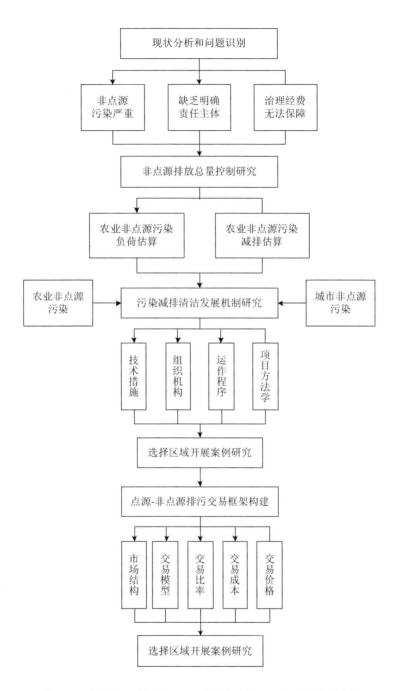

图 1-16 流域总量控制与污染减排清洁发展机制技术体系路线

1.7 本书内容框架

本书内容框架见图 1-17。

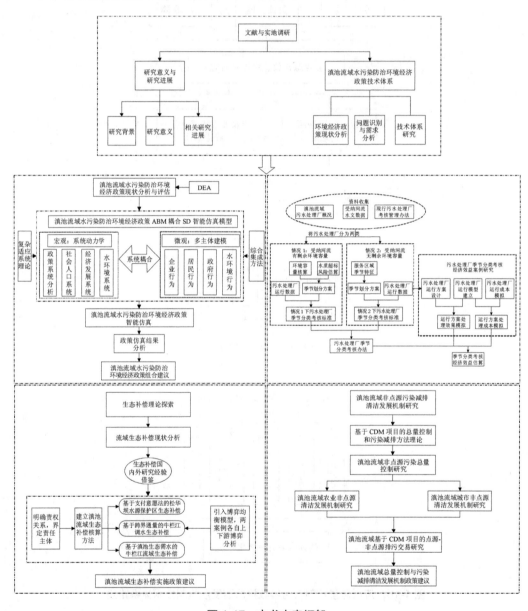

图 1-17 本书内容框架

第2章

滇池流域水污染防治环境经济政策绩效评估

2.1 水污染防治环境经济政策绩效评估方法

滇池流域水污染防治环境经济政策绩效评估采用数据包络分析（Data Envelopment Analysis，DEA）方法，该方法首次由 Charnes 等（1978）提出，用于评估多投入和多产出情况下不同决策单元（Decision Making Units，DMUs）的相对效率。与传统的评价方法相比，DEA 方法不需要考虑投入与产出之间的函数关系，而且不需要预先估计参数权重，克服了传统绩效评价方法中权重设置时主观因素的影响（何平林等，2012；刘巍等，2012）。由于 DEA 的这种评价特点，过去 30 多年间，国内外学者在理论研究与实践应用方面取得了大量的研究成果（Zhou et al.，2008；Liu et al.，2013；Zhang et al.，2015）。Doumpos 等（2014）通过 DEA 方法评估了 2002—2009 年希腊政府管理绩效，分析影响其政府管理绩效的因素，提出提高和优化希腊政府管理绩效的相关建议；Nicolal 等（2014）采用 DEA 方法，评估了意大利近 20 年医疗改革政策的效率，探讨了影响医疗改革和居民健康效率的因素；Mehdi 等（2014）应用 DEA 方法，评估了摩洛哥财政支出效率，证明摩洛哥人口规模与财政支出效率值呈负相关。近年来，我国学者同样采用 DEA 方法对国家或地区的政策实施绩效进行了研究，如谭术魁等（2010）基于数量保护的视角，采用 DEA 方法评价了我国 2000—2007 年的耕地保护政策绩效，提出了提升我国耕地保护政策绩效的建议；李超显等（2012）以湖南省为例，对 DEA 方法在政府社会管理职能绩效评估中的应用进行了研究，结果表明 DEA 方法可以比较客观、简约、直观地评价政府社会管理职能的相对有效性，帮助政府部门准确掌握社会管理职能绩效水平。因此，DEA 方法能够较为准确、客观地评价政策实施绩效，可为提高政策实施效果和政府管理水平提供参考（张家瑞等，2015）。本书采用 DEA 方法评估滇池流域水污染防治投资政策、水污染防治收费政策（阶梯水价、排污收费和污水处理收费政策）的实施绩效，分析其实施效率及影响其效率的主要因素。

由 Charnes 等（1978）学者提出的 DEA 模型为固定规模报酬下的多投入、多产出的效率评价模型（C^2R 模型）；1984 年，Banker 等学者提出了变动规模报酬下涵盖技术效率和规模效率的 DEA 模型。

假设有 n 个决策单元 DMU_j（j=1, 2, 3, $\cdots$, n），每个决策单元有 m 种类型的输入 X_j=（x_{1j}, x_{2j}, $\cdots$, x_{mj}）和 s 种类型的输出 Y_j=（y_{1j}, y_{2j}, $\cdots$, y_{sj}），其中（x_0, y_0）为 DMU_0 的输入和输出，则具有非阿基米德无穷小量 ε（小于任何正数且大于 0，可取 10^{-6}）的 DEA 模型为

$$\min\left[\theta - \varepsilon\left(\hat{e}^T S^- + e^T S^+\right)\right]$$

$$\text{s.t.}\begin{cases} \sum_{j=1}^{n} X_j\lambda_j + S^- = \theta X_0 \\ \sum_{j=1}^{n} Y_j\lambda_j - S^+ = Y_0 \\ \delta\sum_{j=1}^{n}\lambda_j = \delta \\ \lambda_j \geq 0, j = 1,\cdots,n \\ S^- \geq 0, \ S^+ \geq 0 \\ \hat{e} = (1,1,\cdots,1)^T \in \boldsymbol{E}^{\boldsymbol{s}}, \ e = (1,1,\cdots,1)^T \in \boldsymbol{E}^{\boldsymbol{s}} \end{cases} \quad (2\text{-}1)$$

式中：θ——决策单元 DMU_0 的效率值（$0 \leq \theta \leq 1$）；

S^+、S^-——松弛变量；

λ_j——输入和输出指标值的权系数。当 δ=0 时，为 C^2R 模型；当 δ=1 时，为 BC^2 模型。

假设式（2-1）的最优解分别为 θ^*、λ^*、S^{+*}、S^{-*}，则 C^2R 模型 DEA 有效性的经济含义为：

①当 θ^*=1，且 S^{+*}=0，S^{-*}=0 时，决策单元 DMU_0 为 DEA 有效，达到帕累托最优，决策单元的生产活动同时存在技术有效和规模有效。

②当 θ^*=1，但至少有某个输入或输出松弛变量大于 0 时，决策单元 DMU_0 为 DEA 弱有效，即在这 n 个决策单元组成的经济系统中，在保持原产出 y_0 不变的情况下，投入 x_0 可减少 S^{-*}，或在投入 x_0 不变的情况下可将产出提高 S^{+*}。

③当 θ^*<1，决策单元 DMU_0 不是 DEA 有效，决策单元的生产活动既不是技术效率最佳，也不是规模效率最佳。

BC^2 模型 DEA 有效性的经济含义为：

①若 θ^*=1，则称决策单元 DMU_0 为 DEA 弱有效；

②若 θ^*=1 且松弛变量 S^{+*}=0、S^{-*}=0，则称决策单元 DMU_0 为 DEA 有效。

在 C^2R 模型中，可根据 λ_j 的最优值 λ_j^* ($j=1, 2, \cdots, n$) 来判别 DMU_0 的规模收益情况，具体如下：

①若 $\sum \lambda_j^*=1$，则 DMU_0 为规模收益不变，此时 DMU_0 达到最大产出规模点，政策实施效果最优；

②若 $\sum \lambda_j^*<1$，则 DMU_0 为规模收益递增，表明 DMU_0 在投入 x_0 的基础上，适当增加投入量，产出量将有更大比例的增加，即可继续增加政策投入以提高各政策的实施绩效；

③若 $\sum \lambda_j^*>1$，则 DMU_0 为规模收益递减，表明 DMU_0 在投入 x_0 的基础上，即使增加投入量，也不可能带来产出量更大比例的增加，此时没有再增加投入的必要，政府应通过提升政策管理水平、加大执行监管力度，来提高政策的实施绩效。

C^2R 模型求解的 θ^* 为综合效率值（TE），BC^2 模型求解的 θ^* 为纯技术效率值（PTE），根据公式（综合效率=纯技术效率×规模效率），可求得规模效率（SE）。综合效率值可反映水污染防治财政投资政策实施绩效的整体水平，综合效率值=1，说明政策实施 DEA 有效，达到技术有效和规模有效；综合效率值<1，说明政策实施 DEA 无效，需根据投入和产出松弛变量，确定无效的主要影响因素。纯技术效率（PTE）反映在不考虑各项规模变化的情况下，水污染防治环境经济政策实施过程中管理制度和技术因素的绩效状况。

由于 DEA 方法需要选定投入/产出指标，进而对决策单元进行效率有效性评估，因此，投入/产出指标的选择会影响 DEA 方法的评估结果。选取投入/产出指标时应注意以下几点：①选取的投入/产出指标能够反映真实的生产过程，一般来说选取越小越好型数据作为投入指标，选取越大越好型数据作为产出指标；②根据 DEA 的"拇指法则"（rule of thumb），决策单元的个数至少要为评价指标个数总和的两倍，指标个数过多会降低 DEA 模型的区分度，不利于问题的发现，无法为决策者提供较好的政策分析信息；③所选的指标要易于获取较为准确的数据，没有准确可靠的数据，也就无法得出准确的分析结果。

2.2　滇池流域水污染防治投资政策绩效评估

2.2.1　投入/产出指标选取及描述性统计

在总结和参考相关研究的基础上，结合"十五"至"十二五"期间滇池流域水污染防治规划投资结构，本研究将滇池流域水污染防治投资分为工程治理投资（主要包括城市污水处理厂及配套管网建设、入湖河道修复工程、跨流域调水工程等投资）、监督管理投资（主要包括规划执行情况评估、环境保护宣传教育和滇池流域环境自动在线监测系统的建设）和面源污染治理投资（主要包括农业、农村和城市面源污染控制示范投资）。本研究选取以上三种投资结构的年投资额（亿元）作为财政投资政策的投入指标。考虑到提高滇池入湖水质、控制和改善滇池富营养化是滇池流域水污染防治的主要任务，选取水域功能区水质达标率（%）、城镇污水处理率（%）和滇池综合营养状态指数（外海）作为产出指标（张家瑞等，2015a）。

本研究对 2001—2012 年的滇池流域水污染防治投资政策实施绩效进行评估。原始数据来源于 2002—2013 年昆明市统计年鉴、2001—2012 年昆明市环境状况公报和 2001—2012 年云南省环境状况公报，投入/产出指标描述性统计见表 2-1。

表 2-1　投入/产出指标描述性统计

指标类型	指标	样本总量	最小值	最大值	平均值	标准差
投入指标	工程治理投资/亿元	12	5.28	85.20	26.16	25.09
	监督管理投资/亿元	12	0.08	0.60	0.22	0.16
	面源污染治理投资/亿元	12	0.22	16.33	4.63	5.15
产出指标	城镇污水处理率/%	12	62.31	99.87	75.72	14.34
	水域功能区水质达标率/%	12	50.00	100.00	83.44	12.23
	滇池综合营养状态指数（外海）	12	62.50	74.18	67.42	3.71

2.2.2　结果分析

根据 DEA "拇指法则"，决策单元共 12 个，投入/产出指标共 6 个，符合模型准确运算要求。此外，DEA 分析要求投入指标越小越好，产出指标越大越好。在计算时，本研究将产出指标滇池综合营养状态指数（外海）的倒数代入 DEA 模型进行计算。根据 C^2R 模型和 BC^2 模型，研究采用产出导向模式来测量评估单元的综合效率（TE）、纯技术效率（PTE）、规模效率（SE）以及投入/产出指标的松弛变量 S^{+*} 和 S^{-*}，计算结果见表 2-2。表 2-2 中，S_1^{+*}、S_2^{+*} 和 S_3^{+*} 分别为产出指标城镇污水处理率、水域功能区水质达标率、滇池综合营养状态指数（外海）的松弛变量；S_1^{-*}、S_2^{-*} 和 S_3^{-*} 分别为投入指标工程治理投资、监督管理投资和面源污染治理投资的松弛变量。

表 2-2　滇池流域水污染防治投资政策绩效评估结果

年份	效率值			投入指标松弛变量/亿元			产出指标松弛变量		
	TE	PTE	SE	S_1^{-*}	S_2^{-*}	S_3^{-*}	S_1^{+*}/%	S_2^{+*}/%	S_3^{+*}
2001	1.000	1.000	1.000	0	0	0	0	0	0
2002	0.447	0.841	0.532	1.168	0	0.038	0	0	0
2003	0.500	0.921	0.543	2.024	0	0.045	12.839	0	1.659

年份	效率值			投入指标松弛变量/亿元			产出指标松弛变量		
	TE	PTE	SE	S_1^{-*}	S_2^{-*}	S_3^{-*}	S_1^{+*}/%	S_2^{+*}/%	S_3^{+*}
2004	0.634	1.000	0.634	0.022	0.007	0	3.287	0	1.142
2005	0.715	1.000	0.715	0.055	0	0	3.757	0	0
2006	1.000	1.000	1.000	0	0	0	0	0	0
2007	0.603	1.000	0.603	2.579	0	0.917	0	0.873	1.38
2008	0.726	0.976	0.744	5.909	0	1.807	0	0	2.962
2009	0.813	0.970	0.838	4.318	0	2.024	3.935	0	1.247
2010	1.000	1.000	1.000	0	0	0	0	0	0
2011	0.441	1.000	0.441	7.248	0	2.241	0	0	4.958
2012	0.619	1.000	0.619	8.178	0	2.577	0	0	6.496
平均	0.708	0.976	0.722	—	—	—	—	—	—

（1）效率值分析

从表 2-2 中可以看出，2001—2012 年滇池流域水污染防治投资政策综合效率（TE）均值为 0.708，总体效率水平不是很高，仅 2001 年、2006 年和 2010 年为 DEA 有效，达到"技术有效"的最佳状态，其他 9 年综合效率均未达到最优，其中 2011 年最低，为 0.441。由表 2-2 还可以看出，2006—2010 年（"十一五"时期）滇池流域水污染防治投资政策综合效率值较 2001—2005 年（"十五"时期）高，说明"十一五"期间较高的滇池治理投资初步取得了较好的治理成果。

由表 2-2 还可以看出，滇池流域水污染防治投资政策纯技术效率（PTE）的平均值为0.976，说明滇池流域水污染防治投资政策管理和技术水平较高；而滇池流域水污染防治投资政策规模效率（SE）的平均值为 0.722，说明整体而言，滇池流域水污染防治投资政策综合效率的非有效性主要来自规模非有效性，其次来自纯技术非有效性，因此应在提高现有管理和技术水平的同时，着重调整和统筹规划投资规模。

（2）松弛变量分析

通过松弛变量分析，可以找出影响各决策单元 DEA 无效的主要因素。从表 2-2 中产出指标松弛变量可以看出，影响滇池流域水污染防治投资政策综合效率的主要因素为城镇污水处理率和滇池综合营养状态指数（外海）；水域功能区水质达标率的松弛变量除 2007 年外，均为 0。说明未来滇池治理还需进一步提高城市污水的收集和处理率，以减少污水的排放。此外，应继续推进和开展环湖截污、外流域调水等措施，以降低入湖污染负荷和补充滇池水体水量。

从投入指标松弛变量角度分析，2002 年、2003 年、2007—2009 年、2011 年和 2012 年，工程治理投资和面源污染治理投资均存在投入冗余，因此未来应着重提高工程治理和面源污染治理资金的使用效率，避免盲目投资。监督管理投资松弛变量除 2004 年外，其他年份均为 0，且通过表 2-1 可以看出，监督管理的年投资额低于工程治理和面源污染治理的年投资额，说明监督管理投资在滇池治理方面具有投资少、效果好的优势。

（3）投影分析

假设 DEA 无效的决策单元 DMU_0（x_0，y_0）在 C^2R 有效前沿面上的投影点为（x_0^*，y_0^*），根据 DEA 的投影理论，$x_0^* = \theta^* x_0 - S^{-*}$，$y_0^* = y_0 + S^{+*}$，则投入调整值 $\Delta x_0 = x_0 - x_0^* = (1 - \theta^*) x_0 + S^{-*}$，产出调整值 $\Delta y_0 = y_0^* - y_0 = S^{+*}$。因此，通过决策单元在生产前沿面上的投影，即可计算出 DEA 无效决策单元投入和产出的调整值（乌兰等，2012）。本研究计算出的财政投资政策 DEA 无效 DMUs 投入/产出指标的调整值见表 2-3。

表 2-3　非 DEA 有效年份投入/产出指标调整值

年份	投入指标调整值/亿元			产出指标调整值		
	工程治理投资	监督管理投资	面源污染治理投资	城镇污水处理率/%	水域功能区水质达标率/%	滇池综合营养状态指数（外海）
2002	4.127	0.055	0.160	0	0	0
2003	4.889	0.050	0.165	12.839	0	1.659
2004	2.390	0.051	0.099	3.287	0	1.142
2005	2.081	0.037	0.083	3.757	0	0
2007	10.467	0.060	2.422	0	0.873	1.38
2008	15.003	0.066	3.539	0	0	2.962
2009	10.923	0.052	3.282	3.935	0	1.247
2011	38.253	0.219	8.185	0	0	4.958
2012	40.639	0.230	8.800	0	0	6.496

由表 2-3 可以看出，非 DEA 有效年份滇池流域水污染防治投资政策均存在不同程度的投入冗余；其中，2012 年在非 DEA 有效年份中调整量最多，工程治理、监督管理和面源污染治理的年投资额分别需减少 40.639 亿元、0.230 亿元和 8.800 亿元。从产出指标调整值可以看出，滇池综合营养状态指数（外海）除 2002 年与 2005 年外均存在产出不足，是影响滇池流域水污染防治投资政策绩效的最主要因素。

2.3　滇池流域水污染防治收费政策绩效评估

2.3.1　投入/产出指标选取及描述性统计

水污染防治收费政策（污水排污收费制度、水价政策和污水处理收费政策）主要是通过制定一定的征收标准，向排污者和水资源使用者征收一定的费用。费用的征收只是一种手段，政府的最终目的是通过征收最少的费用达到环境保护和资源节约的目的。因此，本研究选取 2001—2012 年滇池流域污水排污收费年征收额、污水处理费年征收额和水费年征收额作为各政策的投入指标，符合 DEA 方法对投入指标越小越好的要求。综合考虑 3 种政策在水污染防治方面的作用和参考相关政策绩效评估的文献，本研究选取 2001—2012 年单位 COD 排放工业增加值、工业用水重复利用率和单位污水排放 GDP 产出作为产出指标，以上指标均是越大越好型，符合 DEA 对产出指标越大越好的要求。本研究对滇池流域 2001—2012 年水污染防治收费政策绩效进行评估，决策单元共 12 个，投入/产出指标共 6 个，符合 DEA 模型的"拇指法则"准确运算要求。各指标描述性统计见表 2-4。

表 2-4　投入/产出指标描述性统计

指标类型	指标	样本总量	最小值	最大值	平均值	标准差
投入指标	污水排污收费年征收额/万元	12	360.47	1 156.54	694.97	303.13
	水费年征收额/亿元	12	2.32	7.18	4.81	1.86
	污水处理费年征收额/亿元	12	0.79	2.92	1.90	0.85
产出指标	单位 COD 排放工业增加值/（万元/t）	12	393.04	2 213.04	1 300.50	495.31
	工业用水重复利用率/%	12	61.50	80.13	69.97	6.34
	单位污水排放 GDP 产出/（万元/t）	12	0.11	0.47	0.29	0.13

2.3.2　结果分析

（1）效率值分析

根据 C²R 模型和 BC² 模型，计算结果见表 2-5。从表 2-5 中可以看出，2001—2012 年滇池流域水污染防治收费政策综合效率（TE）的平均值为 0.902，说明滇池流域水污染防治收费政策整体执行效果较好。这主要是由于以上三种政策均由政府相关部门统一执行，较为规范和严格。2005 年、2007 年、2009 年和 2010 年为综合效率有效年份；在综合效率无效的年份中，2001 年的效率值最低，为 0.757。滇池流域在 2009 年提高 COD 排污收费的征收标准，在 2006 年和 2009 年分别两次提高污水处理费和阶梯水价的征收标准、通过分析综合效率有效年份，可以发现：滇池流域污水处理费和阶梯水价计费标准调整的后一年，也就是 2007 年和 2010 年均为综合效率有效年份，这说明调整征收标准对降低滇池流域企业排污量和提高用水效率有一定的促进作用。

表2-5　滇池流域水污染防治收费政策绩效评估结果

年份	产出指标松弛变量			投入指标松弛变量			效率值			$\sum \lambda_j^*$	规模收益
	S_1^{+*}/（万元/t）	S_2^{+*}/%	S_3^{+*}/（万元/t）	S_1^{-*}/万元	S_2^{-*}/亿元	S_3^{-*}/亿元	TE	PTE	SE		
2001	302.163	0	0	0	0.146	0	0.757	1.000	0.757	1.618	drs
2002	351.439	0	0.011	0	0.171	0	0.834	1.000	0.834	1.576	drs
2003	29.701	19.442	0	0	0.341	0	0.907	0.996	0.911	1.710	drs
2004	172.981	0	0.016	0	0.079	0	0.825	0.971	0.850	1.784	drs
2005	0	0	0	0	0	0	1.000	1.000	1.000	1.000	—
2006	0	0	0.009	0	0.816	0.405	0.878	0.977	0.899	1.714	drs
2007	0	0	0	0	0	0	1.000	1.000	1.000	1.000	—
2008	1 243.015	26.832	0	9.532	0	0	0.870	0.914	0.951	0.640	irs
2009	0	0	0	0	0	0	1.000	1.000	1.000	1.000	—
2010	0	0	0	0	0	0	1.000	1.000	1.000	1.000	—
2011	1 128.841	0	0.021	0	0	0	0.848	0.891	0.951	0.772	irs
2012	965.61	21.926	0	25.951	0	0	0.908	1.000	0.908	0.668	irs
平均	—	—	—	—	—	—	0.902	0.979	0.922	—	—

注：S_1^{+*}、S_2^{+*} 和 S_3^{+*} 分别为单位 COD 排放工业增加值、工业用水重复利用率和单位污水排放 GDP 产出的松弛变量；S_1^{-*}、S_2^{-*} 和 S_3^{-*} 分别为污水排污费年征收额、水费年征收额和污水处理费年征收额的松弛变量；"irs" 为规模收益递增；"drs" 为规模收益递减；"—" 为规模收益不变。

由表 2-5 还可以看出，滇池流域水污染防治收费政策纯技术效率的平均值为 0.979，说明滇池流域水污染防治收费政策管理和技术水平较高。滇池流域水污染防治收费政策规模效率的平均值为 0.922。整体而言，滇池流域水污染防治收费政策综合效率的非有效性主要来自规模非有效性，其次来自纯技术非有效性。

（2）规模收益分析

由表 2-5 中可以看出，2001—2012 年滇池流域水污染防治收费政策有 4 年达到 DEA 规模收益有效，且有效年份同 DEA 综合效率有效年份一样；非规模收益有效年份中，有 5 年为规模收益递减，3 年为规模收益递增。

通过分析投入和产出的松弛变量，可以知道导致规模收益无效的原因（乌兰等，2012）。从投入角度分析，规模收益递减的年份中，其主要影响因素为水费年征收额，即在产出不减少的情况下，可适当降低当年水费的征收额；规模收益递增的年份中，主要影响因素为污水排污收费年征收额，因此需要对滇池流域排污收费政策进行调整，递减的年份主要集中在 2005 年以前，规模收益递增的年份主要集中在 2010 年以后，可能由于 2009 年滇池流域再次提高阶梯水费、污水处理费和排污收费的征收标准，对滇池流域内企业污染物排放和用水起到了一定的限制作用，从而在一定程度上提高了滇池流域污水处理收费制度和阶梯水价政策的实施效率。此外，在 DEA 无效年份中，规模收益多为递减，因此，滇池流域相关政府部门还应提高管理技术水平，加大执行监管力度。

从产出角度分析，无论是规模收益递减还是递增，其主要影响因素均为单位 COD 排放工业增加值，因此滇池流域应适当提高污水排污收费政策的征收标准，以促使流域内企业通过技术升级、清洁生产等措施降低污染物的排放。

（3）投影分析

水污染防治收费政策 DEA 无效 DMUs 投入/产出的调整值见表 2-6。

表 2-6　非 DEA 有效年份投入/产出调整值

年份	投入指标调整值			产出指标调整值		
	污水排污收费年征收额/万元	水费年征收额/亿元	污水处理费年征收额/亿元	单位 COD 排放工业增加值/（万元/t）	工业用水重复利用率/%	单位污水排放GDP 产出/（万元/t）
2001	87.601	0.712	0.192	302.160	0	0
2002	62.362	0.624	0.163	351.449	0	0.013
2003	39.474	0.625	0.094	29.707	19.442	0
2004	76.736	0.647	0.186	172.985	0	0.024
2006	64.787	1.439	0.669	0	0	0.016
2008	111.132	0.680	0.303	1 243.022	26.831	0
2011	173.391	1.091	0.432	1 128.844	0	0.024
2012	132.353	0.665	0.271	965.616	21.937	0

由表 2-6 可以看出，在非 DEA 有效年份中，单位 COD 排放工业增加值除 2006 年，均存在不同程度的产出不足，是使 DEA 无效的主要因素，其中 2008 年调整量最大，需增加 1 243.022 万元/t。从投入指标调整值可以看出，在非 DEA 有效年份均存在不同程度的投入冗余，其中 2011 年污水排污收费年征收额调整值最多，为 173.391 万元，2006 年水费年征收额和污水处理费年征收额调整值最多，分别为 1.439 亿元和 0.669 亿元。

2.4　结论

本研究针对滇池流域水污染防治环境经济政策的需求，系统梳理和分析了滇池流域主要实施的水污染防治环境经济政策，采用 DEA 方法对滇池流域财政投资政策、水污染防治收费政策（水价政策、排污收费政策和污水处理收费政策）的实施绩效进行了评估。

①滇池流域主要施行的水污染防治环境经济政策有财政投资政策、污水排污收费政

策、水价（城市阶梯水价）政策、污水处理收费政策，以上政策在调控流域内污染物排放、提高用水效率方面起到了一定的效果，但流域尚未出台与生态补偿和水污染物排污权交易相关的政策。

②滇池水污染防治财政投资政策整体治理效率较低，其实施平均绩效为 0.708（见表 2-2），因此，滇池治理应避免投资的低效、无效，提高投资资金的效益和效率；此外，可适当提高监督管理类政策的投资金额。滇池流域水污染防治收费政策实施绩效较高，平均绩效为 0.902（见表 2-5），提高水污染防治收费政策的收费标准可以有效地提高其实施绩效。虽然滇池流域在我国较早实施了污水处理费和阶梯式水价政策，且多次进行价格调整，但随着城镇居民经济生活水平的提高和城镇化率的提高，城市生活污水排放量逐年增加，现行的居民水价、工业水价和污水排污费等政策的收费标准均偏低，应适当提高其收费标准。

2.5 滇池流域水污染防治投资政策和收费实施绩效的建议

为提高滇池流域水污染防治投资政策实施绩效，本研究提出以下建议：

①滇池流域水污染防治投资政策绩效的非有效性主要来自规模非有效性，其次来自纯技术非有效性，建议在制定"十三五"滇池流域水污染防治投资规划时，应更加统筹投资的规模和结构，应充分结合滇池流域治污控污的实际情况和需要，确定各类型投资的金额。

②影响滇池流域水污染防治投资政策实施绩效的主要因素有两个：城镇污水处理率和滇池综合营养状态指数（外海），建议"十三五"期间，滇池流域进一步加强城镇排水系统和污水管网的建设，提高城市污水的收集和处理率，以减少污水的排放；应继续推进并开展环湖截污和内源污染的控制，以降低入湖污染负荷和减少内源污染物的释放。

③在滇池水污染防治方面，监督管理投资与工程治理投资和面源污染治理投资相比，具有投资少、效果好的优势，建议"十三五"期间，适当增加监督管理相关的投资金额及比例，着重继续完善重点企业环境自动在线监测系统的建设（监督管理类投资），并逐步向中小企业铺展。

环境保护部在《"十二五"全国环境保护法规和环境经济政策建设规划》中也大力支持地方环保立法，确保制定的法规和政策具有针对性、前瞻性和有效性。为此，根据相关研究成果，本研究对调整和完善滇池流域水污染防治收费政策提出以下建议：

①排污收费政策实施绩效较低，建议进一步提高其收费标准。通过核算昆明市污水处理成本，制定更为严格的征收标准，尤其是超标征收标准应高于或接近污水处理成本，从而引导企业达标排放。

②建议滇池流域积极试点环境税费改革，选择防治任务繁重、高能耗、高水耗的产业，试点征收环境税，逐步扩大征收范围。可以选择将排污费征收标准提高 1 倍后的税率作为最低税率水平。

③继续施行阶梯式水价政策，根据居民消费水平，在保证居民最低生活用水的前提下，建议提高居民和工业用水费征收标准，建议居民水价提高至 3.23 元/m³，工业水价提高至 4.99 元/m³。

④建议在现有基础上继续推进和完善污水处理收费政策，建立健全污水处理费征收和管理体系，提高污水处理收费标准，建议居民生活污水处理费提高至 1.50 元/m³，工业废水处理费提高至 2.25 元/m³。

⑤为进一步防止企业超标排污，建议排污费仍按照现状收费标准执行，同时将超标排污与罚款相结合，对超标企业进行罚款，每次超标即罚 50 万元。

第 3 章

滇池流域水污染防治环境经济政策集成智能仿真

3.1 水污染防治环境经济政策集成理论方法

3.1.1 复杂适应系统理论

复杂适应系统（Complex Adaptive System，CAS）理论以生物体为背景建立 CAS 模型，研究生物体遗传变异、适应环境、生长繁殖等演化规律。CAS 建模从方法论上突破了传统的"还原论"的框架，与其他建模方法的根本区别是 CAS 为一种具有智能的复杂系统。

CAS 理论既包含微观方面，又包含宏观方面。在微观方面，CAS 理论建模方法将系统中的政府、企业、城市居民等成员看作主体（Agent）。主体的适应性表现在为了利于生存，与环境中其他主体发生交互关系，同时在交互过程中，依据行为的经验及效果调整其属性以及行为规则。在宏观方面，表现为影响复杂系统宏观上的分化，并涌现出一些系统现象，这种涌现（emergence）在一定程度上体现了系统的复杂性。

CAS 理论的主要特点是：①具有适应能力的、主动的主体；②系统中的主体与环境以及各主体之间的相互影响和相互作用是系统演化的主要动力来源；③可将微观主体相互作用、相互影响的结果涌现到宏观系统，因此，该理论为宏观与微观之间的相互影响研究提供了一种新的思路。

水污染防治环境经济政策调控系统不仅是开放复杂系统，也是动态演进不断调整的过程（图 3-1）。政府主体通过制定政策确定各政策实施方式后，微观各主体（如企业主体、居民主体等）根据自身的情况，确定行为规则，并在与其他主体相互作用的过程中相互影响，进而将各主体的最终演化结果涌现到宏观社会-经济-环境系统这个复杂巨系统，进而政府将社会-经济-环境系统对政策的反馈情况作为决策参考依据，重新调整政策。

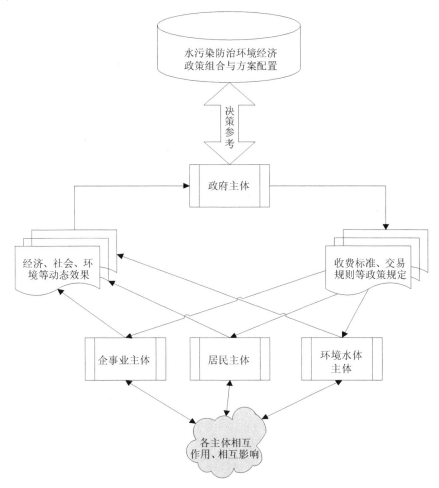

图 3-1　水污染防治环境经济政策 CAS 系统基本结构

　　应用基于主体的智能仿真模拟（Agent-Based Modeling，ABM）研究复杂适应系统的流程见图 3-2。其中，对主体分类后的行为规则设计是 ABM 的重要内容，需要确定各主体模型结构，定义不同主体的属性和行为规则，建立其自适应和交互影响机制。

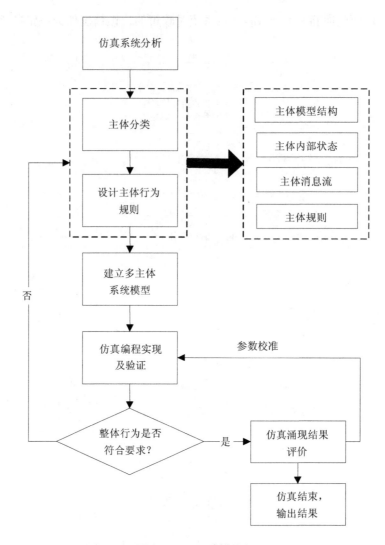

图 3-2 ABM 建模流程

3.1.2 综合集成方法

钱学森等（1990）提出了开放复杂系统的概念，并指出从定性到定量的综合集成方法是解决开放复杂巨系统问题的方法论。1992 年，钱学森又把综合集成法发展为人机结合、从定性到定量的综合集成研讨厅体系（以下简称"综合集成研讨厅"）。综合集成法和综合集成研讨厅不仅是一个方法论，也是思维科学的一项应用技术。综合集成（metasynthesis）思想把人的心智与计算机的信息处理能力相结合，并将其上升到"人机结合的大成智慧"高度。

系统综合集成在方法论层面上就是把经验与理论、定性与定量、微观与宏观辩证地统一起来，用科学理论、经验知识、专家判断相结合的半理论、半经验的方法去处理复杂巨系统问题；工程层面上的综合集成就是根据研究问题涉及的学科和专业范围，形成一个知识结构合理的专家体系，通过信息体系、模型体系、指标体系、方法体系及支持这些体系的软件工具的集成，实现系统的建模、分析与优化。从定性到定量的综合集成方法是处理开放复杂巨系统的方法。在一般的科学研究中通常是科学理论、经验知识和专家判断相结合，形成和提出经验性假设（判断或猜想），但有时难以用严谨的科学方式证明这些经验性假设，需借助现代计算机技术，基于各种统计数据和信息资料，建立起包括大量参数的模型，而这些模型应建立在经验和对系统的理解上并经过真实性检验。这里包括了感情的、理性的、经验的、科学的、定性的和定量的知识综合集成，通过人机交互，反复对比、逐次逼近，最后形成结论。其实质是将专家群体、统计数据和信息知识有机结合起来，构成一个高度智能化的人机交互系统，它具有综合集成的各种知识，从感性上升到理性，实现从定性到定量的功能。根据周德群综合集成步骤，政策综合集成方法应用过程见图 3-3。综合集成方法的主要特点如下：

①定性研究与定量研究有机结合，贯穿全过程；

②科学理论与经验知识结合，把人们对客观事物的点滴知识综合集成解决问题；

③应用系统思想把多种学科结合起来进行综合研究；

④根据复杂巨系统的层次结构，把宏观研究与微观研究统一起来；

⑤必须有计算机系统支持，不仅有管理信息系统、决策支持系统等功能，还要有综合集成的功能。

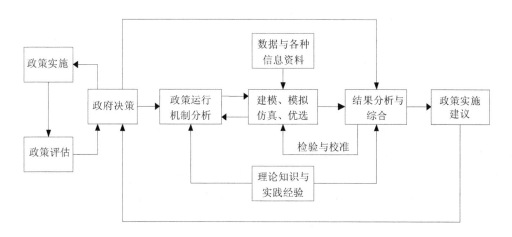

图 3-3　政策综合集成方法应用示意图

3.2 水污染防治环境经济政策集成工具包设计

3.2.1 水污染防治环境经济政策集成 ABM 仿真技术

滇池流域财政投资政策和生态补偿政策主要来自地方和中央拨款，且流域内尚未建立水污染物排污权交易市场，滇池流域目前实施较早、较成熟、开展最为广泛的政策有水价政策（包含城市阶梯水价）、污水处理收费政策和排污费政策，同时以上三种政策均通过制定一定的收费标准，直接作用于城镇居民、企业等微观主体，因此本研究采用 ABM 的方法，仿真模拟以上三种政策对微观居民主体、企业主体、各行业主体等用水和排污行为的调控，进而通过涌现，研究各政策对社会-经济-环境系统的影响，为政府主体决策提供支撑。本研究政策工具包中主要的主体类型见表 3-1。

表 3-1 主体类型

层次	主体类型	数量	名称	与现实对应
宏观	政府	1 个	政府主体	昆明市政府
	环境资源	1 个	环境资源主体	滇池流域水资源、水环境容量
	污水处理厂	1 家	污水处理厂主体	流域内污水处理厂
ABM+SD 耦合层	产业和行业	24 个	行业主体	滇池流域主要行业类型：21 个
			产业主体	滇池流域三大产业：3 个
微观	居民	5 000 户	居民主体	流域内接水到户的城镇居民
	企业	455 家	企业主体	流域内 455 家企业

3.2.2 水污染防治环境经济政策 ABM 与 SD 耦合技术

SD 模型是将研究的复杂巨系统分为若干子系统，分析各子系统中各要素的因果关系，建立各子系统间的因果关联，从而建立系统回路的综合模型。SD 模型通过定量与定性相结合的方式，具有处理非线性、时间延迟等能力，可以用来模拟系统对不同政策的响应，并且可以通过仿真来预测不同政策下各子系统的运行结果，特别适合中长期系统研究。本研究政策集成工具包中 ABM 与 SD 耦合系统主要包括人口-资源-环境子系统、经济-资源-环境子系统、污水处理-资源-环境子系统和水资源供需平衡子系统。

3.3 水污染防治环境经济政策集成智能仿真

3.3.1 工具包模型灵敏性检验

3.3.1.1 居民主体——城镇阶梯水价和污水处理费价格

在现状水价（2.45 元/m³）的基础上，每次仿真对基础水价增加 0.5 元/m³，模拟 5 000 户居民主体对水价的适应性，进而耦合到宏观城镇生活用水总量，检验城镇阶梯水价对城镇生活用水量的影响，结果见图 3-4。

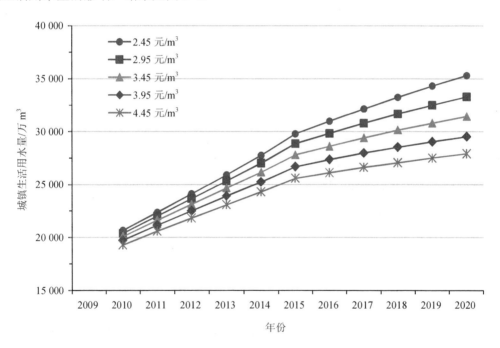

图 3-4　居民阶梯水价灵敏性检验结果

由图 3-4 可以看出，提高居民阶梯基础水价可以较为明显地降低城镇生活用水量，说明模型构建的居民主体能够根据自身的收入情况和水价，调整自身的用水行为。因此，随着水价的增加，可有效降低城镇生活用水量。

同样，在现状污水处理费（1.0 元/m³）的基础上，每次仿真对居民污水处理费增加 0.5 元/m³，模拟居民主体对污水处理费价格的适应性，耦合到宏观城镇生活用水总量，检验污水处理费价格对城镇生活用水量的影响，结果见图 3-5。

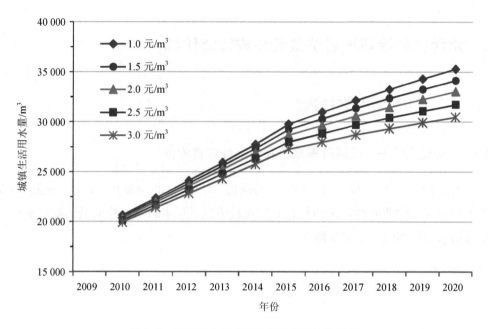

图 3-5 居民污水处理费价格灵敏性检验结果

由图 3-5 可以看出,城镇生活用水量随着居民污水处理费价格的增加而减少,但与居民阶梯水价相比,降低幅度较小。滇池流域污水处理费不计入阶梯水价,而水价一方面基础价格高于污水处理费,另一方面由于超出基数水量(10 m^3)需加倍收费,因此从家庭支出的角度,居民主体对水价的敏感度要高于污水处理费价格。

3.3.1.2 企业主体——工业水价、工业污水处理费价格和排污费

(1)工业水价和工业污水处理费

根据现状工业水价(4.35 元/m^3),每次仿真水价增加 0.5 元/m^3,模拟 455 家企业主体对工业水价的适应性,通过确定其工业用水重复利用率,检验工业水价对企业主体用水行为的影响,结果见图 3-6。

由图 3-6 可以看出,企业主体对工业水价较为敏感,随着水价的提高,工业用水重复利用率也呈现增加的趋势,说明提高工业水价对企业主体节约用水、提高用水效率具有较好的引导作用。同样,依据现状工业污水处理费(1.25 元/m^3),对其进行仿真,每次仿真增加 0.5 元/m^3。由于工业污水处理费与水费一同征收,对其的灵敏性检验也采用工业用水重复利用率,结果见图 3-7。

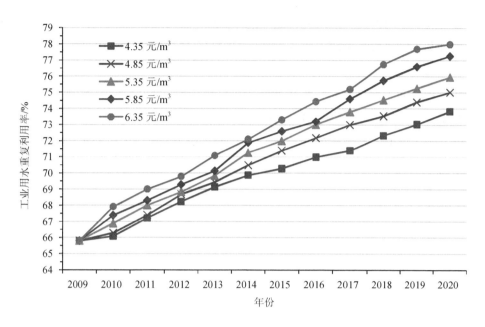

图 3-6　企业主体工业水价灵敏性检验结果

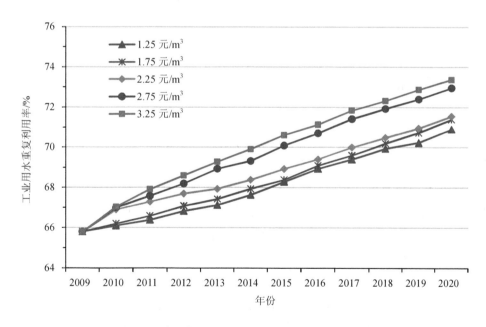

图 3-7　企业主体工业污水处理费灵敏性检验结果

由图 3-7 可以看出，随着工业污水处理费的提高，工业用水重复利用率也呈现增加的趋势，但与工业水价相比，增加幅度较小。一方面，由于工业水价本身高于污水处理费，企业对高水价更为敏感；另一方面，本研究模拟的 455 家企业主体的废水并不完全进入污水处理厂，根据《排污费征收使用管理条例》，废水不进入污水处理厂的企业不缴纳污水处理费，因此废水不进入污水处理厂的企业主体对污水处理费自然就不敏感。

（2）排污费

排污费征收的主要目的是促进企业减少污染物排放，促使企业达标排放，因此本研究通过仿真，统计455个企业主体的超标排放情况，检验其对排污费的灵敏性，依据表2-5排污收费政策绩效评估结果，每次仿真增加0.7元/kg，结果见图3-8。

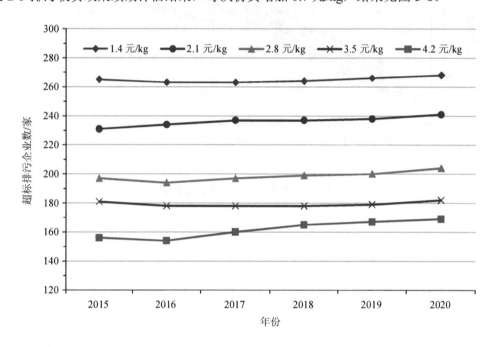

图 3-8　企业主体排污费灵敏性检验结果

由图3-8可以看出，企业主体对排污费较为敏感，且随着排污费标准不断提高，超标排污企业逐渐减少。但由于排污费的标准偏低，整体上对企业主体排污行为的约束有限；当排污费为4.2元/kg时，仍有160多家企业超标排污。图3-9为排污费是4.2元/kg时超标排污企业工业增加值分布区间。

由图3-9可以看出，由于排污费标准较低，超标排污企业在各个区间均有分布，工业增加值在100万元以下和1 000万元以上的分布较多。可能由于预处理需要一定的成本，100万元以下的企业没有太多的资金去维护预处理设施，而1 000万元以上的企业由于产值较高，超标排污费低于其预处理设施的运营费用，因而企业选择超标排污。

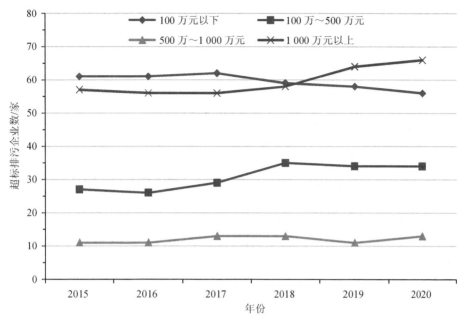

图 3-9　超标排污企业工业增加值分布区间

3.3.2　工具包模型参数率定

本研究根据滇池流域污染源普查数据、昆明市 2010—2014 年统计年鉴、昆明市环保局排污申报表、云南省水资源公报以及"滇池流域水污染控制与治理重大专项"相关课题研究成果报告等内容，确定模型中各参数。模型以 2009 年为基准年，依据各政策现状收费标准，运行至 2014 年。根据《滇池流域基于污染负荷总量控制的基础调查报告》（昆明市环保局，2015；以下简称《总量报告》）和《滇池流域水污染防治规划（2016—2020 年）研究报告》（中国环境科学院研究院等，2016；以下简称《规划报告》）中 2014 年滇池流域核算数据，对模型参数进行率定，结果见表 3-2。

表 3-2　模型仿真率定结果

项目	GDP/亿元	人口/万人	主要污染物入湖负荷总量			
			TP/t	TN/t	COD/t	氨氮/t
实际值	2 960	404.23	687	10 602	39 761	5 292
仿真值（其他）	2 813.24	404.04	501.24（175）[a]	6 473.15（4 512）[a]	18 502.34（21 856）[a,b]	4 841.24（440）[a]
相对误差/%	4.96	0.05	1.57	3.62	1.50	0.20

注：[a]《总量报告》和《规划报告》中的污染物负荷入湖构成包含陆域点源、农村农业面源（本研究主要计算这两种类型）、城市面源、水土流失、湖面干湿沉降和湖体污染负荷 6 种类型；[b] 滇池流域城市面源 COD 入湖负荷占有较高比重，约为 52.35%。

根据模型率定结果，可以看出研究设定的各类型主体的行为规则能够较好地反映滇池流域现状，因此可以根据率定后的模型参数（表 3-3），对滇池流域水价、污水处理费价格和排污费价格进行智能仿真。

表 3-3　模型运行主要参数

参数名称	单位	参数值	参数名称	单位	参数值
农村生活用水定额	万 t/万人	21.41	建筑业 COD 排放强度	kg/万元	0.006 4
农村人均 TP 排放量	t/万人	0.40	建筑业 TP 排放强度	kg/万元	0.000 13
农村人均 TN 排放量	t/万人	2.41	建筑业 TN 排放强度	kg/万元	0.001 2
农村人均 COD 排放量	t/万人	52.15	第一产业新鲜水耗水强度	t/万元	650.05
农村人均 NH_3-N 排放量	t/万人	1.28	第一产业 COD 排放强度	kg/万元	8.21
城镇人均 TP 排放量	t/万人	4.21	第一产业氨氮排放强度	kg/万元	1.50
城镇人均 TN 排放量	t/万人	47.16	第一产业 TP 排放强度	kg/万元	0.43
城镇人均 COD 排放量	t/万人	264.68	第一产业 TN 排放强度	kg/万元	2.73
城镇人均 NH_3-N 排放量	t/万人	32.98	城镇生活污水排污系数	量纲一	0.9
第二产业 TP 排放强度	kg/万元	0.001 2	第一产业污染物衰减系数	量纲一	0.56
建筑业新鲜水耗水强度	t/万元	5.08	城镇污染物衰减系数	量纲一	0.64
建筑业废水排放强度	t/万元	4.57	农村污染物衰减系数	量纲一	0.56
第二产业 TN 排放强度	kg/万元	0.009 3	农村生活污水排污系数	量纲一	0.7

3.3.3　工具包模型仿真设置

3.3.3.1　环境资源主体设置

环境资源主体是抽象出的主体类型，主要为整个复杂系统提供所需的水资源及生态用水，同时承载系统中居民主体、企业主体等排放的 TP、TN、NH_3-N、COD 等污染物。当排放污染物的量超过环境资源主体水环境容量时，环境资源主体即向政府主体反馈，政府主体通过调整排污费，调控企业主体的排污行为，促使其达标排放，同时政府主体亦会根据污水处理厂主体的污染物处理情况，督促污水处理厂主体提标改造，以提高废水的处理程度，进而影响污水处理费的价格，调控居民主体和企业主体的排污行为；当水资源消耗量超出水资源供给能力时，环境资源主体也会向政府主体反馈，政府主体通过调整水价，影响居民主体和企业主体的用水行为，以提高其用水效率，降低水资源的用水需求。环境资源主体中主要的参数有滇池流域可供水资源总量，基于一定水质标准的滇池 TP、TN、COD 和 NH_3-N 环境容量。环境资源主体与其他主体的交互机制见图 3-10。

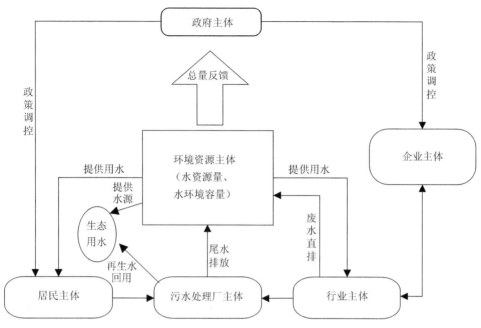

图 3-10　环境资源主体与其他主体的交互机制

3.3.3.2　污水处理厂主体设置

　　污水处理厂主体主要负责处理系统产生的生活污水、第二产业和第三产业主体产生的废水，削减污染物，减少污染物入湖负荷量；鉴于滇池流域城市排水系统为雨污混流系统，雨季污水处理厂也会处理部分城市面源污染；目前滇池流域污水处理厂处理后的水全部达到《城镇污水处理厂污染物排放标准》（GB 18918—2002）中规定的一级 A 标准。此外，滇池流域已通过再生水利用，将废水深度处理后作为城市内景观用水、城市绿化及河道补水等城市生态用水，以此逐渐解决滇池流域水资源短缺与水污染问题。污水处理厂主体与其他主体的交互机制见图 3-11。

　　①污水处理厂主体接收和处理居民主体的生活污水以及第二产业、第三产业主体的生产废水，同时向以上三类主体收取一定的污水处理费，以维持自身正常的运营。

　　②当污水进入污水处理厂主体时，污水处理厂主体首先要判断需要处理的污水量 $Q_{污水量}$ 是否超出设计的处理规模 $Q_{处理}$ 以及水环境容量是否超载；如果 $Q_{污水量} > Q_{处理}$，则污水处理厂主体将信息反馈给政府主体，政府主体将会改建、扩建或新建污水处理厂，以增加其处理规模；如果污染物量超出水环境容量，政府主体则通过污水处理厂提标改造的方式提高污水的处理力度，提标改造后污水处理费用成本将会有所提升，政府主体通过提高居民主体和企业主体的污水处理费征收标准，一方面保障污水处理厂的正常运营，另一方面调控居民主体和企业主体的用水和排污行为。

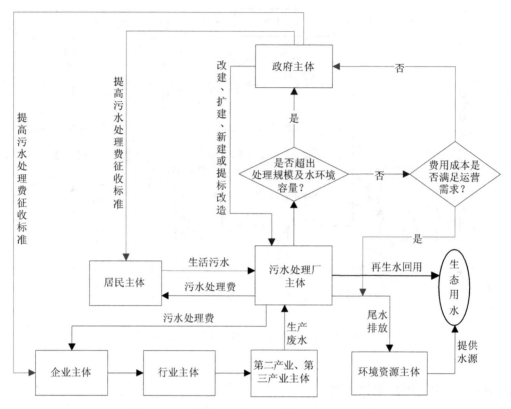

图 3-11　污水处理厂主体与其他主体的交互机制

③若 $Q_{污水量} \leqslant Q_{处理}$，则污水处理厂主体接收污水，同时根据自己的运营成本 TC，计算现行的污水处理费能否满足其运营的需求：如果不能满足其需求，污水处理厂主体将反馈给政府主体，提高污水处理费，向居民主体和企业主体收取费用；如果满足其运营条件，污水处理厂主体将处理后的尾水达标排放到环境资源主体中。污水处理厂运营总成本按照式（3-1）计算：

$$TC = \left[I(1-e)\frac{i(1+i)^n}{(1+i)^n - 1} + W \right] / Q \qquad (3-1)$$

式中：TC——污水处理厂处理单位污水总运行成本，元/m³；

　　　 I——污水处理厂基建总投资（包括土建、设备和管网投资），元；

　　　 W——污水处理厂年运行费用，元/a；

　　　 n——折旧年限，污水处理厂一般取 20～30 年；

　　　 e——寿命期结束时的残存价值率，依据国家规定，城市公用事业单位固定资产报
　　　　　废时的净残值为 4%；

　　　 i——贴现率，%；

Q——污水处理厂的年处理污水量，m^3/a。

④由于污水处理厂主体主要处理生活污水、第三产业废水和第二产业废水，则污水处理厂主体收益 R 可采用如下公式计算：

$$R = (P_2 \times Q_{jm} + P_c \times Q_{ech} + P_c \times Q_{sch}) - TC \times Q_{cl} \qquad (3-2)$$

式中：R——污水处理厂主体收益，元；

Q_{cl}——污水处理厂实际年处理污水总量，m^3；

Q_{jm}——居民污水年处理量，m^3；

Q_{ech}——第二产业主体年处理废水量，m^3；

Q_{sch}——第三产业主体年处理废水量，m^3；

P_2、P_c——居民主体和工业主体污水处理费。

当 $R \geq 0$ 时，认为污水处理厂可正常运行；当 $R < 0$ 时，污水处理厂不能保证正常运营，政府主体将在运行的下一周期提高污水处理费标准，对居民污水处理费每次增加 0.1 元/m^3，工业污水处理费每次增加 0.2 元/m^3。

⑤由于再生水可作为商品，本书不将再生水的处理费纳入污水处理费，但采用如下公式，以保障污水处理厂再生水的可持续利用：

$$R_r = (TH - \mu - P_r) \times Q_r \qquad (3-3)$$

式中：TH——污水深度处理成本，参考相关研究，本研究取各类处理工艺（连续式微絮凝、反渗透、膜生物反应等）总运行成本（动力费、人工费、药剂费、维修费和固定资产折旧费）的平均值 2.03 元/m^3；

μ——再生水水质达标专项资金补助，昆明市为 0.7 元/m^3；

Q_r——再生水处理量；

P_r——再生水售卖价格。

当 $R_r \geq 0$ 时，认为污水处理厂深度处理设施可正常运行；当 $R_r < 0$ 时，污水处理厂不能保证正常运营，在下一周期需提高再生水价格，至 $R_r \geq 0$。

3.3.3.3　居民主体设置

居民主体的主要行为是根据日常生活需要消费水，同时产生并排放生活污水。生活用水的消费可为居民主体带来生活上的舒适；居民主体消费水后也需要支出一定的水费和生活污水排放费，因此居民也会关注水价，根据自身的收入情况，进行用水行为的调整，以达到最大的用水舒适度。居民主体的适应性主要是在一定的水价条件下，根据自身可支配收入情况，选择消费水量，以获取最大的用水舒适度。居民主体的行为规则见图 3-12。

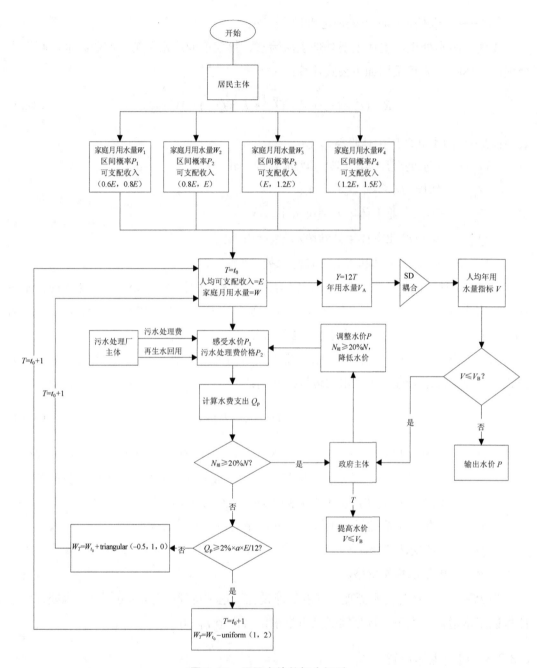

图 3-12 居民主体的行为规则

①根据流域实际情况，滇池流域供水到户的城镇居民施行四级阶梯水价。本研究通过实地调研、对主城四区（盘龙区、五华区、西山区和官渡区）开展问卷调查以及咨询当地供水部门等方式，获取各个阶梯居民主体的基本属性——月用水量 W、各个用水阶梯家庭的比例 P 及可支配收入 E。根据可支配收入的多少，分为低收入家庭 $(0.6E, 0.8E)$、

中低收入家庭（0.8E，E）、中等收入家庭（E，1.2E）和高收入家庭（1.2E，1.5E）。

②各个居民主体的属性确定后，每个居民主体会自主计算水费支出 Q_p。根据滇池流域阶梯水价情况，Q_p 的计算采用如下公式：

$$Q_p = \begin{cases} P_1 \times Q + P_2 \times Q, & 0 \leqslant Q < 11 \\ P_1 \times 11 + (Q-11) \times 2P_1 + P_2 \times Q, & 11 \leqslant Q < 16 \\ P_1 \times 11 + 2P_1 \times 5 + (Q-16) \times 2.5P_1 + P_2 \times Q, & 16 \leqslant Q < 21 \\ P_1 \times 11 + 2P_1 \times 5 + 2.5P_1 \times 5 + (Q-21) \times 3P_1 + P_2 \times Q, & Q \geqslant 21 \end{cases} \quad (3\text{-}4)$$

式中：P_1——基础水价，元/m³；

P_2——居民污水处理费，元/m³；

Q——各居民主体月用水量，m³。

③各居民主体根据式（3-4）可计算当月水费支出是否超出可承受范围。因为是家庭月用水量，采用下式计算水费支出情况：

$$Q_p \geqslant 2\% \times a \times E / 12 \quad (3\text{-}5)$$

式中：a——城镇居民平均每个家庭的人口数，根据最新人口普查结果，滇池流域为 2.73。

如果 Q_p 满足式（3-5），则认为该居民主体当月水费支出超出可接受范围，计入 $N_{超}$（当月水费支出超过可接受范围的总数）。根据滇池流域五华区《重大决策社会稳定风险评估实施细则》，"决策事项的群众支持率、满意率达到 80% 以上，可评定为低风险决策事项，确定为准予实施"，本研究以 $N_{超}$ 是否大于 20% 作为水价政策决策群众支持率的评判标准。如果 $N_{超} \geqslant 20\%$，则说明水价超出绝大多数居民的承受能力，居民主体将结果反馈给政府主体，政府主体在接收到信号后，将重新调整、降低水价标准。如果 $N_{超} < 20\%$，则继续执行现有水价标准。

④居民主体根据本月 Q_p，来调整下一个月的用水量；对于 $N_{超}$ 的居民主体，下个月将减少用水量；对于 $Q_p < 2\%$ 的居民主体，下一个月可选择增加、减少或保持现有用水量。

⑤系统每隔 12 个月（1 年），将会根据 5 000 户居民主体的用水情况，采用下式统计一次整个流域城镇人口年用水量 $V_{城镇}$：

$$V_{城镇} = P_{总} \times \beta \times \left(V_{居民主体} \Big/ 5\,000 \times a \right) \times 12 \quad (3\text{-}6)$$

式中：$P_{总}$——滇池流域总人口，万人；

β——滇池流域城镇化率；

$V_{居民主体}$——每月 5 000 户居民主体月总用水量，m³；

a——同式（3-5），取 2.73；

12——月数。

⑥通过$V_{城镇}$将微观居民主体的涌现结果反馈到宏观环境系统中,与系统动力学(SD)耦合,即可得出城镇生活用水总量、城镇人均生活用水量V_B、城镇各污染物(TP、TN、COD 和 NH_3-N)排放量等数据。如果城镇人均生活用水量V_B大于人均年用水量指标V,结果将反馈给政府主体,政府主体将再次调整并提高水价以控制和调节居民主体的用水行为,进行下一循环的仿真。如果用水量低于V,系统即可输出水价,供政府主体参考。

⑦居民主体水费支出中的污水处理费与污水处理厂主体污水处理成本密切相关:当收取的污水处理费不能够满足污水处理厂主体正常运营的需求时,污水处理厂主体即会通过政府主体提高污水处理费的征收标准,通过式(3-4)影响居民主体的用水行为;当收取的污水处理费能够满足污水处理厂主体的运营需求时,居民主体的污水处理费可保持不变。

3.3.3.4　企业主体、行业主体和产业主体设置

企业主体是这个系统中经济运行的主体,通过生产活动,消耗水,同时产生废水,排放各种污染物。企业主体在生产过程中消耗水,需要缴纳水费,废水进入污水处理厂的企业需要缴纳污水处理费;直排的企业,需经过处理达标后排放,并缴纳排污费。企业主体运营过程中根据总费用最小的原则选择用水和排污的方式。企业主体的行为规则见图 3-13。

①在模型开始时导入 455 家企业主体属性,包含企业名称(Name)、行业类别(Type)、工业增加值(万元)、万元工业增加值新鲜水耗(m^3/万元)、工业用水重复利用率(%)、万元工业增加值废水排放量(m^3/万元,)、万元工业增加值 COD 排放量(kg/万元)、万元工业增加值 NH_3-N 排放量(kg/万元)、工业增加值年增长率(%)和企业排污行为属性(0 为不超标,1 为超标)和废水是否进入污水处理厂(0 为不进入污水处理厂,1 为进入污水处理厂)。

②根据《排污费征收使用管理条例》,"排污者向城市污水集中处理设施排放污水、缴纳污水处理费用的,不再缴纳排污费",因此在对企业主体进行总费用计算前,需要确定各企业主体的排污去向,本研究中 455 家企业主体的排污去向数据来源于昆明市环保局排污申报表。

③由于流域内企业众多,目前流域内未实现所有企业的在线监控,因此企业在下一周期排污行为前,以追求总费用最低为原则,选择是否超标排污。

根据水价政策、污水处理费和污水排污收费政策的征收标准和征收范围,在企业生产过程中产生的费用主要有水费、污水处理费、污水排污费、超标排污费。以上各项费用计算如下:

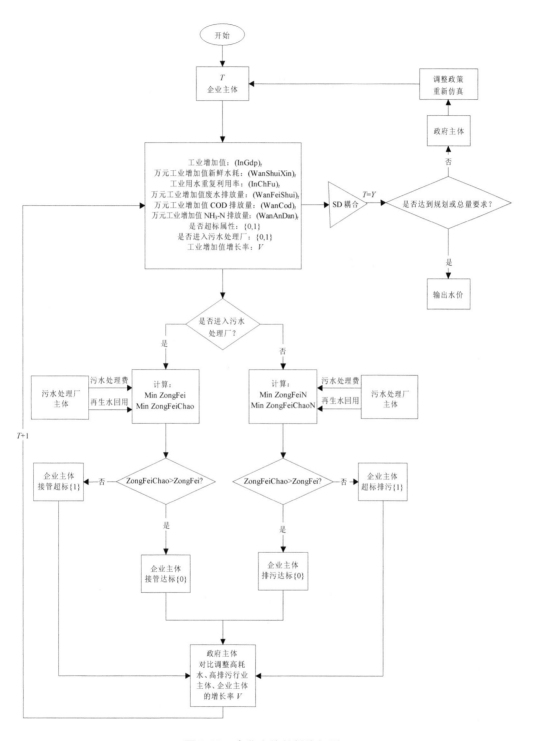

图 3-13　企业主体的行为规则

$$S_{\mathrm{f}} = I_{\mathrm{g}} \times W_{\mathrm{x}} \times P_{\mathrm{s}}$$
$$C_{\mathrm{f}} = I_{\mathrm{g}} \times W_{\mathrm{x}} \times P_{\mathrm{c}}$$
$$P_{\mathrm{f}} = I_{\mathrm{g}} \times W_{\mathrm{cod}} \times P_{\mathrm{cod}} + I_{\mathrm{g}} \times W_{\mathrm{ad}} \times P_{\mathrm{ad}}$$
$$P_{\mathrm{fc}} = 2 \times P_{\mathrm{f}}$$

(3-7)

式中：S_{f}——水费，元；

I_{g}——企业主体工业增加值，万元；

W_{x}——企业主体万元工业增加值新鲜水耗，m^3/万元；

P_{s}——工业水价，元/m^3；

C_{f}——污水处理费，元；

P_{c}——工业污水处理费，元/m^3；

P_{f}——污水排污费，元；

W_{cod}——企业主体万元工业增加值 COD 排放量，kg/万元；

W_{ad}——企业主体万元工业增加值 NH_3-N 排放量，kg/万元；

P_{cod}——COD 排污收费价格，元/kg；

P_{ad}——NH_3-N 排污收费价格，元/kg；

P_{fc}——超标排污费用，元。

此外，企业在重复使用二次水的过程中，由于引进技术或者改造升级设备等，也会产生二次水使用费用；企业在满足"三同时"制度建厂时，自建污水预处理设施，其运营时也会产生费用，当企业超标时，默认该费用为 0。以上各项费用计算如下：

$$E_{\mathrm{f}} = I_{\mathrm{g}} \times W_{\mathrm{z}} \times \beta_{\mathrm{chf}} \times P_{\mathrm{e}}$$
$$Z_{\mathrm{j}} = I_{\mathrm{g}} \times W_{\mathrm{fei}} \times P_{\mathrm{zj}}$$

(3-8)

式中：E_{f}——二次水费用，元；

W_{z}——企业主体万元工业增加值总耗水量，m^3/万元；

β_{chf}——企业主体工业用水重复利用率；

P_{e}——二次水价格，元/m^3；

W_{fei}——企业主体万元工业增加值废水产生量，m^3/万元；

P_{zj}——预处理成本，元/m^3；

Z_{j}——预处理费用，元。

废水进入污水处理厂的企业主体，根据以下条件优选其排污行为

$$\min \ C_{总} = S_f + C_f + E_f + Z_j$$

$$\min \ C_{总超} = S_f + C_f + E_f + P_{fc}$$

$$\text{s.t.} \quad \beta_{chf} \leqslant \beta_{chf}^{T+1} \leqslant \beta_{chf}(1 + \alpha_{水})$$

$$W_{cod}(1 - \alpha_{cod}) \leqslant W_{cod}^{T+1} \leqslant W_{cod}$$

$$W_{ad}(1 - \alpha_{ad}) \leqslant W_{ad}^{T+1} \leqslant W_{ad} \tag{3-9}$$

$$\beta_{chf} = (W_z - W_x) / W_z$$

$$0 \leqslant \alpha_{水} \leqslant 0.1$$

$$0 \leqslant \alpha_{cod} \leqslant 0.1$$

$$0 \leqslant \alpha_{ad} \leqslant 0.1$$

式中：$C_{总}$——进入污水处理厂的企业主体不超标排污时的总费用，元；

$\qquad C_{总超}$——进入污水处理厂的企业主体超标排污时的总费用，元；

$\qquad \beta_{chf}^{T+1}$——下一仿真周期企业主体选择的工业用水重复利用率；

$\qquad W_{cod}^{T+1}$——下一仿真周期企业主体选择的万元工业增加值 COD 排放量，kg/万元；

$\qquad W_{ad}^{T+1}$——下一仿真周期企业主体选择的万元工业增加值 NH$_3$-N 排放量，kg/万元；

$\qquad \alpha_{水}$、α_{cod} 和 α_{ad}——下一仿真周期工业用水重复利用率、万元工业增加值 COD 排放量和万元工业增加值 NH$_3$-N 排放量的增长率。如果 $C_{总} \leqslant C_{总超}$，则企业选择达标排放，否则企业接管水质不达标。

进入污水处理厂的企业主体的水费支出中，污水处理费同样与污水处理厂主体污水处理成本密切相关：当收取的污水处理费不能够满足污水处理厂主体的运营需求时，污水处理厂主体即会通过政府主体提高污水处理费的征收标准，通过式（3-7）影响企业主体的用水行为；当收取的污水处理费能够满足污水处理厂主体的运营需求时，污水处理费可保持不变。

废水不进入污水处理厂的企业主体，根据以下条件优选其排污行为

$$\min \ C_{N总} = S_f + E_f + P_f + Z_j$$

$$\min \ C_{N总超} = S_f + E_f + P_{fc}$$

$$\text{s.t.} \quad \beta_{chf} \leqslant \beta_{chf}^{T+1} \leqslant \beta_{chf}(1 + \alpha_{水})$$

$$W_{cod}(1 - \alpha_{cod}) \leqslant W_{cod}^{T+1} \leqslant W_{cod}$$

$$W_{ad}(1 - \alpha_{ad}) \leqslant W_{ad}^{T+1} \leqslant W_{ad} \tag{3-10}$$

$$\beta_{chf} = (W_z - W_x) / W_z$$

$$0 \leqslant \alpha_{水} \leqslant 0.1$$

$$0 \leqslant \alpha_{cod} \leqslant 0.1$$

$$0 \leqslant \alpha_{ad} \leqslant 0.1$$

式中：$C_{N总}$——不进入污水处理厂的企业主体不超标排污时的总费用，元；

$C_{N总超}$——不进入污水处理厂的企业主体超标排污时的总费用，元；其他参数同式（3-9）。如果$C_{N总} \leqslant C_{N总超}$，则企业选择达标排放，否则企业选择超标排污。

④各企业主体确定排污行为之后，将获取的用水、排污参数赋给下一仿真周期。

⑤对每一年同一行业类型的企业主体，将本行业的用水、排污参数耦合到系统动力学模型中各企业主体所属的行业主体中，从而计算整个行业的用水量和污染物排放量。同时政府主体根据各个行业的用水排污情况，调控下一仿真周期的行业增长率，限制高排污、高耗水行业的发展速度。

⑥在每一年仿真结束后，政府主体将会统计分析并获取整个工业的用水排污等数据，与相关规划和总量控制目标进行比较，如果达到相关指标的要求，则输出各项收费政策的收费价格（水价等）；如果未达到要求，政府主体将在下一仿真周期前对收费政策进行调整。

水价的完全成本包含资源水价、工程水价、环境水价和边际使用成本，可认为同一区域内工程水价、环境水价和边际使用者成本相同。我国水价正处于商品供水价格管理阶段，作为一种商品，水资源稀缺性对水价的影响与普通商品类似，即商品越稀缺，价格越高；商品越丰富，价格越低。因此，一个地区的水价与该地区可供水资源利用量密不可分。资源水价可采用式（3-11）表示：

$$P_0 = \lambda_0 V_0 \left(\frac{Q_d}{Q_s} \right)^{E_0} \tag{3-11}$$

式中：P_0——资源水价，元/m³；

λ_0——水资源价格调整系数，为1.15；

V_0——水资源使用价值，参考相关文献（陈易等，2011；王谢勇等，2011），本研究取0.62元/m³；

Q_d——水资源需求量，m³；

Q_s——可供水资源利用量，m³；

E_0——水资源供给弹性系数，取0.28。

通过式（3-11）可以看出，资源水价与可供水资源利用量密切相关，且随着可供水资源利用量的增加而减少。再生水回用相对增加了一个地区的可供水资源利用量。因此，本研究在调控水价时，考虑滇池流域内再生水回用量，增加再生水利用影响因子φ，采用式（3-12）计算调整后的水价P：

$$P = P_0 - \varphi = P_1 - \lambda V \left[\left(\frac{Q_d}{Q_s} \right)^{E_0} - \left(\frac{Q_d}{Q_s + Q_h} \right)^{E_0} \right] \tag{3-12}$$

式中：Q_h——再生水回用量，m³；当计算居民水价时，P_0 为居民基础水价 P_1，当计算工业水价时，P_0 为工业水价 P_s。

行业主体和产业主体主要来自滇池流域主要用水、排污和产值较大的行业类型（烟草制品业、有色金属冶炼及压延加工业、医药制造业等的 21 个主体），产业主体包含第一产业主体、第二产业主体和第三产业主体。行业主体和产业主体是传导和体现微观企业主体特征的桥梁，是将 ABM 和 SD 耦合起来的纽带。各行业主体通过获取本行业内企业主体的用水、排污参数，根据经济增长情况，产生污水和排放污染物。政府主体根据各个行业的用水排污情况，通过控制其经济增长的方式，调控各行业主体的用水和排污行为，从而达到经济和环境的协调发展。行业主体、政府主体、产业主体和企业主体的交互关系见图 3-14。

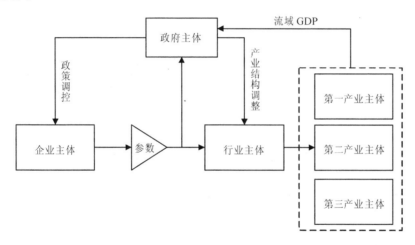

图 3-14　行业主体、政府主体、产业主体和企业主体的交互关系

3.3.3.5　工具包各政策集成仿真调控策略

通过灵敏性检验，滇池流域城镇居民阶梯水价政策、工业水价政策、居民污水处理费政策和工业污水处理费政策均能够较好地调控居民和企业的用水及排污行为，是模型仿真时主要调控的对象。居民污水处理费和工业污水处理费根据式（3-12）核算出的污水处理厂主体收益情况，调整其征收标准；根据图 3-11 和图 3-12 中居民主体和企业主体的行为规则以及依据式（3-12），调整居民水价和工业水价征收标准。

由于排污费收费标准较低，对企业主体排污行为约束有限，在仿真时，本研究引入超标排污及罚款相结合的经济政策：在式（3-7）超标排污费 P_{fc} 中增加罚款金额 F，即 $P_{fc} = 2 \times P_f + F$，代入式（3-9）和式（3-10）中作为企业主体的排污行为规则。由于滇池流域排污收费标准在全国已处于较高水平（全国平均为 0.7 元/kg，滇池流域为 1.4 元/kg），现状排污费征收标准可保持不变;在此基础上,企业主体如果选择超标,则需要缴纳罚款。本研究以 10 万元作为初始罚款金额,在下一仿真周期前统计超标企业的数量,如果污染企业超标率≥1%,则下一仿真周期前增加 10 万元,代入式(3-9)和式(3-10),作为企业主体下一仿真周期排污行为仿真的规则;如果低于 1%,则保持不变并最终输出罚款金额。

3.4 仿真结果分析

3.4.1 各政策价格及总量目标

根据以上各主体设置和率定的参数,采用 AnyLogic 软件对各政策进行多次仿真,6 个情景方案的政策标准见表 3-4。

表 3-4 滇池流域水污染防治环境经济政策标准

年份	情景方案	水价/(元/m³)		污水处理费/(元/m³)		排污费/(元/kg)	超标罚款/万元	再生水水价/(元/m³)
		居民	工业	居民	工业			
2014	现状	2.45	4.35	1.0	1.25	1.4	0	0.7
2020	调水方案一	3.23	4.99	1.4	2.05	1.4	50	1.4
	调水方案二	3.33	5.02	1.4	2.05	1.4	50	1.4
	调水方案三	3.40	5.06	1.4	2.05	1.4	50	1.4
	调水方案四	3.46	5.09	1.4	2.05	1.4	50	1.4
	调水方案五	3.57	5.12	1.4	2.05	1.4	50	1.4
	不调水方案	3.62	5.14	1.4	2.05	1.4	50	1.4

由表 3-4 可以看出,通过模型智能仿真,6 个供水情景下,各政策征收标准均较 2014 年有所提高。其中,6 个情景方案下的污水处理费、排污费、超标罚款和再生水水价分别相同,居民污水处理费由 1.0 元/m³ 提高至 1.4 元/m³;工业污水处理费由 1.25 元/m³ 提高至 2.05 元/m³;排污费为 1.4 元/kg,一旦超标即处罚 50 万元;再生水水价由 0.7 元/m³ 提高至 1.4 元/m³。

由于水价与水资源量密切相关,通过模型智能仿真,6 个情景方案下,由于可供水资源量和再生水回用量不同,居民水价和工业水价略有差异。其中,不调水方案的居民水价和工业水价最高,分别为 3.62 元/m³ 和 5.14 元/m³;调水方案一的居民水价和工业水价最低,分别为 3.23 元/m³ 和 4.99 元/m³。

在环境资源主体和政府主体的综合调控下,通过 ABM 耦合 SD 仿真模拟的 6 个情景方案下滇池流域总量目标结果见表 3-5。

表 3-5　总量目标结果

年份	情景方案	GDP/亿元	TP/t	TN/t	COD/t	氨氮/t	总用水量/亿 m³	再生水回用量/亿 m³	污水回用率/%
2014	现状	2 960	687	10 602	39 761	5 292	12.16	0.87	16
—	环境容量	—	433	4 960	35 618	2 266.6	16.02	—	—
2020	调水方案一	4 766.7	243.55	3 249.43	11 876.63	1 524.03	15.59	1.16	18
	调水方案二	4 598.6	239.02	3 167.66	11 641.88	1 488.47	15.12	1.16	20
	调水方案三	4 521.4	234.62	3 073.05	11 355.77	1 453.18	14.91	1.16	25
	调水方案四	4 480.3	216.76	2 688.19	10 193.65	1 309.98	14.72	1.94	33
	调水方案五	4 410.2	205.42	2 444.07	9 458.41	1 219.10	14.12	2.84	51
	不调水方案	4 329.4	199.43	2 312.08	9 064.44	1 170.98	13.91	3.69	85

注：2020 年各情景下污染物排放量均未考虑入湖负荷构成；如果考虑其他类型，如城市面源、水土流失、湖面干湿沉降等的入湖负荷，以 2014 年入湖负荷计算（表 3-2），则 2020 年 TN 入湖负荷可能存在超标风险。

由表 3-5 可以看出，在保持一定的经济发展速度下，6 个情景方案下 TP、TN、COD 和 NH₃-N 的入湖负荷量均在滇池环境容量内。其中调水方案一、调水方案二和调水方案三由于调水提供了较多的滇池环境需水量，再生水按照现状规划即可以满足经济发展和社会生活的用水需求；而调水方案五和不调水方案下，如保障一定的经济发展（年均增长 6.5% 以上），到 2020 年则需要分别增加 2.84 亿 m³ 和 3.69 亿 m³ 的再生回用水量，其污水回用率应达到 51% 和 85%；如果考虑管网漏损率，污水再生处理后的安全回用量占处理量的 70%～80%。由此，在现有经济技术条件下，由于滇池流域水质型和资源型缺水并存，根据滇池流域需水现状开展调水工程，可有效解决滇池流域严峻缺水的问题。

考虑到尚未充分挖掘滇池流域污水回用潜力，且昆明市政府每年以 1.9 元/m³ 的价格，平均每年支付十几亿元用于上游调水，本研究根据调水情景四，建议滇池流域在未来规划中可适当减少调水量至 3.06 亿 m³，将节省的调水费用于流域内再生水回用基础设施的建设，增加其污水回用率至 33% 以上。

由表 3-5 可以发现，为达到"十三五"滇池水污染防治的目标，调水方案一在各政策驱动以及政府主体的产业调控下，TP、TN、COD 和 NH₃-N 等 4 种污染物均在环境容量范围内，2020 年滇池流域 GDP 将达到 4 766.7 亿元，年均增长率为 8.26%，比"十二五"时期低（平均 9.2%），但仍高于经济"新常态"下 2015 年全国 GDP 增长率（6.9%）。通过表 3-5 还可以看出，至 2020 年，在将牛栏江调水用于生活用水的前提下，同时考虑一定再生水回用量（年利用量 1.16 亿 m³），滇池流域 2020 年总用水量可达 15.59 亿 m³，在流域水资源利用范围内。本研究重点分析现有规划方案，即调水方案一下各主体的仿真模拟结果。

图 3-15 为智能仿真过程中居民水价、居民污水处理费与城镇生活用水量变化情况。

从图 3-15 中可以看出，通过居民水价和居民污水处理费的综合调控，滇池流域城镇生活用水量增长幅度较小，没有随着城镇居民的增加和生活水平的提高出现较快的增长。这说明通过水价和污水处理费的综合调控，可有效引导居民主体的节水行为。

图 3-15 居民水价、居民污水处理费与城镇生活用水量趋势

图 3-16 为智能仿真过程中工业水价、工业污水处理费与工业用水重复利用率变化情况。从图中可以看出，通过工业水价和工业污水处理费的双重作用，滇池流域工业用水重复利用率呈现逐年增加的趋势，说明工业水价政策和工业污水处理费政策有助于促使企业主体在生产过程中采取节水措施，提高其用水效率。

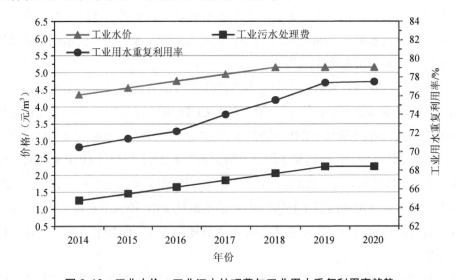

图 3-16 工业水价、工业污水处理费与工业用水重复利用率趋势

图 3-17 为滇池流域 GDP 和各产业发展情况。从中可以看出，滇池流域各产业增加值均呈现逐年增加的趋势，至 2020 年，第一产业增加值为 68.77 亿元，第二产业增加值为 1 921.43 亿元，第三产业增加值为 2 776.49 亿元，三产结构为 1.44∶40.31∶58.25，第三产业增加值占比进一步增强。

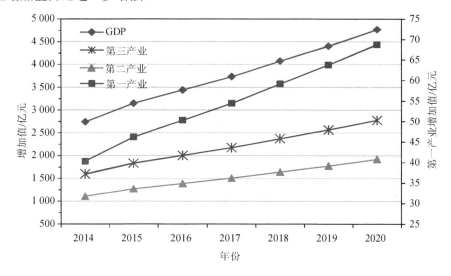

图 3-17　滇池流域经济发展趋势

表 3-6 为经政府主体调控后滇池流域各行业产值及占比变化情况。由表 3-6 可以看出，在水资源和水环境容量的约束下，多数行业占比降低，如交通运输设备制造业和通信设备、计算机及其他电子设备制造业等水耗、排污少的行业占比增加，这些是滇池流域鼓励发展的行业。从表 3-6 中还可以看出，纺织业、造纸及纸制品业和化学原料及化学制品制造业 3 个高污染行业在滇池流域内的占比已经非常小，在未来规划中可以考虑迁出流域。

表 3-6　各行业产值及占比

行业类别	2020 年增加值/万元	占比/%		变化
		2020 年	2014 年	
电气机械及器材制造业	538 000.85	1.22	1.76	增加
纺织业	15 755.74	0.013	0.14	降低
非金属矿物制品业	157 557.39	1.17	1.23	降低
化学原料及化学制品制造业	55 721.52	0.099	1.11	降低
交通运输设备制造业	1 383 430.75	2.97	2.77	增加
金属制品业	124 893.05	0.75	0.76	降低
农副食品加工业	61 485.81	0.93	0.94	降低
食品制造业	73 014.40	0.85	0.86	降低
塑料制品业	146 028.80	0.81	0.82	降低
通信设备、计算机及其他电子设备制造业	1 127 880.33	1.19	1.08	增加

行业类别	2020 年增加值/万元	占比/%		变化
		2020 年	2014 年	
通用设备制造业	1 325 787.80	3.73	3.55	增加
橡胶制品业	6 532.878	0.088	0.089	降低
烟草制品业	10 014 501.5	55.86	54.07	增加
饮料制造业	119 128.76	0.82	0.91	降低
印刷业和记录媒介的复制业	403 500.64	2.01	1.94	增加
医药制造业	883 858.54	9.23	8.80	增加
有色金属冶炼及压延加工业	518 786.53	2.70	7.23	降低
造纸及纸制品业	14 602.88	0.076	0.17	降低
专用设备制造业	249 786.11	1.30	1.46	降低
其他	72 822.26	0.379	0.32	增加

3.4.2 居民主体可承受水价分析

通过分析不同主体的行为，可以获取更为详尽的分析。图 3-18 为居民主体不同收入家庭年均月用水量统计。

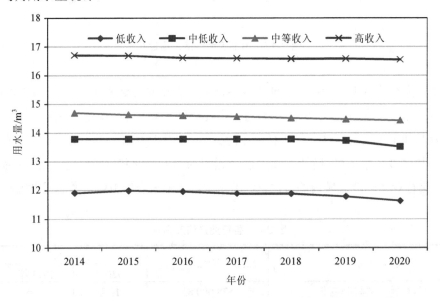

图 3-18 居民主体不同收入家庭年均月用水量

从图 3-18 中可以看出，滇池流域 4 类家庭年均月用水量均超出水价的第一阶梯，集中在水价的第二阶梯（11～15 m³），其中低收入家庭年均月用水量在 12 m³ 左右。考虑污水处理费和水费价格，低收入家庭年均月水费支出为 63.5 元，2014 年城镇居民人均可支配收入为 31 295 元，则水费支出占低收入家庭可支配收入的 2.43%，在城镇居民的可承受范围内。

3.4.3　超标排污罚款政策分析

本研究根据排污费征收标准过低的现状，将超标排污费与超标排污罚款相结合，对滇池流域企业主体的超标排污行为进行仿真，结果见图 3-19。

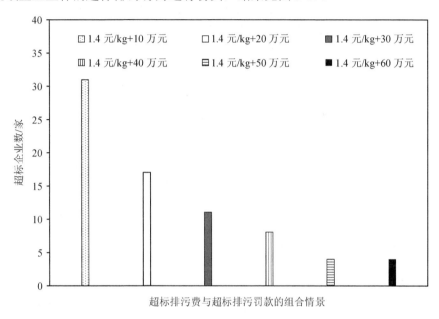

图 3-19　超标排污罚款政策下年均超标排污企业数变化情况

由图 3-19 可以看出，将超标排污费与超标排污罚款相结合并采用较高的罚款金额，可以显著降低企业主体的超标排污行为，且当罚款金额为 50 万元时，超标企业比例可控制在 1%以内，超标企业主体的工业增加值均在 500 万元以上，可见提高罚款金额对中小企业具有很好的约束作用。

3.4.4　污水处理厂主体

根据式（3-12）可计算污水处理厂主体的收益情况。根据模型仿真，可统计滇池流域污水处理厂污水处理量的变化。污水处理厂主体运行情况见表 3-7。

表 3-7　污水处理厂主体运行情况

年份	污水处理费		污水处理量/万 m³	污水处理量差额ª/万 m³	污水处理厂主体收益/万元
	居民/（元/m³）	工业/（元/m³）			
2014	1.0	1.25	47 632.41	14 892.09	−27 843.57
2015	1.0	1.25	49 419.91	13 104.59	−29 336.16
2016	1.1	1.45	51 498.32	11 026.18	−24 756.80

年份	污水处理费		污水处理量/ 万 m³	污水处理量差额ª/ 万 m³	污水处理厂主体收益/ 万元
	居民/（元/m³）	工业/（元/m³）			
2017	1.2	1.65	52 547.02	9 977.48	−16 203.23
2018	1.3	1.85	53 560.84	8 963.66	−7 648.79
2019	1.4	2.05	55 032.97	7 491.53	689.16
2020	1.4	2.05	56 713.10	5 811.40	881.42

注：ª污水处理量差额即流域内污水处理量与污水处理厂主体现有处理能力（171.3 万 m³/d）之差。

由表 3-7 可以看出，截至 2020 年，滇池流域污水处理量仍在现有规模处理范围内，在"十三五"期间滇池流域可以暂时不用新建污水处理厂，可将重点放在再生水回用设施的建设和提高 10 座环湖截污雨污混合污水处理厂的运行效率这两个方面。由表 3-7 还可以看出，随着污水处理费征收标准的提高，流域内污水处理厂收益逐渐提高，当居民污水处理费和工业污水处理费分别为 1.4 元/m³ 和 2.05 元/m³ 时，不仅可保障污水处理厂平时处理所需的费用，还可为污水处理设施的维护提供一定的资金支撑。

3.4.5　企业主体政策调控效果

图 3-20 和图 3-21 为分行业统计的主要企业主体工业用水重复利用率和万元工业增加值 COD 排放量情况。通过两图均可看出，主要企业主体用水重复利用率和万元工业增加值 COD 排放量均呈现良好发展的趋势。其中属于烟草制品业和有色金属冶炼及压延加工业的企业主体工业用水重复利用率提高较快，属于饮料制造业的企业主体万元工业增加值 COD 排放量降低较快，以上行业对政策的反应更为灵敏。

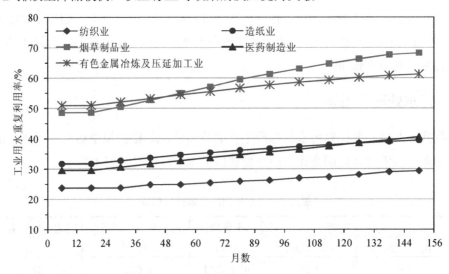

图 3-20　主要企业主体分行业工业用水重复利用率统计

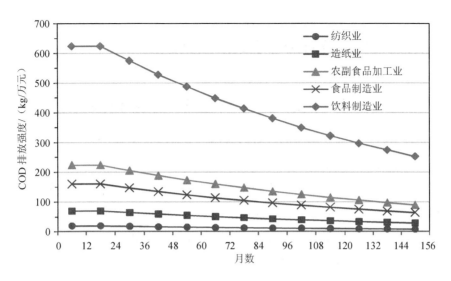

图 3-21 主要企业主体分行业万元工业增加值 COD 排放量统计

3.5 结论

本研究通过构建耦合多主体和系统动力学的滇池流域水污染防治环境经济政策智能仿真模型，并结合滇池治理"十三五"规划，对滇池流域水污染防治环境经济政策进行智能仿真模拟，提出适应滇池流域可持续发展的水污染防治环境经济政策组合，为实现滇池流域水污染防治"十三五"规划目标提供政策支撑。

①从政策智能仿真的角度构建了基于多主体耦合系统动力学（SD）的滇池流域水污染防治环境经济政策智能仿真模型。该模型智能仿真微观企业主体和居民主体对各政策的适应行为，通过行业主体、产业主体、污水处理厂主体耦合至 SD 模型，将政策的调控结果涌现到宏观社会-经济-环境复杂系统中，从而实现多种政策对微观主体行为调控和宏观实施效果的模拟，可为政府主体决策提供更为全面的参考。

②通过构建 ABM 耦合 SD 智能仿真模型，依据滇池流域水污染防治"十三五"规划的目标，对各政策的实施效果进行智能仿真。根据仿真结果，如果达到"十三五"规划的目标要求，在综合产业结构调整和政策调整的情况下，保持现有城市阶梯水价计量和计算方式不变，滇池流域居民水价可提高至 3.23 元/m³，污水处理费可提高至 1.50 元/m³，工业水价可提高至 4.99 元/m³，工业污水处理费可提高至 2.25 元/m³。尽管排污费可以降低企业超标排污行为，但由于排污费征收标准过低，对企业行为影响较小，因此本研究提出将超标排污费与超标排污罚款相结合，对超标企业进行罚款。

3.6 滇池流域水污染防治环境经济政策建议

3.6.1 增加监督管理类投资，提高"十三五"时期财政投资效率

监督管理投资在滇池治理方面具有投资少、效率高的优势，"十三五"期间滇池治理方面可适当增加监督管理类相关投资金额。通过对超标排污罚款政策的仿真可以看出，现行的排污收费制度存在标准过低的情况，过低的标准导致企业违法成本太低，不能够像政策制定伊始那样发挥有效作用。因此，可在现有排污收费的基础上，建立超标罚款机制，而本研究仿真模拟超标罚款机制是在较为理想的情况下（即企业超标就会被发现）的结果。但实际上滇池流域内企业众多，流域内监察队伍人员有限，很难企业一超标就被发现。因此，"十三五"期间，监督管理类投资方面，可重点加强和完善滇池流域环境自动在线监测系统的建设，并逐步向中小企业铺展。

3.6.2 进一步调整各政策收费标准

①以"十三五"时期滇池环境容量为目标，本研究通过模型仿真，建议滇池流域在"十三五"期间，可适当提高居民水价和工业水价及污水处理费征收标准：居民水价可提高至 3.23 元/m³，工业水价可提高至 4.99 元/m³；居民污水处理费可提高至 1.50 元/m³，工业污水处理费可提高至 2.25 元/m³；再生水水价提高至 1.4 元/m³。

②本研究将超标排污费与超标排污罚款相结合，可在现有排污收费（1.4 元/kg）基础上，建立超标罚款机制，每次超标最少罚款 50 万元，可将超标企业比例控制在 1% 以内。

3.6.3 调整和优化产业结构，进一步将重污染行业迁出滇池流域

在提高水价和污水处理费征收标准的同时，滇池流域应继续优化产业结构。根据仿真结果（表 3-6），至 2020 年，纺织业、造纸及纸制品业和化学原料及化学制品制造业 3 个高污染行业的工业增加值在滇池流域内占比较小，在未来规划中可考虑迁出流域，并鼓励发展电气机械及器材制造业和通信设备、计算机及其他电子设备制造业等水耗、排污少的行业。

3.6.4 进一步提高污水处理率和再生水回用率

现有污水处理厂处理规模可以满足滇池流域的污水处理需求，"十三五"期间，重点需完善再生水回用设施的建设和提高 10 座环湖截污雨污混合污水处理厂的运行效率，以缓解滇池流域水资源短缺的压力和降低流域内其他污水处理厂的处理负荷。

研究结果表明，尚未深入挖掘滇池流域再生水回用的潜力，建议可适当减少调水量至 3.06 亿 m^3，将支付调水补偿的费用用于再生水设施的建设，其再生水回用率将提高至 33%以上。

第 4 章

滇池流域污水处理厂季节分类考核研究

4.1　污水处理厂季节分类考核理论方法体系

4.1.1　污水处理厂季节分类考核理论

　　污水处理厂的季节分类考核是指在现有污水处理厂考核办法的基础上，借鉴国外相关制度的成功经验，对雨季、旱季污水处理厂分别进行考核的管理模式。其核心思想是在受纳河流水质超标风险较低的前提下，充分利用河流水环境容量，并结合污水处理厂雨季、旱季实际运行情况，使污水处理厂的考核标准随季节变化而变化，以节省成本、改善污水处理厂运行状况。

　　污水处理厂季节分类考核涉及水环境容量核算、水质超标风险核算、季节划分方法、季节分类考核标准核算等具体的研究方法。

4.1.2　水环境容量核算研究方法

　　水环境容量指设定河段在一定的环境目标下所能接纳污染物的最大负荷量。容量的大小与污染物特性、水体特性、水质目标和水环境利用方式相关，与污染物排放方式和排放时空分布有密切关系。

　　水环境容量通常根据水质模型计算，不同规模、类型的水体适用的水质模型也不同。常用的水质模型总结于表 4-1。

表 4-1　常用水质模型总结

分类标准	类别	适用范围
使用管理	河流模型	—
	河口模型	—
	湖库模型	—
	海洋模型	—
水质组分	单组分模型	—
	耦合模型	适用于表述受有机物污染的河流水质变化情况
	多组分模型	适用于影响因素较多的情况
模型性质	白箱模型	适用于对系统过程和转化机理有透彻理解的情况
	黑箱模型	侧重于需求结果,对污染物在水体中的迁移转化过程无须了解
	灰箱模型	介于黑箱模型和白箱模型之间,目前大部分水质模型都属于灰箱模型
时间	稳态模型	数学表达式和输入参数不随时间变化,可用于模拟水体的物理过程、化学过程、水力学过程
	动态模型	用于模拟计算径流、暴雨等过程,能体现水质的瞬时变化
空间(水体规模)	零维模型	主要用于模拟水库和湖泊,不考虑空间环境质量的差异
	一维模型	仅考虑纵向变化,适用于中小型河流
	二维模型	考虑纵向和横向的变化,适用于模拟宽浅型河流
	三维模型	考虑三维空间的水质变化,适用于模拟排污口附近水域
变量特点	随机性模型	输入变量随机变化,求出的解不稳定、不唯一
	确定性模型	针对一组给定的输入变量,只有一个确定解
反应动力学	纯反应模型	仅考虑污染物的化学反应和生物反应
	纯输移模型	仅考虑污染物在水体中的迁移
	生化模型	描述一定空间内生物化学有机质在环境中的转换关系
	输移和反应模型	综合考虑污染物的迁移和转化
	生态模型	不仅描述生物过程,还考虑输移和水质要素的变化

　　选择水质模型时要根据研究对象的实际情况和要达到的结果来综合考虑,过于复杂的水质模型需要大量的数据支持,由于当地社会、技术因素的限制,在实际应用中可能会缺乏操作性;而过于简单的水质模型难以准确描述水体的特征和污染物的迁移转化规律,对研究结果的准确性造成一定影响。

　　水环境容量可分为理想水环境容量、规划水环境容量和现状水环境容量。本研究中污水处理厂季节分类考核涉及的受纳河流水环境容量,计算的是河流的现状水环境容量,即在现状污染源分布条件下,在一定的环境目标下,河流可利用的最大环境容量。

　　水环境容量计算具体可分为 5 个步骤:单元划分、排污口调查和概化、控制断面设定、水环境容量模型选择、代入相应参数计算。根据《水域纳污能力计算规程》(SL 348—2006),污染物在河段内均匀混合,可采用零维模型;在河断面内均匀混合、流量<150 m³/s 的中

小型河段，可采用一维模型；在河段面内非均匀混合、流量＞150 m³/s 的大型河段，可采用二维模型。水环境容量的零维模型、一维模型和二维模型计算公式总结见表 4-2。

表 4-2　水环境容量的零维模型、一维模型、二维模型计算公式

模型	公式
零维模型	$$M = (C_S - C_0)(Q + Q_p)$$ 式中：M——水域纳污能力，g/s； C_S——水质目标浓度值，mg/L； C_0——初始断面的污染物浓度，mg/L； Q——初始断面的入流流量，m³/s； Q_p——污水排放流量，m³/s。
一维模型	$$M = \left[C_S - C_0 \exp\left(-K \frac{x}{u}\right) \right](Q + Q_p)$$ 式中：x——沿河段的纵向距离，m； u——设计流量下断面平均流速，m/s； K——污染物衰减系数，1/s； 其余符号意义同前。
二维模型	二维对流扩散方程 $u \dfrac{\partial C}{\partial x} = \dfrac{\partial}{\partial y}\left(E_y \dfrac{\partial C}{\partial y}\right) - KC$ 式中：E_y——污染物横向扩散系数，m²/s； y——计算点到岸边的横向距离，m； 其余符号意义同前。

4.1.3　水质超标风险核算方法

水质超标风险是指水环境中由于人类活动或自然原因引起的非期望事件发生的概率以及不同概率下事件产生的后果，可分为突发性超标风险和非突发性超标风险两类（周琼，2008；何理等，2002）。本研究中污水处理厂雨季、旱季分类考核的水质超标风险属于非突发性超标风险。常用的非突发性超标风险评估方法总结见表 4-3。

表4-3 常用非突发性超标风险评估方法

定义	描述
$R_{非突发}=P（L \geq C_0）$ 式中：L——由水质模型模拟得到的河流水质浓度； C_0——相应污染物的水质标准浓度	选用合适的水质模型对下游控制断面的水质参数进行模拟，用蒙特卡罗法、一次二阶矩法或随机分析法估算水质超标风险的大小；最为常用
$R_{非突发}=P_{fG}（C_G > C_S）$ 式中：P_{fG}——风险率； C_G——某一水质类别任一检测值； C_S——某一水质类别设定阈值	根据已有的水质监测数据，将水质参数作为随机变量，设定一个阈值，用随机理论计算水质超过阈值的风险率
$R_{非突发}=P（M \leq 0）=\int_{-\infty}^{0} Z_M(m)$；$M=X-Y$ 式中：M——水环境裕量； X——水环境容量； Y——环境负荷量	根据水体的水环境容量和水环境负荷指标，计算水质超标的可能性

在受纳河流水质超标风险的评估方面，本研究通过水质模型对控制断面水质分布规律的模拟预测结果，采用蒙特卡罗法进行风险评估。蒙特卡罗法假设河流流量、流速服从对数正态分布。风险评估模型如式（4-1）所示：

$$R = P(C \geq C_S) = N(C \geq C_S) / N \qquad (4-1)$$

式中：R——水质超标风险；

$N（C \geq C_S）$——模拟过程中 $C \geq C_S$ 的次数；

N——总模拟次数；

C——控制断面水质浓度，mg/L；

C_S——河段目标浓度，mg/L。

蒙特卡罗法模拟水质超标风险的步骤见图4-1。

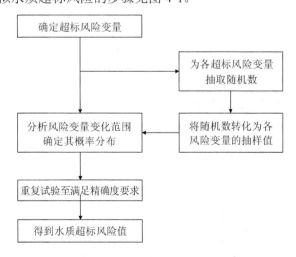

图4-1 蒙特卡罗法模拟水质超标风险的步骤

4.1.4　季节划分方法

本研究将污水处理厂分为两类：排放河流有剩余环境容量和无剩余环境容量。两类污水处理厂在进行季节分类考核时有各自的季节划分方法。

4.1.4.1　有剩余环境容量情况下

对于有剩余环境容量的污水处理厂，季节划分可按以下步骤：

①统计排放河流近 10 年各月的平均流量，选择流量最小的月份作为最枯月。

②将最枯月作为旱季，剩下的 11 个月作为雨季，划为方案 1。

③将靠近最枯月的两个月中平均流量较小的那个月与最枯月合并为旱季，剩下的 10 个月作为雨季，划为方案 2。以此类推，得到 12 种初步季节划分方案（其中 12 个月都以旱季的划分方案为对照）。

④对这 12 种初步季节划分方案采用单因素方差法进行差异性分析，若差异显著（$P<0.05$），则将此种方案作为有效方案；否则（$P>0.05$）舍弃该方案。最终完成初步季节划分方案的设计。

⑤核算每种初步划分方案的水环境容量和水质超标风险，在超标风险可接受的范围内，选择水环境容量最高的划分方案作为最终季节划分方案。

4.1.4.2　无剩余环境容量情况下

对于无剩余环境容量的污水处理厂，季节划分可按以下步骤：

①统计排放河流近 10 年各月的平均流量。

②统计污水处理厂服务区域近 10 年各月的平均降水量。

③统计污水处理厂正常运行情况下近 5 年的污水处理量。

④综合考虑河流流量、降水量和污水处理量在近年的分布周期性规律，依次进行季节划分。

4.1.5　季节分类考核标准核算方法

4.1.5.1　季节分类考核指标的选取

本研究基于滇池流域现行污水处理厂考核管理办法选取季节分类考核指标。根据《云南省城镇污水处理厂运行管理考核办法（征求意见稿）》中的管理评定细则，污水处理厂考核分为有效处理量、基础管理、运行管理、设施设备管理、化验分析、能耗及成本控制、安全管理、厂容厂貌八项，每项中又分为若干具体的考核指标，见表 4-4。

表 4-4　滇池流域污水处理厂考核管理评分标准细则

考核项目	考核内容	评分指标
有效处理量 （30 分）	污水处理量（6 分）	实际处理量与设计处理量进行比较
	进水水质（6 分）	进水 COD 浓度与相应标准进行对比，分阶梯得分
	COD 削减（4 分）	得分=实际 COD 削减率/设计 COD 削减率×4
	NH$_3$-N 削减（4 分）	得分=实际 NH$_3$-N 削减率/设计 NH$_3$-N 削减率×4
	达标排放（4 分）	出水污染物浓度是否达到国家一级 A 标准，一天不达标扣 0.1 分
	污泥处置（5 分）	有无污泥处置合同（2 分）、污泥安全处置率（2 分）、污泥含水率（1 分）
	出水消毒（1 分）	消毒设施运行情况
基础管理 （8 分）	管理制度及岗位责任制（2 分）	管理制度是否齐全
	人员配置（2 分）	人员配置是否满足处理规模
	持证上岗（2 分）	持证人员占比
	人员培训（2 分）	培训情况
运行管理 （12 分）	生产计划及实施（2 分）	生产计划制订、实施情况
	污水系统（2 分）	污水处理设施运行是否正常
	污泥系统（2 分）	污泥处置设施运行是否正常
	运行天数及停减产（2 分）	连续运行情况
	运行记录（2 分）	相关实际情况
	操作规程（2 分）	
设施设备管理 （12 分）	设施运行状况（2 分）	构筑物具体情况
	设备运行状况（2 分）	设备具体情况
	在线监测（2 分）	监测设施运行情况、数据传输情况
	备品备件（2 分）	备品备件是否齐全
	设施设备日常检查维护（1 分）	日常巡检记录是否完整
	自控及在线仪表运行状况（1 分）	相关设备是否正常运行
	大、中、小修管理（1 分）	修理台账
	设备档案管理（1 分）	设备档案是否完备
化验分析 （12 分）	化验分析仪器（2 分）	分析仪器是否完备
	水质分析与监测频次（3 分）	频次标准见表 4-5
	泥质分析与监测频次（2 分）	频次标准见表 4-6
	化验分析方法（2 分）	是否采用标准方法
	化验室检测质量保证体系（1 分）	根据实际情况考核
	化验员岗位培训（1 分）	
	水、泥质检测原始记录（1 分）	

考核项目	考核内容	评分指标
能耗及成本控制（12分）	节能降耗（3分）	单位处理量电耗与相关标准比较，实行阶梯式得分
	成本控制（3分）	成本标准见表4-7
	成本分析（2分）	相关分析是否完整
	能耗一览表（2分）	
	再生水回用（2分）	再生水是否厂内回用
安全管理（10分）	机构及人员（1分）	相关制度、人员配置、培训应急预案是否完备
	安全管理制度及规程（1分）	
	现场安全管理（2分）	
	安全隐患（2分）	
	安全培训（2分）	
	应急预案（2分）	
厂容厂貌（4分）	厂区室外环境（1分）	—
	室内卫生（1分）	
	宣传管理及环境标示（1分）	
	其他（1分）	

在滇池流域现行的污水处理厂考核管理办法中，有效处理量考核项目中的污水处理量、污染物削减率、达标排放、污泥含水率，化验分析考核项目中的水质、泥质分析与监测频次，以及能耗及成本控制均与季节变化密切相关（见表4-5～表4-7）。对于污染物削减率和达标排放两项考核内容，由于滇池富营养化严重，因此在现有考核指标基础上增设关于 TP 的考核内容，进行污染物的分别考核；对于污泥含水率，由于雨季、旱季污泥处理设施的工况和脱水难度有较大区别，可进行季节分类考核；对于水质、泥质分析与监测频次，由于雨季处理污水量、处置污泥量较大，应适当增加监测频次，以保证污水、污泥达标出厂。对筛选出的季节分类考核指标进行重新量化分值，见表4-8。

表 4-5　水质分析与监测频次标准

监测频率	监测项目	满分
每日一次	COD	0.5 分
	NH_3-N	0.5 分
	pH	0.2 分
	BOD_5	0.2 分
	SS	0.2 分
	TN	0.2 分

监测频率	监测项目	满分
每日一次	TP	0.2 分
	活性污泥 MLSS	0.1 分
	活性污泥 SVI	0.1 分
	活性污泥 SV	0.1 分
	曝气池 DO	0.1 分
	粪大肠菌群	0.1 分
	镜检	0.05 分
每周一次	MLVSS	0.05 分
	氯化物	0.05 分
	总固体	0.05 分
每月一次	阴离子表面活性剂	0.05 分
	挥发酚	0.05 分
	石油	0.05 分
	氰化物	0.05 分
半年一次	总镉	0.05 分
	总汞	0.05 分

表 4-6　泥质分析与监测频次标准

监测频率	监测项目	满分
每日一次	含水率	0.8 分
每周一次	有机物	0.3 分
	pH	0.3 分
每月一次	粪大肠菌群	0.15 分
每季度一次	汞	0.05 分
	镉	0.05 分
	铬	0.05 分
	铅	0.05 分
	铜	0.05 分
	镍	0.05 分
	TN	0.05 分
	TP	0.05 分
	总钾	0.05 分

表 4-7 污水处理成本标准

工艺	5 万 m³/d 以下		5 万～10 万 m³/d		10 万～40 万 m³/d	
	不包括污泥消化	包括污泥消化	不包括污泥消化	包括污泥消化	不包括污泥消化	包括污泥消化
传统活性污泥法	0.48～0.59	0.70～0.85	0.38～0.49	0.55～0.70	0.31～0.39	0.40～0.55
氧化沟	0.42～0.49	0.60～0.70	0.35～0.42	0.50～0.60	0.28～0.35	0.40～0.50
AB 法	0.42～0.49	0.60～0.70	0.35～0.42	0.50～0.60	0.28～0.35	0.40～0.50
A²/O	0.52～0.62	0.75～0.90	0.42～0.52	0.60～0.75	0.35～0.42	0.50～0.60
SBR	0.55～0.65	0.70～0.80	0.45～0.55	0.60～0.70	0.35～0.45	0.50～0.60

注：运行成本为扣除利润、折旧、大修、税费后的运行费用。

表 4-8 季节分类考核指标及分值

考核项目	考核内容		最高分
有效处理量	污水处理量		5 分
	污染物削减率	COD	2 分
		NH₃-N	2 分
		TP	2 分
	出水污染物浓度	COD	3 分
		NH₃-N	3 分
		TP	3 分
	污泥含水率		2 分
化验分析	水质分析监测频次		3 分
	泥质分析监测频次		2 分
能耗及成本控制	成本控制		6 分
合计			33 分

4.1.5.2 季节分类考核标准的核算

本节内容仅包括污水处理量、污染物削减率、出水污染物浓度和污泥含水率的计算标准，其他季节分类考核指标标准以及评分标准见表 4-8 中的相关内容。

（1）污水处理量的核算方法

污水处理量考核指标为污水处理厂季节平均污水处理率。

季节平均污水处理率计算方法如式（4-2）所示：

$$季节平均污水处理率 = \frac{季节内实际处理量}{设计处理量 \times 季节天数} \times 100\% \qquad (4-2)$$

置信区间计算方法如式（4-3）所示：

$$\left[\overline{X} - \frac{S}{\sqrt{n}} t_{\alpha/2}(n-1), \overline{X} + \frac{S}{\sqrt{n}} t_{\alpha/2}(n-1) \right] \qquad (4\text{-}3)$$

式中：$\overline{X}$——季节内污水处理率均值；

S——季节内污水处理率标准差；

n——季节内数据个数；

$t_{\alpha/2}(n-1)$——t 分布在自由度为（n–1）、置信水平为 α 时的值，此处 α 取 0.95。

（2）污染物削减率的核算方法

统计污水处理厂近 5 年各季节 3 种污染物进水浓度减去出水浓度的平均值，分别为 $\overline{COD_{进水} - COD_{出水}}$、$\overline{NH_{3进水} - NH_{3出水}}$、$\overline{TP_{进水} - TP_{出水}}$。再由此分别得出以上 3 个值的各季节之比，设为 $1 : \alpha_{COD}$、$1 : \alpha_{NH_3}$ 和 $1 : \alpha_{TP}$。由此得出 3 种污染物削减率在各季节的最高分，见表 4-9。

表 4-9 基于现状计算的污染物削减率各季节最高分

污染物	季节	最高分
COD	雨季	3
	旱季	$3/\alpha_{COD}$
TN	雨季	3
	旱季	$3/\alpha_{NH_3}$
TP	雨季	3
	旱季	$3/\alpha_{TP}$

（3）出水污染物浓度的核算方法

对于尾水排放河流有剩余水环境容量和无剩余水环境容量的污水处理厂，出水污染物排放浓度标准计算方法不同。

有剩余环境容量时排放浓度标准如式（4-4）所示：

$$c_{排放标准} = \frac{86\,400M}{Q_P} \qquad (4\text{-}4)$$

式中：$c_{排放标准}$——污染物排放浓度标准，mg/L；

M——剩余环境容量，g/s，具体计算方法见表 4-2 中的环境容量计算；

Q_P——污水处理厂日处理量，m^3/d。

无剩余环境容量时排放浓度标准如式（4-5）所示：

$$c_{排放标准}=\frac{\overline{(c_{进水}-c_{出水})_{季节}\times Q_{P季节}}}{\overline{Q_{P季节}}}\tag{4-5}$$

式中：$c_{排放标准}$——污染物排放浓度标准，mg/L；

$c_{进水}$、$c_{出水}$——污染物进水浓度、出水浓度，mg/L；

$Q_{P季节}$——污水处理厂日处理量，m³/d；

$\overline{Q_{P季节}}$——污水处理厂日处理量季节平均值，m³/d。

（4）污泥含水率的核算方法

污泥含水率置信区间计算方法如式（4-6）所示：

$$\left[\overline{X}-\frac{S}{\sqrt{n}}t_{\alpha/2}(n-1),\overline{X}+\frac{S}{\sqrt{n}}t_{\alpha/2}(n-1)\right]\tag{4-6}$$

式中：$\overline{X}$——季节内污泥含水率均值；

S——季节内污泥含水率标准差；

n——季节内数据个数；

$t_{\alpha/2}(n-1)$——t分布在自由度为（n-1）、置信水平为α时的值，此处α取0.95。

4.2 有剩余环境容量情景下污水处理厂季节分类考核标准

4.2.1 研究对象简介与季节分类考核可行性分析

本研究选取昆明市第六污水处理厂作为有剩余环境容量情景下的季节分类考核研究案例。昆明市第六污水处理厂位于昆明市东郊季官村、宝象河东岸，处理规模为13万 m³/d，占地154.9亩[①]，主体工艺采用A²/O脱氮除磷微孔曝气系统，尾水排入宝象河。纳污区域31.57 km²，服务人口26.56万人，收集昆明市贵昆路以南、东北沙河以东、新宝象河以西、滇池以北的污水。主体工艺流程见图4-2。

---

① 1 亩≈666.67 m²。

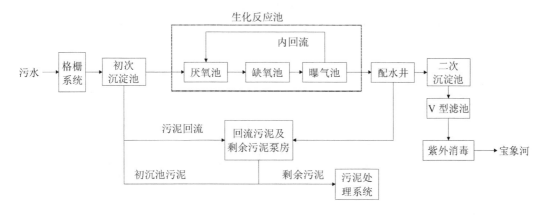

图 4-2　昆明市第六污水处理厂主体工艺流程

昆明市第六污水处理厂尾水排放河流宝象河源于昆明市东南部老爷山，流经大板桥、阿拉、昆明经济开发区、小板桥，在宝丰村附近汇入滇池。宝象河流域位于滇池东北部，南北跨度近 30 km，属于典型的北亚热带湿润季风气候；在低纬度、高海拔地理条件下，形成了流域内四季温差小，雨季、旱季分明的气候特点。年内降雨分布极不平均，80%以上的降雨集中在雨季。污水处理厂服务区域的排水体制实际上属于雨污合流制，雨水和城市生活污水共同汇入排水干管并进入污水处理厂，因此昆明市第六污水处理厂的进水量随季节波动较大。

综上所述，昆明市第六污水处理厂排放河流的环境容量及进水情况都随雨季、旱季更替有较大变化，符合季节分类考核的条件。

4.2.2　季节划分

4.2.2.1　季节划分方案设计

统计昆明市第六污水处理厂尾水排放河流宝象河近 10 年各月的平均流量，结果见表4-10。从表 4-10 中可以看出，最枯月为 4 月。由此得出的各初步季节划分方案见表 4-11。

表 4-10　宝象河近 10 年各月平均流量

月份	流量/（m³/s）	月份	流量/（m³/s）	月份	流量/（m³/s）	月份	流量/（m³/s）
1 月	0.91	4 月	0.44	7 月	2.68	10 月	1.65
2 月	0.87	5 月	0.70	8 月	2.36	11 月	1.56
3 月	0.63	6 月	3.50	9 月	1.71	12 月	1.01

表 4-11　初步季节划分方案

方案	划分方式	
	旱季	雨季
初步方案一	4 月	1—3 月、5—12 月
初步方案二	3—4 月	1—2 月、5—12 月
初步方案三	3—5 月	1—2 月、6—12 月
初步方案四	2—5 月	1 月、6—12 月
初步方案五	1—5 月	6—12 月
初步方案六	1—5 月、12 月	6—11 月
初步方案七	1—5 月、11—12 月	6—10 月
初步方案八	1—5 月、10—12 月	6—9 月
初步方案九	1—5 月、9—12 月	6—8 月
初步方案十	1—5 月、8—12 月	6—7 月
初步方案十一	1—5 月、7—12 月	6 月
对照方案	全年	—

对这 12 种初步季节划分方案采用单因素方差法进行差异性分析,若差异显著($P<0.05$),则将此种方案作为有效方案;否则($P>0.05$)舍弃该方案。最终确定 7 个季节划分方案(含对照方案),见表 4-12。

表 4-12　季节划分方案

方案	划分方式	
	旱季	雨季
方案一	3—5 月	1—2 月、6—12 月
方案二	2—5 月	1 月、6—12 月
方案三	1—5 月	6—12 月
方案四	1—5 月、12 月	6—11 月
方案五	1—5 月、11—12 月	6—10 月
方案六	1—5 月、10—12 月	6—9 月
对照方案	全年	—

4.2.2.2　剩余水环境容量核算

根据实地调研,昆明市第六污水处理厂排污口位于宝象河下游,排污口距离宝象河入滇口 3 550 m,见图 4-3。由于距离较短,在排污口至入滇口区间内不再另外划分控制单元。从昆明市第六污水处理厂至宝象河入滇口这一段于数年前已完成堵口查污,没有其他的污染源。控制断面设在入滇口处。

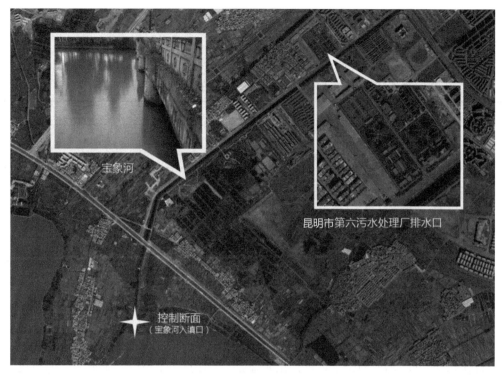

图 4-3　排污口与宝象河下游区域示意图

统计宝象河下游近年来的流量，均在 10 m³/s 以下，现场测量河宽在 25～35 m，水深在 2～3 m。根据《水域纳污能力计算规程》（SL 348—2006），对流量小于 150 m³/s 的中小型河流，且在河断面内均匀混合，可采用河流一维模型计算其水域纳污能力。因此，本研究中昆明市第六污水处理厂季节分类考核的水环境容量计算采用一维模型。一维模型如式（4-7）所示：

$$W = (Q + Q_P)\left[C_S - C_0 \exp\left(-\frac{kl}{u} \right) \right] \tag{4-7}$$

式中：W——河段水环境容量，g/s；

Q——河段设计流量，m³/s；

Q_P——排污口排放流量，m³/s；

C_S——河段水质标准，mg/L；

C_0——河段初始浓度，mg/L；

k——综合降解系数，1/s；

l——排污口至控制断面距离，m；

u——河段平均流速，m/s。

统计宝象河 1999—2009 年的流量数据，计算各季节划分方案中雨季、旱季分别在 50%、75%、90%保证率下的流量，结果见表 4-13。

表 4-13 各季节划分方案中雨季、旱季在不同保证率下的流量

方案	雨季流量/（m³/s）			旱季流量/（m³/s）		
	50% 保证率	75% 保证率	90% 保证率	50% 保证率	75% 保证率	90% 保证率
方案一	1.27	0.73	0.52	0.51	0.37	0.28
方案二	1.29	0.75	0.53	0.60	0.40	0.30
方案三	1.45	0.81	0.60	0.61	0.40	0.30
方案四	1.33	0.78	0.59	0.69	0.43	0.32
方案五	1.55	0.85	0.63	0.72	0.46	0.33
方案六	1.39	0.78	0.59	0.81	0.49	0.34
对照方案	—			0.96	0.58	0.38

排污口排放流量 Q_P 即污水处理厂出水流量。统计昆明市第六污水处理厂的出水流量数据，可以得到各季节划分方案下雨季、旱季的污水处理厂排放流量，见表 4-14。

表 4-14 昆明市第六污水处理厂各季节划分方案下雨季、旱季排放流量

方案	雨季排放流量/（m³/s）	旱季排放流量/（m³/s）
方案一	1.31	1.03
方案二	1.30	1.11
方案三	1.36	1.07
方案四	1.33	1.14
方案五	1.39	1.13
方案六	1.35	1.18
对照方案	—	1.23

根据 2012—2013 年对昆明市第六污水处理厂排放口上游约 500 m 位置的污染物实地测量，可以得出在不同季节划分方案下 COD、NH_3-N、TP 的雨季、旱季初始浓度，见表 4-15。

表 4-15　昆明市第六污水处理厂各季节划分方案下污染物初始浓度

方案	COD 浓度/（mg/L）		NH₃-N 浓度/（mg/L）		TP 浓度/（mg/L）	
	雨季	旱季	雨季	旱季	雨季	旱季
方案一	31.35	28.39	4.35	3.33	0.483	0.365
方案二	31.84	28.69	4.24	3.82	0.531	0.326
方案三	32.03	28.96	4.00	4.23	0.541	0.346
方案四	33.58	27.84	3.89	4.28	0.605	0.310
方案五	34.46	27.90	3.61	4.59	0.651	0.312
方案六	40.51	26.79	2.95	4.92	0.740	0.344
对照方案	—	28.12	—	4.10	—	0.337

根据《滇池流域水污染防治规划（2011—2015 年）》，宝象河的水质目标为《地表水环境质量标准》（GB 3838—2002）中的地表水 V 类水，具体标准：COD 浓度为 40 mg/L，TN 浓度为 2.0 mg/L，TP 浓度为 0.4 mg/L。

根据现场实测，该河段污染物综合降解系数分别为 COD $0.019\ \mathrm{d}^{-1}$，NH₃-N $0.045\ \mathrm{d}^{-1}$，TP $0.015\ \mathrm{d}^{-1}$。

根据现场实测，对流量与流速数据进行回归分析，可以得出宝象河流速与流量的关系为 $u=0.022\,7\mathrm{e}^{0.235\,9Q}$（$R^2=0.979$）。

按以上各季节划分方案中河流设计流量、排污口流量、河段水质标准、河段初始污染物浓度、综合降解系数、流速、排污口至控制断面距离，可以计算出各污染物在不同季节划分方案中、不同保证率下的环境容量。COD 环境容量见表 4-16 和图 4-4，NH₃-N 环境容量见表 4-17 和图 4-5，TP 环境容量见表 4-18 和图 4-6。

表 4-16　不同季节划分方案各保证率下雨季、旱季 COD 环境容量

方案	雨季/（g/s）			旱季/（g/s）			合计/（t/a）		
	50%保证率	75%保证率	90%保证率	50%保证率	75%保证率	90%保证率	50%保证率	75%保证率	90%保证率
方案一	103.04	81.48	73.04	61.53	55.77	52.25	2 270.28	1 963.04	1 812.93
方案二	103.59	81.99	73.23	68.38	60.26	56.38	2 521.55	2 125.71	1 952.76
方案三	112.36	86.60	78.36	67.05	58.73	54.93	2 705.73	2 215.82	2 038.06
方案四	106.44	84.44	76.84	73.35	62.95	58.43	2 833.54	2 323.16	2 132.18
方案五	117.73	89.73	81.01	73.98	63.42	58.30	3 134.51	2 482.05	2 254.64
方案六	109.41	84.81	77.57	79.77	66.89	60.97	3 037.94	2 395.70	2 181.29
对照方案	—	—	—	87.77	72.57	64.57	2 767.83	2 288.48	2 036.19

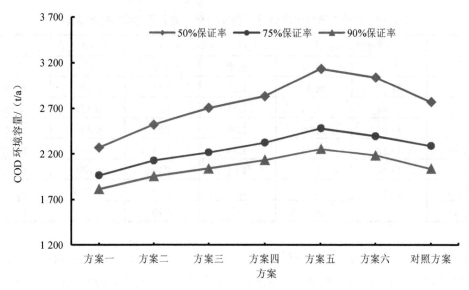

图 4-4　不同保证率下各方案 COD 环境容量

表 4-17　不同季节划分方案各保证率下雨季、旱季 NH₃-N 环境容量

方案	雨季/（g/s）			旱季/（g/s）			合计/（t/a）		
	50%保证率	75%保证率	90%保证率	50%保证率	75%保证率	90%保证率	50%保证率	75%保证率	90%保证率
方案一	5.15	4.07	3.65	3.08	2.79	2.61	113.51	98.15	90.65
方案二	5.18	4.10	3.66	3.42	3.01	2.82	126.08	106.29	97.64
方案三	5.62	4.33	3.92	3.35	2.94	2.75	135.29	110.79	101.90
方案四	5.32	4.22	3.84	3.67	3.15	2.92	141.68	116.16	106.61
方案五	5.89	4.49	4.05	3.70	3.17	2.92	156.73	124.10	112.73
方案六	5.47	4.24	3.88	3.99	3.34	3.05	146.90	119.28	110.56
对照方案	—	—	—	4.39	3.63	3.23	138.39	114.42	101.81

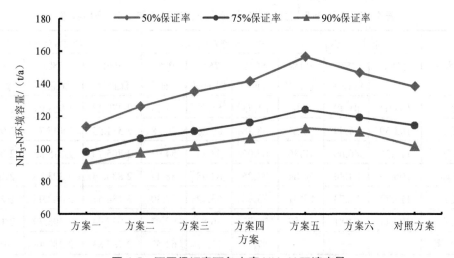

图 4-5　不同保证率下各方案 NH₃-N 环境容量

表 4-18 不同季节划分方案各保证率下雨季、旱季 TP 环境容量

方案	雨季/（g/s）			旱季/（g/s）			合计/（t/a）		
	50%保证率	75%保证率	90%保证率	50%保证率	75%保证率	90%保证率	50%保证率	75%保证率	90%保证率
方案一	1.03	0.81	0.73	0.62	0.56	0.52	22.70	19.63	18.13
方案二	1.04	0.82	0.73	0.68	0.60	0.56	25.22	21.26	19.53
方案三	1.12	0.87	0.78	0.67	0.59	0.55	27.06	22.16	20.38
方案四	1.06	0.84	0.77	0.73	0.63	0.58	28.34	23.23	21.32
方案五	1.18	0.90	0.81	0.74	0.63	0.58	31.35	24.82	22.55
方案六	1.09	0.85	0.78	0.80	0.67	0.61	30.38	23.86	21.91
对照方案	—	—	—	0.88	0.73	0.65	27.68	22.88	20.36

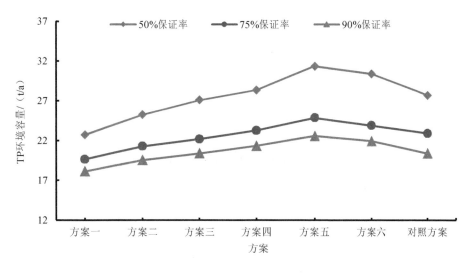

图 4-6 不同保证率下各方案 TP 环境容量

从 6 个季节划分方案和对照方案的 COD 环境容量、NH_3-N 环境容量、TP 环境容量的计算结果来看，各污染物变化趋势相同。方案五（即 1—5 月、11—12 月为旱季，6—10 月为雨季的划分方案）中污染物的环境容量最大；方案一的环境容量最小。

4.2.2.3 水质超标风险评估

根据水质超标风险模型，可以将河段流量 Q 和流速 u 确定为水质超标风险变量。

由前面假设，河段流量 Q 和流速 u 的概率分布模型服从对数正态分布，则通过流量和流速的期望与方差即可确定其概率分布模型。根据河段在 50%保证率、75%保证率、90%保证率下的流量，可得出流量的方差和期望；根据前文的流量-流速回归式，可以得到各保证率下的流速，再计算出流速的方差和期望。流量和流速的方差和期望见表 4-19。

表 4-19   各季节划分方案流量和流速的方差和期望

方案	雨季				旱季			
	流量		流速		流量		流速	
	期望	方差	期望	方差	期望	方差	期望	方差
方案一	0.229 3	0.743 0	−3.488 7	0.157 3	−0.674 1	0.470 8	−3.665 7	0.045 6
方案二	0.245 8	0.734 9	−3.483 9	0.158 4	−0.516 0	0.563 2	−3.644 9	0.061 2
方案三	0.359 4	0.754 2	−3.446 7	0.182 9	−0.500 3	0.580 3	−3.643 3	0.062 2
方案四	0.274 1	0.693 1	−3.474 5	0.157 8	−0.379 1	0.637 3	−3.624 0	0.077 1
方案五	0.425 5	0.773 4	−3.423 3	0.198 2	−0.333 4	0.629 2	−3.616 9	0.079 8
方案六	0.316 8	0.739 5	−3.460 6	0.173 0	−0.216 6	0.702 4	−3.596 0	0.096 4
对照方案	—				−0.043 1	0.731 9	−3.560 8	0.116 6

在模拟计算水质超标风险前,需要先确定模拟次数。经过反复试验,在模拟次数为 10 万次时,精确度可以达到 0.002,超过 10 万次时精确度提高不明显,但计算机运行耗时会显著增加。因此确定模拟次数为 10 万次。

将各污染物相关参数代入水质超标风险模拟程序,可以得到各季节划分方案下 COD、NH_3-N、TP 的水质超标风险,见表 4-20。

表 4-20   各季节划分方案下各污染物水质超标风险

方案	COD 超标风险		NH_3-N 超标风险		TP 超标风险	
	雨季	旱季	雨季	旱季	雨季	旱季
方案一	0.006 01	0	0.021 76	0.004 81	0.001 01	3.00×10^{-5}
方案二	0.026 75	2.00×10^{-5}	0.025 32	0.005 01	0.014 47	0
方案三	0.014 68	0.009 98	0.036 69	0.013 03	0.040 21	8.00×10^{-5}
方案四	0.009 42	0.003 86	0.060 29	0.011 22	0.008 35	0
方案五	0.007 42	8.00×10^{-5}	0.032 34	0.006 09	0.023 00	0
方案六	0.025 68	0.004 88	0.052 55	0.020 83	0.018 72	0.002 88

4.2.2.4   季节划分方案选取

对季节划分方案的选取原则是:首先筛选出各月流量差异性明显的季节划分方案,在保证水质超标风险相对较小的前提下,选择环境容量最大的季节划分方案作为最优方案。

根据分类考核季节划分方案选取的原则,方案五的水环境容量最大;由表 4-20 可知,方案五的 3 种污染物超标风险在各方案中处于较低水平,故选择方案五作为昆明市第六污水处理厂季节分类考核的雨季、旱季划分方案。

4.2.3 季节分类考核标准

4.2.3.1 污水处理量

计算昆明市第六污水处理厂 2008—2013 年的各季节污水处理量负荷率。在置信度为 0.95 时，可求得雨季、旱季的负荷率均值置信区间分别为[93.60%，95.86%]、[83.06%，84.82%]。以此作为昆明市第六污水处理厂的污水处理量季节分类考核标准，具体见表 4-21。

表 4-21　昆明市第六污水处理厂污水处理量季节分类考核标准

季节	季节平均负荷率	得分
雨季	大于 96%	5 分
	94%～96%	3 分
	小于 94%	1 分
旱季	大于 85%	5 分
	83%～85%	3 分
	小于 83%	1 分

4.2.3.2 出水污染物浓度

出水污染物浓度共分为 COD、NH_3-N 和 TP 3 项，每项满分为 3 分，总分 9 分。计分方式：一天不达标扣 0.1 分，扣完为止。

根据污染物总量控制的思想，分别根据受纳水体雨季、旱季环境容量确定污水处理厂在相应季节的污染物允许排放总量。在此基础上，用污染物允许排放总量除以污水处理厂各季节的平均处理量，即可得到分类考核中的出水污染物浓度标准。

对昆明市第六污水处理厂，根据 4.2.2 节中的计算结果，取 90%保证率下的雨季、旱季各污染物环境容量，见表 4-22。污水处理厂近年处理流量均值为雨季 1.39 m^3/s，旱季 1.13 m^3/s。

表 4-22　宝象河雨季、旱季各污染物环境容量

污染物	季节	环境容量/（g/s）
COD	雨季	81.01
	旱季	58.30
NH_3-N	雨季	4.05
	旱季	2.92
TP	雨季	0.81
	旱季	0.58

分类考核中各出水污染物浓度标准中雨季、旱季环境容量除以相应季节的污水处理厂处理流量，结果见表 4-23。

表 4-23 昆明市第六污水处理厂分类考核出水污染物浓度标准

污染物	季节	出水浓度标准/（mg/L）
COD	雨季	58
	旱季	52
NH₃-N	雨季	2.9
	旱季	2.6
TP	雨季	0.58
	旱季	0.51

4.2.3.3 污染物削减率

依据《全国城镇污水处理厂绩效评比办法》与《湖北省城镇污水处理厂运营考核细则》，污染物削减率的考核指标共分 3 项，分别为 COD、NH₃-N 和 TP。每项的最高分为 3 分，得分计算方式为削减率×最高分。

污染物削减率的计算方法为

削减率=（平均进水浓度−平均出水浓度）/（设计进水浓度−设计出水浓度）×100%

计分方法：单项污染物得分=单项最高分值×单项污染物削减率。

污染物削减率的季节分类考核根据每项考核指标在不同季节的最高分设定差异来体现季节性变化。

由污染物削减率定义可知，设计进水浓度与设计出水浓度之差是一个固定值，削减率的季节性变化仅与"进水浓度−出水浓度"的值有关，表 4-24 统计了昆明市第六污水处理厂 2010—2014 年各污染物"进水浓度−出水浓度"的均值。

表 4-24 昆明市第六污水处理厂 2010—2014 年污染物"进水浓度−出水浓度"均值   单位：mg/L

污染物	季节	2010 年	2011 年	2012 年	2013 年	2014 年	平均	旱季/雨季
COD	雨季	491.13	815.40	429.93	266.84	300.01	460.66	1.08
	旱季	529.50	855.98	467.71	308.04	336.51	499.55	
NH₃-N	雨季	20.03	26.76	22.59	24.86	25.98	24.04	1.29
	旱季	26.83	29.08	34.92	32.69	31.25	30.95	
TP	雨季	9.88	18.99	10.05	5.15	5.47	9.91	1.11
	旱季	9.40	22.70	10.65	6.59	5.68	11.00	

由表 4-24 可以看出，3 种污染物的规律相同：污水处理厂在不同季节的"进水浓度-出水浓度"值（即污染物削减率）有较大差异，雨季的削减率小于旱季，COD、NH$_3$-N 和 TP 在旱季的平均削减率分别是雨季的 1.08 倍、1.29 倍和 1.11 倍。

表 4-25 统计了昆明市第六污水处理厂 2010—2014 年进水污染物浓度在不同季节的均值。从中可以发现，雨季进水污染物浓度是低于旱季的。因此可以认为，雨季的削减率较低并不是因为污水处理厂的处理效果差，而是由于污水处理厂的进水浓度在雨季较低。在设定季节分类考核标准时要充分考虑这一点。

表 4-25 昆明市第六污水处理厂 2010—2014 年进水污染物浓度雨季、旱季均值　　单位：mg/L

污染物	季节	2010 年	2011 年	2012 年	2013 年	2014 年	平均
COD	雨季	527.34	842.20	461.44	284.88	312.97	485.77
	旱季	562.43	882.06	495.10	322.87	350.31	522.55
NH$_3$-N	雨季	22.80	28.67	24.69	27.63	28.84	26.53
	旱季	29.47	32.96	37.60	33.78	35.74	33.91
TP	雨季	9.73	19.25	10.54	5.42	5.60	10.11
	旱季	10.13	22.97	11.24	6.97	5.84	11.43

综上所述，考虑到季节变化对削减率的影响，旱季的污染物削减率最高分可适当降低，降低的幅度取决于各污染物旱季的"进水浓度-出水浓度"值比雨季高的倍数，即 COD 旱季最高分=3/1.08=2.7 分，NH$_3$-N 旱季最高分=3/1.29=2.3 分，TP 旱季最高分=3/1.11=2.7 分。这样当雨季的污染物削减率较低时依然可以得到较高的分，平衡了雨季、旱季的污染物削减率得分。具体考核评分标准见表 4-26。

表 4-26 雨季、旱季污染物削减率分类考核评分标准

污染物	季节	评分方法
COD	雨季	$\dfrac{雨季平均进水浓度-雨季平均出水浓度}{设计进水浓度-设计出水浓度}\times3$
	旱季	$\dfrac{旱季平均进水浓度-旱季平均出水浓度}{设计进水浓度-设计出水浓度}\times2.7$
NH$_3$-N	雨季	$\dfrac{雨季平均进水浓度-雨季平均出水浓度}{设计进水浓度-设计出水浓度}\times3$
	旱季	$\dfrac{旱季平均进水浓度-旱季平均出水浓度}{设计进水浓度-设计出水浓度}\times2.3$

污染物	季节	评分方法
TP	雨季	$\dfrac{\text{雨季平均进水浓度}-\text{雨季平均出水浓度}}{\text{设计进水浓度}-\text{设计出水浓度}}\times 3$
	旱季	$\dfrac{\text{旱季平均进水浓度}-\text{旱季平均出水浓度}}{\text{设计进水浓度}-\text{设计出水浓度}}\times 2.7$

4.3   无剩余环境容量情景下污水处理厂季节分类考核标准

4.3.1   研究对象简介与季节分类考核可行性分析

昆明市第一污水处理厂位于滇池路船房村南侧,占地面积 171 亩。服务人口 30 万人,纳污区域属于城南排水片区,纳污范围北起圆通山,南至十里长街,东起盘龙江,西至正义路。主体工艺为 Carrousel/Orbel 氧化沟及深度处理工艺,工艺流程见图 4-7。

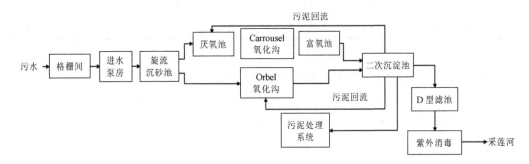

图 4-7   昆明市第一污水处理厂工艺流程

昆明市第一污水处理厂尾水排放河流采莲河是昆明市城南片区的主要纳污河道,河道具有源近、流短的特点,属于典型的北亚热带湿润季风气候,与滇池流域的整体气候条件相近,四季温差小,雨季、旱季分明。年内降雨分布极不平均,80% 以上的降雨集中在雨季。污水处理厂服务区域的排水体制属于雨污合流制,雨水和城市生活污水共同汇入排水干管并进入污水处理厂,因此昆明市第一污水处理厂的进水量随季节波动较大。

综上所述,昆明市第一污水处理厂排放河流的环境容量及进水情况都随雨季、旱季更替有较大变化,符合季节分类考核的条件。

4.3.2   季节划分

此种情况的季节划分主要通过对污水处理厂尾水排放河流的河道流量、污水处理厂近年的污水处理量以及污水处理厂纳污区域降水量的动态特征识别来完成，并综合考虑污水处理厂纳污区域的排污体制和气象水文等因素，以此制定出符合实际情况的季节划分方案。

4.3.2.1　河流流量动态特征分析

根据对采莲河的调研，近年来昆明市政府先后投入巨资对采莲河进行了截污、底泥清淤、景观绿化、清水回补和水生态修复的综合整治工程，2010 年后采莲河水环境得到明显改善。目前，采莲河河水主要来自昆明市第一污水处理厂的尾水。考虑此情况，本研究在划分季节时未对其河流流量动态特征进行分析。

4.3.2.2　污水处理量动态特征分析

对昆明市第一污水处理厂 2007—2012 年月均污水处理量进行统计，见图 4-8。可以看出，处理量在 5—10 月普遍比一年内其他各月高。

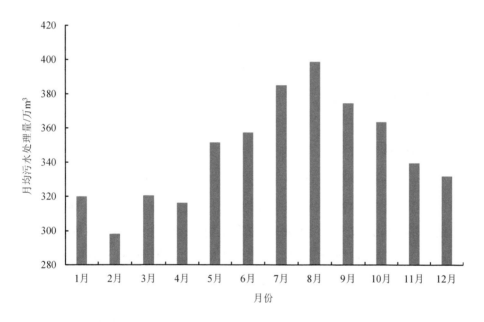

图 4-8　昆明市第一污水处理厂 2007—2012 年月均污水处理量

4.3.2.3　降水量动态特征分析

昆明市第一污水处理厂的纳污区域位于西山区。统计西山区 1999—2009 年的月降水量数据，见图 4-9。可以看出，该区域降雨主要集中在 5—10 月，具有明显的季节性变化。

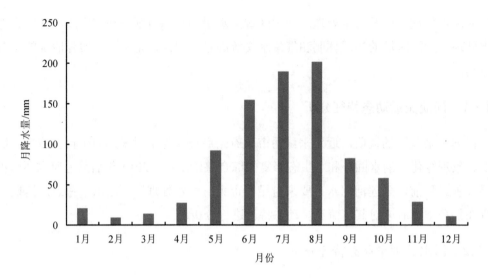

图 4-9　西山区 1999—2009 年月降水量数据

4.3.2.4　季节划分结果

5—10 月为雨季，1—4 月、11—12 月为旱季。

4.3.3　季节分类考核标准

4.3.3.1　污水处理量

此处的污水处理量考核指标与昆明市第六污水处理厂相同，依然为污水处理厂的运行负荷率。运行负荷率计算以设计规模为准，超过设计规模时，按设计规模进行统计。

统计昆明市第一污水处理厂 2007—2012 年的雨季、旱季污水处理量负荷率。在置信度为 0.95 时，可求得雨季、旱季的负荷率均值置信区间分别为[94.4%，95.3%]、[87.3%，88.3%]，以此作为昆明市第一污水处理厂的污水处理量季节分类考核标准，具体见表 4-27。

表 4-27　昆明市第一污水处理厂污水处理量季节分类考核标准

季节	季节平均负荷率	得分
雨季	大于 95.3%	5 分
	94.4%～95.3%	3 分
	小于 94.4%	1 分
旱季	大于 88.3%	5 分
	87.3%～88.3%	3 分
	小于 87.3%	1 分

4.3.3.2 出水污染物浓度

出水污染物浓度考核分为 3 项：COD、NH_3-N 和 TP。每项最高分均为 3 分。计分方式为季节内一天不达标扣 0.1 分，扣完为止。

出水污染物浓度标准的计算主要依据污水处理厂的处理现状。先计算出近年雨季、旱季的污染物排放量，再除以对应季节的平均污水处理量，即得出雨季、旱季 3 种污染物的出水浓度标准。

昆明市第一污水处理厂 2007—2012 年雨季、旱季的污染物平均排放量和平均污水处理量统计结果见表 4-28。由此计算出的出水污染物浓度标准见表 4-29。

表 4-28　昆明市第一污水处理厂 2007—2012 年雨季、旱季污染物平均排放量和平均污水处理量

季节	COD/t	NH_3-N/t	TP/t	污水处理量/万 t
雨季	88.15	12.80	1.16	371.70
旱季	74.70	14.19	0.96	321.04

表 4-29　昆明市第一污水处理厂出水污染物浓度标准

污染物	季节	出水浓度标准/（mg/L）
COD	雨季	23.7
	旱季	23.3
NH_3-N	雨季	3.4
	旱季	4.4
TP	雨季	0.31
	旱季	0.29

4.3.3.3 污染物削减率

污染物削减率指标也分为 3 项：COD、NH_3-N 和 TP。削减率计算方法和计分方法与前文昆明市第六污水处理厂的计算方法相同。

统计昆明市第一污水处理厂 2007—2012 年 3 种污染物"进水浓度–出水浓度"的均值，见表 4-30。利用雨季平均削减率与旱季相除的倍数平衡雨季、旱季污染物削减率的得分，见表 4-31。

表 4-30 昆明市第一污水处理厂2007—2012年污染物"进水浓度–出水浓度"均值　　单位：mg/L

污染物	季节	2007年	2008年	2009年	2010年	2011年	2012年	均值	旱季/雨季
COD	雨季	207.07	221.65	222.08	350.04	495.29	312.22	286.70	1.05
	旱季	286.16	237.81	251.05	324.52	305.37	315.26	301.39	
NH$_3$-N	雨季	21.49	16.82	14.69	14.39	15.39	21.38	17.36	1.12
	旱季	21.93	20.30	18.81	14.92	15.47	25.51	19.49	
TP	雨季	3.36	2.85	3.38	5.63	10.92	4.86	4.50	1.15
	旱季	4.85	3.37	3.39	5.71	5.02	4.66	5.17	

表 4-31 雨季、旱季污染物削减率分类考核评分标准

污染物	季节	评分方法
COD	雨季	$\dfrac{\text{雨季平均进水浓度}-\text{雨季平均出水浓度}}{\text{设计进水浓度}-\text{设计出水浓度}}\times 3$
	旱季	$\dfrac{\text{旱季平均进水浓度}-\text{旱季平均出水浓度}}{\text{设计进水浓度}-\text{设计出水浓度}}\times 2.8$
NH$_3$-N	雨季	$\dfrac{\text{雨季平均进水浓度}-\text{雨季平均出水浓度}}{\text{设计进水浓度}-\text{设计出水浓度}}\times 3$
	旱季	$\dfrac{\text{旱季平均进水浓度}-\text{旱季平均出水浓度}}{\text{设计进水浓度}-\text{设计出水浓度}}\times 2.6$
TP	雨季	$\dfrac{\text{雨季平均进水浓度}-\text{雨季平均出水浓度}}{\text{设计进水浓度}-\text{设计出水浓度}}\times 3$
	旱季	$\dfrac{\text{旱季平均进水浓度}-\text{旱季平均出水浓度}}{\text{设计进水浓度}-\text{设计出水浓度}}\times 2.6$

4.4 污水处理厂雨水模式考核标准

4.4.1 污水处理厂雨水模式概述

根据对污水处理厂雨季处理水量、进水水质等的分析，可以发现雨季城市污水处理厂面临处理水量超过设计处理量的问题，对污水处理厂带来较大冲击。由于多数污水处理厂建设受到城市用地限制，很难在原有基础上新建工艺设施，且新建投资较大，因此迫切需要可行的运行模式应对雨季冲击。

一级强化处理工艺占地面积小，投资相对较少，处理效果在一定程度上可接受，逐

渐被作为污水处理厂雨季冲击负荷的一种应对措施。目前，滇池流域十余座污水处理厂中，昆明市第五污水处理厂将生化处理与一级强化处理联合起来应对雨季冲击负荷。

昆明市第五污水处理厂位于昆明市北郊北市区金色大道盘龙江东岸，用地 10.8 hm²，采用改良型 A^2/O 微孔曝气脱氮除磷工艺，服务人口 35 万人，纳污面积 48.5 km²，污水来源于城北片区北二环以北片区，采用的排水体制为截流式合流制。负责收集处理松华坝水库以南、火车北站以北、长虫山以东、穿金路和北龙路以西的区域，以及银汁河、盘龙江和金汁河上段的汇水区域 48.5 km² 范围内的污水，纳污范围见图 4-10。2009 年年底，扩建 6.5 万 t/d 和新增 18.5 万 t/d 的深度处理工程完工后，总设计处理规模达 18.5 万 t/d，出水指标由原来的《城镇污水处理厂污染物排放标准》（GB 18918—2002）中的一级 B 标准提高到一级 A 标准。主体工艺流程见图 4-11。

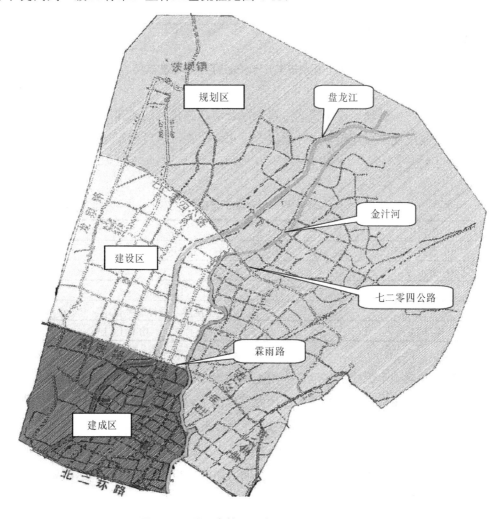

图 4-10　昆明市第五污水处理厂的纳污范围

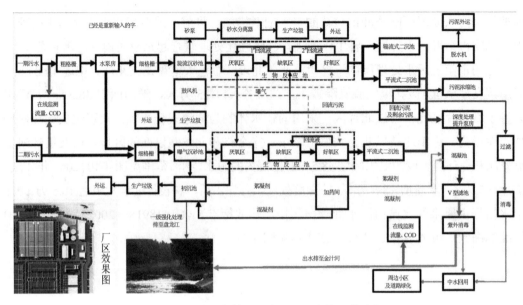

图 4-11　昆明市第五污水处理厂主体工艺流程

昆明市第五污水处理厂雨季模式主要由混合池、强化沉淀池和加药间三部分组成。混合池位于曝气沉淀池后，装有搅拌器混合进水和药剂，为后续混凝沉淀做准备，其工艺参数见表 4-32。

表 4-32　混合池工艺参数

项目	参数
平面尺寸	7 m×7 m
有效水深	6.5 m
停留时间	1.21 min
混合方式	机械搅拌，搅拌速率恒定
搅拌器	1 台，直径 2 m，功率 1.6 kW

强化沉淀池采用平流式沉淀池，作用是将污水中较易沉淀的悬浮固体自然沉淀，以污泥的形式通过刮泥机排入污泥斗再经排泥泵排出，以降低污水中的污染负荷。强化沉淀池前端进水、后端出水与无斜板纯重力沉淀设计参数见表 4-33。

加药间由 PAC 加药系统和 PAM 加药系统组成，其中 PAC 加药系统所加药剂为 8.5% 的液体药剂，该系统主要由 3 个 20 t 的加药桶、加药泵和稀释泵组成；PAM 加药系统由两套自动配药机和 4 台加药泵构成。

表 4-33　强化沉淀池参数

设计污染物去除率/%				
BOD$_5$	COD$_{Cr}$	SS	TN	TP
25	30	50	20	10
设计参数				
设计流量	20 万 m³/d			
沉淀池数量	2 座			
单池尺寸	长 40 m，净宽 32 m，总有效池容 8 960 m³			
雨季/旱季沉淀时间	0.57 h/1.92 h			
污泥量	30 400 kg/d			
含水率	97%			

　　雨水模式的设计思路为：在雨季进水负荷大于设计处理量时，利用强化沉淀池分流部分进水，以减少生化反应池的处理负荷，同时最大限度地削减污染物，见图 4-12。

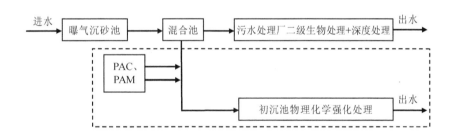

图 4-12　雨季模式设计思路

4.4.2　季节划分

4.4.2.1　河流流量动态特征分析

　　目前昆明市第五污水处理厂雨水模式的尾水排放河流为盘龙江，统计其 2010—2014 年月均流量，见图 4-13。可以看出，5—8 月的流量明显大于其他各月，具有明显的季节变化。

4.4.2.2　污水处理量动态特征分析

　　统计昆明市第五污水处理厂雨水模式的污水处理量，见图 4-14。可以看出，强化沉淀池处理量在 5—10 月显著高于其他各月，有较强的季节性。

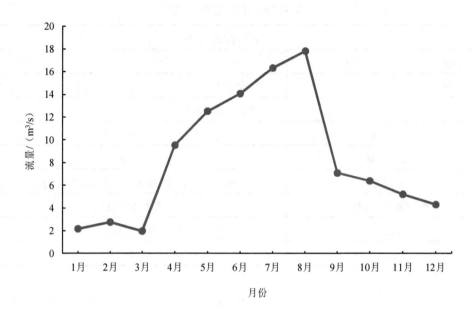

图 4-13 盘龙江 2010—2014 年月均流量

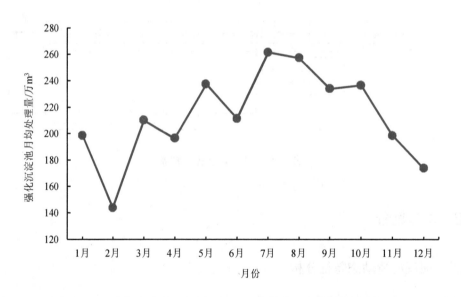

图 4-14 强化沉淀池污水处理量月际动态变化特征

4.4.2.3 降水量动态特征分析

昆明市第五污水处理厂的纳污区域位于盘龙区。统计盘龙区历史降水量数据,见图 4-15。可以看出,该区域降雨主要集中在 5—10 月,具有明显的季节性变化。

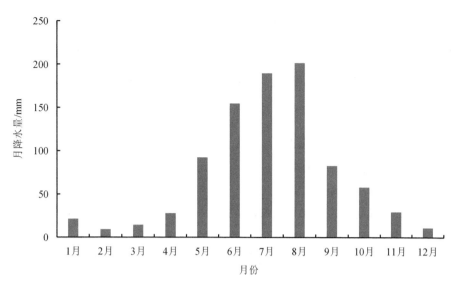

图 4-15 盘龙区 1999—2009 年月降水量数据

4.4.2.4 季节划分结果

通过分析昆明市第五污水处理厂的尾水排放河流流量、污水处理量和降水量的动态变化特征，将每年 5—10 月定为雨季，1—4 月、11—12 月定为旱季。

4.4.3 雨水模式考核标准

由于污水处理厂雨水模式为缓解污水处理厂雨水负荷冲击而设，因此不对其处理量进行考核，只根据环境容量和处理能力现状，对其污染物的处理能力进行考核，包括污染物排放浓度和污染物削减率。

4.4.3.1 污染物排放浓度

污染物出水浓度共分为 COD、NH_3-N 和 TP 3 项，每项满分为 3 分，总分 9 分。计分方式：一天不达标扣 0.1 分，扣完为止。

根据污染物总量控制的思想，分别根据受纳水体雨季、旱季环境容量确定污水处理厂在相应季节的污染物允许排放总量。在此基础上，用污染物允许排放总量除以污水处理厂各季节的平均处理量，即可得到分类考核中的出水污染物浓度标准。

昆明市第五污水处理厂强化沉淀池尾水排放河流为盘龙江，位于昆明市北郊，自松华坝水库起，至滇池入湖口，全长 26.5 km，流域面积 142 km²，是滇池流域最大的河流，多年平均年径流量为 3.57 亿 m³，河道流域高程为 1 890～2 280 m，径流面积最大为 23 km²。根据水环境容量核定技术指南，对于宽浅河流，污染物在较短时间基本混合均匀，污染物浓度在断面横向方向变化不大，横向和纵向污染物浓度梯度可以忽略，适用于一维模型，如式（4-8）所示。

$$W_i = 31.54 \times (Ce^{\frac{kx}{86.4u}} - C_i)(Q_i + Q_j) \qquad (4\text{-}8)$$

式中：W_i——水环境容量，t/a；

k——污染物降解系数，1/d；

C——水质指标浓度，mg/L；

Q_i——河道节点后流量，m^3/s；

Q_j——第 j 节点处的废水入河量，m^3/s；

u——第 i 个河段的设计流速，m/s；

x——计算点到 i 节点的距离，km。

根据《总量控制技术手册》水环境容量模型参数选择要求，本研究选取 2002—2013 年最枯年份水文记录中的流量和流速数据进行水环境容量核算，污染物降解系数根据文献调研中的数值，见表 4-34。水质目标为地表水Ⅲ类标准。

表 4-34　盘龙江污染物降解系数

污染物	降解系数/（1/d）
COD	0.07
NH$_3$-N	0.076
TP	0.018

将盘龙江根据排污口划分控制单元，见图 4-16。

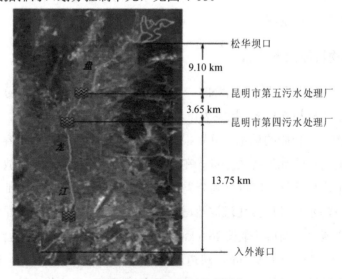

图 4-16　盘龙江控制单元划分

将以上参数代入式（4-8），得到从昆明市第五污水处理厂至入滇口河段的雨季、旱季水环境容量，见表 4-35。

表 4-35　雨季、旱季盘龙江各污染物水环境容量

污染物	季节	水环境容量/（g/s）
COD	雨季	26.3
	旱季	9.2
NH$_3$-N	雨季	1.33
	旱季	0.46
TP	雨季	1.10
	旱季	0.38

分类考核中各出水污染物浓度标准由表 4-35 中雨季、旱季环境容量除以相应季节的污水处理厂平均处理流量得到，结果见表 4-36。

表 4-36　昆明市第五污水处理厂雨季、旱季出水污染物浓度标准

污染物	季节	出水浓度标准/（mg/L）
COD	雨季	58.2
	旱季	51.4
NH$_3$-N	雨季	7.35
	旱季	6.42
TP	雨季	1.22
	旱季	0.53

4.4.3.2　污染物削减率

污染物削减率指标也分为 3 项：COD、NH$_3$-N 和 TP，削减率计算方法和计分方法与前文昆明市第六污水处理厂计算方法相同。

统计昆明市第五污水处理厂 2010—2014 年 3 种污染物"进水浓度–出水浓度"的均值，结果见表 4-37。利用雨季平均削减率与旱季相除的倍数平衡雨季、旱季污染物削减率的得分，结果见表 4-38。

表 4-37 昆明市第五污水处理厂 2010—2014 年污染物"进水浓度–出水浓度"均值 单位：mg/L

	季节	"进水浓度–出水浓度"均值	旱季/雨季
COD	雨季	264.8	1.18
	旱季	313.7	
NH₃-N	雨季	7.64	1.13
	旱季	8.67	
TP	雨季	1.62	1.81
	旱季	2.93	

表 4-38 昆明市第五污水处理厂雨季模式雨季、旱季污染物削减率分类考核评分标准

污染物	季节	评分方法
COD	雨季	$\dfrac{雨季平均进水浓度-雨季平均出水浓度}{设计进水浓度-设计出水浓度}\times 3$
	旱季	$\dfrac{旱季平均进水浓度-旱季平均出水浓度}{设计进水浓度-设计出水浓度}\times 2.5$
NH₃-N	雨季	$\dfrac{雨季平均进水浓度-雨季平均出水浓度}{设计进水浓度-设计出水浓度}\times 3$
	旱季	$\dfrac{旱季平均进水浓度-旱季平均出水浓度}{设计进水浓度-设计出水浓度}\times 2.7$
TP	雨季	$\dfrac{雨季平均进水浓度-雨季平均出水浓度}{设计进水浓度-设计出水浓度}\times 3$
	旱季	$\dfrac{旱季平均进水浓度-旱季平均出水浓度}{设计进水浓度-设计出水浓度}\times 1.7$

4.5 污水处理厂季节分类考核办法经济效益估算

本研究以昆明市第六污水处理厂为案例，采用活性污泥模型（Activated Sludge Model，ASM）和 Takacs 沉淀模型，模拟污水处理厂在季节分类考核下的运行模式，采用幂指数法模拟相应的运行成本，并通过对运行模式的优选来估算污水处理厂实行季节分类考核可能产生的经济效益。

4.5.1 污水处理厂运行模拟

本研究选用活性污泥的 2 号模型（Activated Sludge Model No.2，ASM2）。ASM2 为

国际水协会于 1995 年提出的，该模型在之前提出的 1 号模型基础上，着重于活性污泥生物系统处理污水的基本过程和动态模拟，并通过对聚磷菌（Phosphorus Accumulation Organisms，PAOs）除磷机理的研究，引入生物除磷过程。模型采用矩阵形式描述生物动力学过程。化学计量平衡以 COD、电荷、N、P 平衡为基础，将处理系统分为 19 个组分，用 19 个生物化学过程描述组分的反应，得到各组分的反应速率方程，过程中包括 22 个化学计量系数和 42 个动力学参数。

　　Takacs 沉淀模型结合一维多层沉淀模型，将污水处理厂中的沉淀池分为固定厚度的 10 层，通过每层的固相物料平衡计算，预测沉淀池中的固体浓度分布情况，见图 4-17。

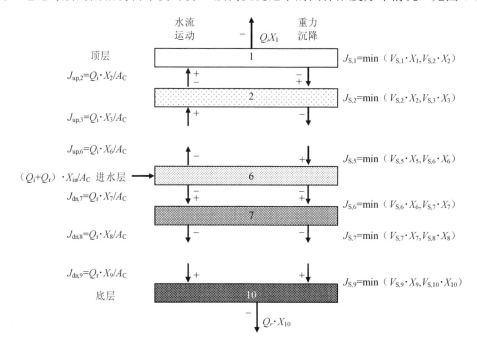

图 4-17　分层沉淀池各层物料平衡示意图

　　将模拟生化反应池的 ASM2 模型和模拟二次沉淀池的 Takacs 模型相结合，模型的整体示意图见图 4-18。

　　将昆明市第六污水处理厂各参数代入模型进行初始模拟，并随机选取 2013 年的实际数据进行参数灵敏度的分析和校核，将校核后的 COD、NH_3-N 和 TP 模拟出水浓度与实际值对比，结果分别见图 4-19、图 4-20 和图 4-21，误差情况见表 4-39。可以发现，出水 3 种污染物的模拟值与实际值都已很接近。可以认为，用该模型模拟污水处理厂的实际运行是可行的。

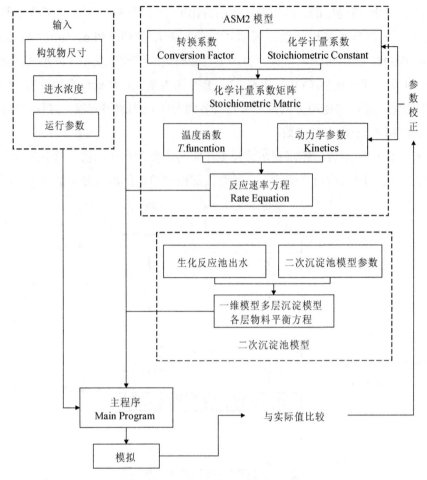

图 4-18 污水处理厂运行建模示意图

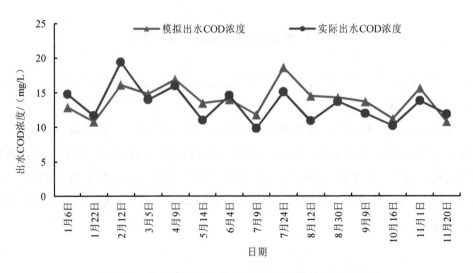

图 4-19 参数校核后出水 COD 浓度的模拟值与实际值

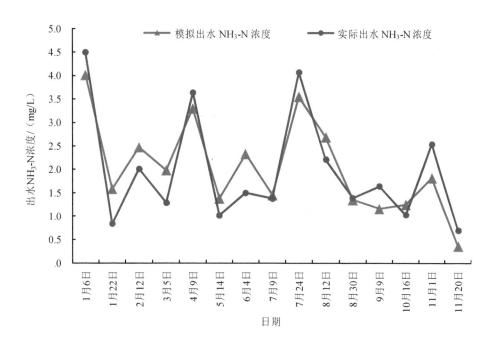

图 4-20　参数校核后出水 NH$_3$-N 浓度的模拟值与实际值

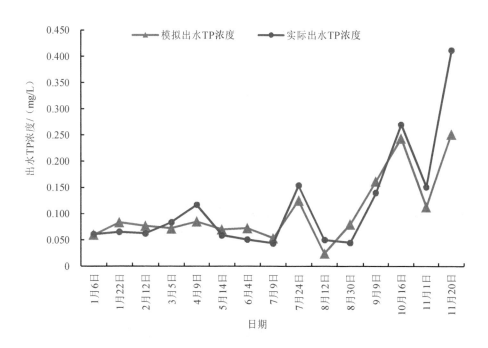

图 4-21　参数校核后出水 TP 浓度的模拟值与实际值

表 4-39　参数校核后模拟值与实际值的误差　　　　　　　　　　单位：mg/L

污染物	误差最大值	误差最小值	绝对误差平均值
COD	3.6	0.6	1.7
NH₃-N	0.83	0.04	0.45
TP	0.160	0.001	0.031

4.5.2　污水处理厂成本模拟

本研究借鉴通用的费用函数模型形式来描述污水处理厂工艺系统中各处理单元构筑物的运行费用，如式（4-9）所示：

$$C_j = C_j(X_i) = \alpha_j(X_i)^{\beta_j} \qquad (4-9)$$

式中：C_j——单体构筑物或系统过程的运行费用；

　　　　X_i——影响构筑物或过程的主要变量，如面积、容积、回流比等；

　　　　α_j、β_j——回归常数。

据文献统计，耗电费用约占污水处理厂总运行费用的 70%，因此综合考虑数据获取情况，本研究的费用模型主要考虑污水处理厂的耗电费用。耗电费用主要体现在污水提升系统、污泥回流系统和曝气系统。

（1）污水提升系统

污水进入污水处理厂后通过提升泵进入各构筑物，因此污水提升系统运行费用主要与处理流量有关，即主要费用函数变量为进水流量 Q。费用函数如下：

$$C_1 = \alpha_1 Q^{\beta_1} \qquad (4-10)$$

（2）污泥回流系统

污泥回流系统运行费用主要与内回流流量和污泥流量有关，即主要费用函数变量为内回流比 $R_{内}$、污泥回流比 $R_{污泥}$ 和处理流量 Q。费用函数如下：

$$C_2 = \alpha_{21}(R_{内}Q)^{\beta_{21}} + \alpha_{22}(R_{污泥}Q)^{\beta_{22}} \qquad (4-11)$$

（3）曝气系统

曝气系统将空压机送出的压缩空气通过管道送至在曝气池池底的空气扩散装置，以向好氧池提供足够的溶解氧并使活性污泥与污水充分接触。曝气系统的运行费用主要与空气供给量 AFK 有关，即主要费用函数变量为空气供给量 AFK。费用函数如下：

$$C_3 = \alpha_3 AFK^{\beta_3} \qquad (4\text{-}12)$$

总运行费用如下：

$$C = C_1 + C_2 + C_3 = \alpha_1 Q^{\beta_1} + \alpha_{21}(R_{内}Q)^{\beta_{21}} + \alpha_{22}(R_{污泥}Q)^{\beta_{22}} + \alpha_3 AFK^{\beta_3} \qquad (4\text{-}13)$$

4.5.3　雨季、旱季污水处理厂运行方案优选与经济效益估算

根据昆明市第六污水处理厂的雨季、旱季运行情况和工艺特点，将雨季、旱季各分为 9 组运行方案（工艺参数见表 4-40），不同方案的污泥回流比、内回流比和曝气池溶解氧浓度有所不同。

表 4-40　雨季、旱季各方案的工艺参数

方案	污泥回流比/%	内回流比/%	曝气池溶解氧浓度/（mg/L）
雨季			
方案一	75	170	2
方案二	80	180	2
方案三	85	190	2
方案四	75	170	2.3
方案五	80	180	2.3
方案六	85	190	2.3
方案七	75	170	2.5
方案八	80	180	2.5
方案九	85	190	2.5
旱季			
方案一	115	250	2.7
方案二	120	265	2.7
方案三	125	280	2.7
方案四	115	250	2.9
方案五	120	265	2.9
方案六	125	280	2.9
方案七	115	250	3.1
方案八	120	265	3.1
方案九	125	280	3.1

将工艺参数分别代入污水处理厂模型，模拟出水污染物浓度，雨季和旱季的出水污染物浓度与季节分类考核中的出水污染物浓度标准对比结果见图 4-22 和图 4-23。可以看出，雨季各方案中，方案一的出水 COD 浓度超标，方案二、方案三的出水 NH₃-N 浓度超标，其余各方案中出水污染物浓度均达标；旱季各方案中，方案一的出水 COD 浓度超标，方案一至方案六的出水 NH₃-N 浓度超标，各方案的出水 TP 浓度均达标。

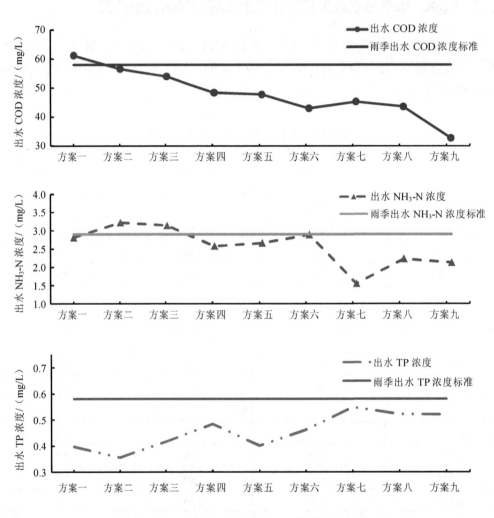

图 4-22　雨季各方案模拟出水污染物浓度结果

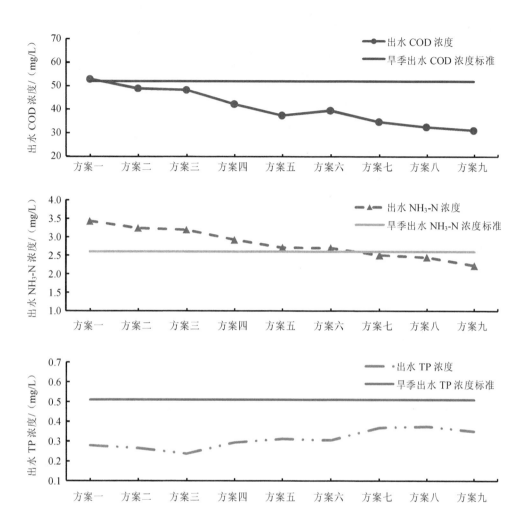

图 4-23　旱季各方案模拟出水污染物浓度结果

由于缺乏污水处理厂各环节具体的电耗数据，本研究根据对国内研究成果的总结，并结合昆明市第六污水处理厂近年成本报表中吨水耗电量数据，得出费用函数模型参数 α_j、β_j 的值，见表 4-41。

表 4-41　污水处理厂费用函数模型中 α_j、β_j 值

系统过程	α_j	β_j
污水提升系统	1.10	0.47
内回流系统	1.10	0.49
污泥回流系统	0.93	0.56
曝气系统	64.5	0.22

曝气池中溶解氧浓度与曝气量的换算关系如下：

$$AFK = \frac{DO \times Q \times 22.4/32}{\eta_1 \times \eta_2} \times 10^{-3}$$ （4-14）

式中：AFK——空气供给量，m^3/h；

DO——曝气池内溶解氧浓度，mg/L；

Q——处理流量，m^3/h；

22.4/32——氧气质量与体积换算系数；

η_1——氧气在空气中的体积分数，取 21%；

η_2——曝气装置效率，此处取昆明市第六污水处理厂曝气装置的设计效率 20%。

将雨季和旱季各处理方案中的工艺参数代入费用函数模型，模拟雨季、旱季各方案的耗电费用，见表 4-42。

表 4-42 雨季、旱季各方案耗电费用　　　　　　　　　　　　　单位：元/t

方案	污水提升系统费用 C_1	内回流系统费用 C_{21}	污泥回流系统费用 C_{22}	曝气系统费用 C_3	总耗电费用 C
雨季					
方案一	0.037	0.045	0.066	0.026	0.174
方案二	0.037	0.053	0.070	0.026	0.186
方案三	0.037	0.059	0.079	0.026	0.201
方案四	0.037	0.045	0.066	0.028	0.176
方案五	0.037	0.053	0.070	0.028	0.188
方案六	0.037	0.059	0.079	0.028	0.203
方案七	0.037	0.045	0.066	0.030	0.177
方案八	0.037	0.053	0.070	0.030	0.189
方案九	0.037	0.059	0.079	0.030	0.204
旱季					
方案一	0.037	0.058	0.066	0.037	0.197
方案二	0.037	0.059	0.068	0.037	0.200
方案三	0.037	0.061	0.069	0.037	0.204
方案四	0.037	0.058	0.066	0.037	0.198
方案五	0.037	0.059	0.068	0.037	0.201
方案六	0.037	0.061	0.069	0.037	0.204
方案七	0.037	0.058	0.066	0.038	0.198
方案八	0.037	0.059	0.068	0.038	0.202
方案九	0.037	0.061	0.069	0.038	0.205

根据对昆明市第六污水处理厂耗电费用数据的统计，实际耗电费用约为 0.207 元/t。由此可知，雨季各方案的耗电费用比现行运行方案要低 15%左右，旱季各方案耗电费用与现行运行方案相近。

通过对雨季模拟结果与考核标准的比较，雨季的方案一、方案二、方案三中均有未达标指标。其余各达标方案中，方案四的成本最低，故选择方案四作为雨季的优化运行方案。用同样的方法可以确定旱季方案七作为旱季的优化运行方案。雨季方案四和旱季方案七的运行参数总结见表 4-43。

表 4-43　雨季、旱季最优方案运行参数

方案	污泥回流比/%	内回流比/%	曝气池溶解氧浓度/（mg/L）
雨季最优方案	75	170	2.3
旱季最优方案	115	250	3.1

4.6　结论

本研究在国内外研究成果和国外相关政策成功经验的基础上，结合滇池流域现行的污水处理厂考核管理办法，提出了污水处理厂的季节分类考核办法，以昆明市第一污水处理厂、昆明市第六污水处理厂为例进行了具体分类考核标准的研究，并在核算出的季节分类考核标准下估算了可能为污水处理厂带来的经济效益，为滇池流域污水处理厂的管理提供了一种新的思路。

（1）提出了污水处理厂季节分类考核的概念内涵。污水处理厂的季节分类考核是指在现有污水处理厂考核办法的基础上，借鉴国外相关政策的成功经验，对污水处理厂进行雨季、旱季分别考核的管理模式。其核心思想是在受纳河流水质超标风险可接受的前提下，充分利用河流水环境容量，结合污水处理厂雨季、旱季实际运行情况，使污水处理厂的考核标准随季节变化而变化，以节省成本、改善污水处理厂运行状况。

（2）建立了污水处理厂季节分类考核标准制定的方法框架。主要包括 4 个部分：①收集对象的信息，评价对象的水环境现状，分析是否适合季节分类考核；②设计季节划分方案，计算各方案的水环境容量和污染物水质超标风险，优选出最佳季节划分方案；③分析现行污水处理厂的考核管理办法，识别随季节变化显著的考核指标；④根据污水处理厂近年运行状况和排放河流情况计算分类考核指标的考核标准，拟定季节分类考核办法。

（3）分析了在滇池流域实行污水处理厂季节分类考核的可行性和重要意义。滇池流域雨季、旱季分明，众多入湖河流都为季节性河流，但滇池流域现行污水处理厂考核标

准的制定并未根据季节实现灵活变化，没有充分利用河流环境容量，这为实施污水处理厂季节分类考核提供了可行性。污水处理厂季节分类考核的意义主要有两点：一是更充分地利用环境容量的动态变化能够缓解环境保护和社会经济发展之间的矛盾；二是可以减少一定的治污费用。

（4）以昆明市第一污水处理厂、昆明市第五污水处理厂与昆明市第六污水处理厂为对象，进行了季节分类考核办法的研究：①开展季节分类考核适宜性分析；②设计季节划分方案，通过计算水环境容量和水质超标风险，选取出最优季节划分方案；③分析现行污水处理厂考核管理办法，识别随季节变化显著的考核指标，为污水处理量、出水污染物浓度和污染物削减量；④根据污水处理厂近年运行状况和排放河流情况，计算分类考核指标的考核标准，其中污水处理量和污染物削减量的标准根据污水处理厂2010—2014年的运行情况确定，出水污染物浓度根据排放河流在 90%保证率下的污染物环境容量和污染物近年平均处理量来确定。

（5）在季节分类考核标准下，以昆明市第六污水处理厂为例，采用活性污泥模型、沉淀池模型及幂函数模型，进行了季节运行方案优选及可能产生的经济效益的估算。估算结果显示，在满足季节分类考核标准的前提下，污水处理厂在雨季可以节省约15%的耗电费用，旱季的耗电费用与现行运行方案相近。因此，可认为季节分类考核可为污水处理厂带来一定的经济效益。

4.7 关于调整和完善滇池流域污水处理厂考核办法的建议

4.7.1 指导思想

贯彻落实《云南省滇池保护条例》中"防治水污染，改善流域生态环境，促进经济社会可持续发展"的总体要求，利用差异性考核机制有效激励污水处理厂发挥环境效益，进行精细化管理，推动滇池流域水污染治理取得进展，为实现滇池"十三五"水污染防治目标提供保障。

4.7.2 政策改进需求

滇池流域现行的污水处理厂考核形式为全年统一考核，考核标准根据国家相关标准和污水处理厂近年运行情况确定。由于昆明的气候特点，全年80%以上的降雨都集中在雨季，而降雨与污水处理厂的进水水质、处理量、排放河流的环境容量及污水处理成本等都密切相关；滇池流域有相当一部分城区实行雨污合流制，雨水和污水都统一进入污水处理厂进行处理，所以污水处理厂考核办法应对季节变化加以考虑，不宜全年实行统一的考核标准。

实行季节分类考核，一方面可以在保证水质的前提下降低污水处理成本，另一方面可让考核管理机制更接近污水处理厂的实际情况。此外，污水处理厂也可以根据不同的排放标准灵活调节处理工艺，使其在不同季节的运行更加稳定。发达国家在这方面已有很多经验，具体表现为根据污水处理厂排放河流的季节分布情况制定差异化的考核标准，在保证不会对环境产生破坏的前提下，每年可有效节省污水处理厂的运行费用。

4.7.3　建议内容

通过开展滇池流域污水处理厂季节分类考核管理政策的研究，并结合国外成功经验，提出以下建议：

①对污水处理厂排放河流的水质现状进行调研，确定各污水处理厂排放河流是否有剩余环境容量，据此将滇池流域污水处理厂进行分类；

②对于有容量的污水处理厂，通过核算其剩余环境容量和水质超标风险，选出最优的雨季、旱季划分方案，然后根据剩余环境容量和污水处理厂近年的运行数据，得出此类污水处理厂的季节分类考核标准；

③对于无容量的污水处理厂，根据纳污区域的季节特征划分雨季、旱季，并综合考虑污水处理厂的运行数据和现行考核标准，核算这一类污水处理厂的考核标准；

④由核算出的季节分类考核标准，结合现行考核管理办法，拟定出适用于滇池流域的污水处理厂季节分类考核管理办法。

第 5 章

滇池流域城市面源控制与污水处理厂处理初期雨水补偿

5.1 滇池流域污水处理厂处理初期雨水补偿的必要性分析

随着滇池流域点源治理力度不断加大，面源已经逐步成为滇池的主要污染来源。2015 年滇池流域污染物入湖负荷中，城市面源 COD 占比已达到 52.46%。首先，城市化进程导致城市面源污染不断增加；其次，由于老城区仍存在很多雨污合流制排水管网，降雨初期较大的初期雨水瞬时径流量引起的合流制溢流（Combined Sewer Overflow，CSO）会导致雨季大量污水进入河湖；最后，在雨季，除了合流制溢流与城市面源污染，由于初期雨水对排水管网中沉淀的污染物的冲刷再悬浮作用，排水管中初期雨水的污染物浓度通常远高于后期雨水污染物浓度，由此对天然水体造成严重污染。

对于初期雨水与合流制溢流污水，滇池流域相关部门通过建设截污管、雨水调蓄池与污水处理厂的雨水模式等设施，将雨水先截留存储起来，避免降雨强度过大时发生的溢流现象，待降雨过后，将这部分雨水转运至污水处理厂进行净化处理。同时，还尝试构建城市污水处理厂的雨水模式，用于雨季处理初期雨水。因此，在雨季，滇池流域一些城市污水处理厂要额外处理大量初期雨水。以昆明市第六污水处理厂为例，雨季的污水处理量比旱季要多出 18%。

由此可见，滇池流域已形成"雨水截留→调蓄→污水处理厂深度处理→回用"这一套较为完善的体系，滇池流域城市污水处理厂在雨季将投入大量人力、物力和财力去处理初期雨水；但在污水处理厂这一关键末端处理环节，缺乏对处理雨水成本的经济补偿势必会造成污水处理厂整体运行成本的增加，不利于污水处理厂处理雨水的长期稳定运行。

污水处理厂正常运转费用来源于城镇居民缴纳的城市生活污水处理费与纳污排水管

网的污染企业缴纳的污水处理费,责任主体非常明确。但是初期雨水与掺杂的污水的河流制溢流污水中雨水的责任主体却十分不明确,没有责任主体承担相关费用。相关设施的规划、建设和运营主要依靠财政拨款,不但加重了环境保护工作的财政负担,也存在补偿范围不全面、补偿额度与实际成本存在偏差的问题,不利于雨水处理设施的长期可持续运营。

滇池流域的相关部门尚未针对污水处理厂处理雨水出台补偿政策;污水处理厂为保证雨季处理雨水的稳定高效,已对现有工艺作出改造升级,并对相关处理构筑物进行了扩建或改建,但其运行费用却未得到污水处理厂管理部门的有效补偿。这势必造成城市污水处理厂亏损经营,从而影响其正常运营与可持续发展。因此,有必要研究滇池流域污水处理厂初期雨水补偿政策,确保参与初期雨水处理的污水处理厂有渠道获得初期雨水处理费用。

5.2 滇池流域污水处理厂处理初期雨水补偿政策设计需求

根据对国内外雨水处理补偿政策实施现状的概述和目前滇池流相关政策的梳理,总结目前滇池流域相关政策需求,可分为以下两个方面:

①污水处理厂作为滇池流域雨水污染控制的主要末端处理环节,在雨季将额外处理大量雨水,其中包含污染物浓度较高的初期雨水,因此其成本也将相应提高。但目前尚缺乏对污水处理厂处理雨水的补偿机制,处理雨水的成本花费得不到保障。因此,亟须通过对污水处理厂处理雨水的成本进行实际调研和核算,来确定污水处理厂的雨水补偿额度。

②目前滇池流域面源污染控制的责任主体和相应费用来源尚未明确,相关设施的建设运营主要依靠财政拨款,不利于其长期高效运行。因此,亟须通过征收相关雨水排放费用落实相应的责任主体,确定费用来源,在此基础上建立对雨水处理设施的补偿和激励机制,保证其可持续运行。

5.3 城市面源源头污染控制 BMPs 方案优选

5.3.1 BMPs 方案的初步设计

实践中,设计城市面源污染控制最佳管理措施(BMPs)工程方案时,应根据项目具体的水文、水质、水资源、措施经济分析等,包括现场条件,土地利用类型,气候环境,总体规划中建筑、道路、水面、景观等的布局和要求,雨水的用途及水质要求，工程规模，BMPs 的自身适用性，投资限制，运行的难易程度和费用，用户的管理水平，安全性等多种因素综合进行详细的规划或可行性分析。受客观条件限制，本研究主要从以下两方面进行分析：滇池流域相关规范、规划、规定和 BMPs 措施的适用性。

5.3.1.1 不同 BMPs 的适用性和效益分析

不同形式的 BMPs 措施主要有绿色屋顶、初期雨水弃流设施、雨水罐、透水铺装、人工土壤渗滤、下沉式绿地、渗透塘、渗井、渗透管/渠、植草沟、调节池、生物滞蓄系统、湿塘和雨水湿地等，按照主要功能可划分为渗透类、贮存类、调节类、转输类和截污净化类等 5 类。各类 BMPs 在水文和地形方面的应用差异见表 5-1；在功能、环境效益和经济效益方面的差异见表 5-2；在下垫面类型方面的应用差异见表 5-3。

表 5-1　不同单体 BMPs 的适用条件

措施	适宜选址指标		
	汇水面积/hm^2	地下水位深/m	汇水区坡度/%
生物滞留池	<0.8	>0.2	<5
贮水池	—	—	—
人工湿地	>10.1	>0.4	<15
干塘	>4.0	>0.4	<15
植草沟	<2.0	>0.2	<4
绿色屋顶	—	—	—
入渗池	>4.0	>0.4	<15
入渗沟	<2.0	>0.4	<15
透水铺装	<1.2	>0.4	<1
雨水桶	—	—	—
非表层砂滤	<0.8	>0.2	<10
表层砂滤	<4.0	>0.2	<10
植被过滤带	—	>0.2	<10
湿塘	>10.1	>0.4	<15

表 5-2 不同单体 BMPs 的功能、环境效益和经济效益差异

措施名称	功能					控制目标			处置方式		经济性		污染物去除率（以 SS 计）/%
	集蓄利用雨水	补充地下水	削减峰值流量	净化雨水	转输	径流总量	径流峰值	径流污染	分散	相对集中	建造费用	维护费用	
生物滞留池	0	++	+	++	0	++	+	++	√	—	中	低	70～95
贮水池	++	0	+	+	0	++	+	+	—	√	高	中	80～90
人工湿地	++	0	++	++	0	++	++	++	√	√	高	中	50～80
干塘	0	0	++	+	0	0	++	+	—	√	高	中	—
植草沟	+	0	0	+	++	+	0	+	√	—	低	低	35～90
绿色屋顶	0	0	+	+	0	++	+	+	√	—	高	中	70～80
入渗池	0	++	0	0	0	++	+	+	—	√	中	中	70～80
入渗沟	0	+	0	0	++	+	0	+	√	—	中	中	35～70
透水铺装	0	++	0	0	0	++	+	+	√	—	低	低	80～90
雨水桶	0	0	0	0	0	++	+	+	√	—	高	中	80～90
非表层砂滤	++	0	+	+	0	++	++	+	√	—	低	低	80～90
表层砂滤	++	0	0	++	—	0	0	+	—	√	高	中	75～95
植被过滤带	0	0	0	++	—	0	0	++	√	—	低	低	50～75
湿塘	++	0	++	+	0	++	++	+	—	√	高	中	50～80

注："++"表示效果强，"+"表示效果较强，"0"表示效果较弱或很小。

表 5-3 不同单体 BMPs 下垫面的适应程度

措施	下垫面类型			
	建筑小区	城市道路	绿地与广场	城市水系
生物滞留池	++	++	+	+
贮水池	++	0	0	0
人工湿地	++	+	++	0
干塘	++	++	++	+
植草沟	+	+	+	+
绿色屋顶	+	0	+	0
入渗池	++	+	++	++
入渗沟	++	++	++	++
透水铺装	++	0	0	0
雨水桶	++	+	++	+
非表层砂滤	++	++	++	+
表层砂滤	++	++	++	0
植被过滤带	+	0	+	+
湿塘	++	++	++	++

注："++"表示效果强，"+"表示效果较强，"0"表示效果较弱或很小。

根据各单体 BMPs 在水文、地形、功能、环境效益、经济效益方面在下垫面类型方面的应用差异，基于 BMPs 方案设计时的节约用地、综合协调、因地制宜原则，本研究采用就地拦截、就地处理、区域收集和处理相结合的方式。对于住宅小区，由于其室外空间和室外绿地面积均较大，对屋面径流，可考虑绿色屋顶截留后，通过初期雨水弃流，将溢流排入周边绿地或渗透设施；对庭院、道路和人行道等硬化下垫面的降雨径流，可通过设置透水铺装，道路坡向两侧绿地，绿地采用下沉式（生物滞留系统和雨水花园都属于下沉式绿地的范畴），设置高于绿地地表 5~10 cm 的绿地雨水口，小区整体上设置湿塘或雨水花园，将蓄水用于冲洗道路、灌溉绿地等。本研究中针对住宅小区初步设计的降雨径流污染控制方案流程见图 5-1。

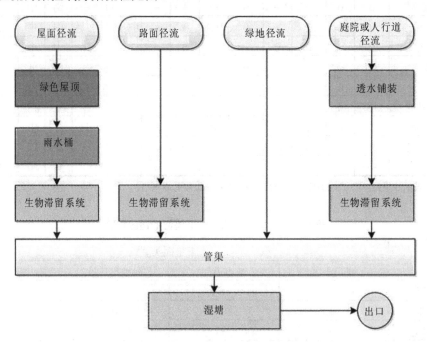

图 5-1　住宅小区 BMPs 方案流程

5.3.1.2　BMPs 方案的初步设计

城市暴雨处理及分析集成模型系统（SUSTAIN）的建立包括数据管理（data management）、选择土地模拟方式（land simulation option）、定义 BMPs 参数（define BMP templates）、设置 BMPs（place BMPs）、划分汇水区域（delineate drainage area）、定义路径网络（define routing network）、土地利用内部模拟（simulate landuse for internal option）、确定评价点位（define assessment point）、创建输入文件并运行（create input file and run simulation）等。

不同单体 BMPs 的尺寸、下渗参数、对污染物的去除效率等参数有所不同，主要包括 4 类参数：结构尺寸（Dimensions）、基质性质（subsurface properties）、入渗参数（infiltration parameters）、费用参数（cost factors）。在参考相关文献和国内相关规范规定的基础上对部分重要参数进行取值，部分则采用系统默认值，从而实现模型参数的本地化。对于绿色屋顶和透水铺装等具有渗透功能的措施，其过滤介质可以使用人工土或渗透率较高的介质；因此其相应取值与当地土壤的参数值可以有所差异。本研究中设计了绿色屋顶、雨水桶、透水铺装、生物滞留系统、湿塘 5 类，不同单体 BMPs 参数的取值见表 5-4。

表 5-4　不同单体 BMPs 参数的取值

参数	绿色屋顶	雨水桶	透水铺装	生物滞留系统	湿塘
结构尺寸					
长度/m	20	1.5（直径）	30	30	—
宽度/m	12	—	3	2	20
设计汇水面积/m²	240	240	90	240	20 000
孔口高度/m	—	1	—	0.1	2
孔口直径/m		150		200	400
堰体高度/m	20	1 200	20	20	200
堰体宽度/m	12	—	3	2	20
基质性质					
土壤深度/mm	200	—	220	250	500
土壤孔隙率	0.7	—	0.2	0.5	0.5
基底层透水深度/mm	10	—	175	250	250
基底层孔隙率	0.5	—	0.5	0.7	0.7
土基渗透速率/（mm/min）	0	—	0.026	0.026	0.026
入渗参数					
方法	霍顿入渗方程	—	霍顿入渗方程	霍顿入渗方程	霍顿入渗方程
最大渗透速率/（mm/min）	2.4	—	2.0	2.0	2.0
入渗衰减系数/（1/h）	0	—	0	0	91.8
干燥时间/d	3	—	3	3	3
最大容量/mm	50	—	50	50	2 000
TN 衰减系数/（1/h）	0	0	0	0	0
TP 衰减系数/（1/h）	0	0	0	0	0
TN 去除率/%	50	20	85	90	45
TP 去除率/%	35	20	50	60	55
费用参数					
单位费用/（元/m²）	200	140	130	100	500

5.3.2 BMPs 初步设计方案的优化

5.3.2.1 优化目标与优化方法

本研究采用费用-效益曲线类优化类型，以不同 BMPs 的尺寸或数量作为决策变量和约束条件，以住宅小区年均降雨径流污染负荷削减率 80%～90%为目标取值，选择费用最佳的 BMPs 方案。

本研究采用 SUSTAIN 系统对 BMPs 初步设计方案进行优化。SUSTAIN 系统由美国 EPA 联合 Tetra Tech 公司于 2002 年开发，目前最新版本为 2013 年发布的 V1.2。该系统主要用于在城市区域范围内进行 BMPs 和低影响开发技术时的方案选择，是为了帮助决策者在区域规划建设过程中能实现水源保护或水质目标而开发的决策支持系统，可以基于费用-效益分析，在不同空间尺度上进行 BMPs 方案的设计、评估和优选。该决策支持系统可以为不同行业的人员提供多种规划方案和决策信息，例如用于每日最大污染负荷（TMDL）的实施规划、核算城市雨水排放系统的污染物减排情况、为合流制排水系统优选绿色基础设施方案以降低降雨径流量和削减洪峰流量、评估 BMPs 方案对城市河流的影响以及利用费用-效益曲线规划 BMPs 实施方案等。SUSTAIN 系统的框架见图 5-2。

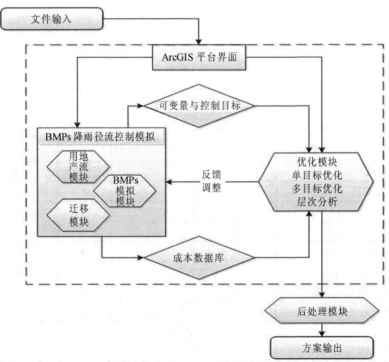

图 5-2　SUSTAIN 系统框架

SUSTAIN 系统可分为水文水质模拟子系统、BMPs 模拟子系统、方案优化分析子系统。

（1）水文水质模拟子系统

降雨径流产流、汇流、转输的全过程可称为降雨径流的水文水质过程。SUSTAIN 系统用三方面相对独立又相互依赖的模块进行模拟分析：土地利用模块、BMPs 模块和转输模块。具体的运算方法方面，土地利用模块中涉及的下垫面类型和地下水等情况嵌套了 HSPF 模型和暴雨雨水管理模型（SWMM）的运算方法，BMPs 模块嵌套了 Prince George's County BMP 模型和 VFSMOD 模型的运算方法，转输模块嵌套了 HSPF/LSPC RCHRES 和 SWMM 的运算方法。

SUSTAIN 系统将降雨径流中的污染物分为沉积物和非沉积物两类，系统对这两类污染物的处理分别按照 HSPF 模型和 SWMM 的运算方法进行模拟分析。本研究中主要研究的 TN 和 TP 均属于非沉积物，其模拟机理见图 5-3。

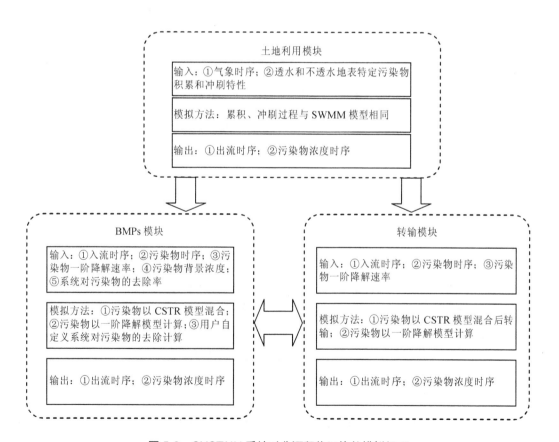

图 5-3 SUSTAIN 系统对非沉积物污染的模拟机理

（2）BMPs 模拟子系统

SUSTAIN 系统中 BMPs 模块执行对 BMPs 的模拟分析，BMPs 可以是单体式或组合式。该模块以土地利用模块的出流为输入，模拟过程中结合了多种基于过程的算法，其中包括对堰体和孔口的控制、径流路径和污染物转输、入渗、蒸散发和污染物削减等过程的模拟，在 Prince George's County BMP 模型的基础上，加入了 CSTR 模型、对污染物的一阶降解模型、Green-Ampt 模型和 Horton 模型、蒸散发动力学模拟等。对于河道缓冲带的模拟，则使用 VFSMOD 模型。此模块包含的组件和相关的水文水质过程见表 5-5。不同组件运算过程中的运算方法见表 5-6。

表 5-5　BMPs 模块包含的组件及相关模拟过程

组件	相关模拟过程
模拟组件	储蓄、渗透或过滤、蒸散发、排水沟、污染物转移和去除
地表径流组件	地表径流、沉积物拦截
组合式 BMPs 组件	拦截、处理、储蓄
费用数据库组件	单位面积费用估计、施工组件

表 5-6　BMPs 模块中模拟过程的运算方法

模拟过程	模拟方法
蒸散发	常数（月或日）、Hamon 模型
入渗	Green-Ampt 模型、Horton 模型、Holtan 模型
深层入渗	自定义的背景渗透速率
地表径流	堰体或孔口公式
暗渠径流	孔口公式
沉积物沉淀和传输	基于 HSPF 模型的算法
非沉积污染物削减	一阶降解模型
非沉积污染物传输	完全混流、CSTR 模型（单一或连续）
过滤带地表径流	运动波方程
沉积物的拦截	VFSMOD 模型

（3）方案优化分析子系统

SUSTAIN 系统中提供两类优化目标类型：费用最低类（minimized cost）和费用-效益曲线类（cost-effectiveness curve）。系统优化模块的输入、模拟方法、输出见表 5-7。优化模块中可选的评价指标见表 5-8。

表 5-7　优化模块的输入、模拟方法、输出

输入	模拟方法	输出
①决策变量 ②评价点位和指标	①若目标为费用最低类，则使用 SS 方法优化	①若目标为费用最低类，则结果为满足处理目标的优化解
③管理目标 ④BMPs 费用	②若目标为费用-效益曲线类，则使用 NSGA-Ⅱ方法优化	②若目标为费用-效益曲线类，则结果为相应曲线

表 5-8　优化模块中可选的评价指标

类别	控制目标	削减百分比/%
水文	洪峰流量/（ft³/s）	0～100
	年度平均径流量/（ft³/a）	0～100
	超量频率/（次/a）	0～100
水质	年度平均负荷/（lb/a）	0～100
	年度平均浓度/（mg/L）	0～100
	特定日平均最大浓度/（mg/L）	0～100

注：1 ft=0.304 8 m；1 lb=0.453 592 kg。

5.3.2.2　BMPs 初步设计方案的优化

本研究中，优化变量包括绿色屋顶、雨水桶、透水铺装、生物滞留系统单元数量和湿塘的长度等 5 个。按照 BMPs 方案流程图，其变化范围和变化幅度需根据汇水片区情况进行估计，具体方法如下。

根据管网分布，将住宅小区汇水单元划分为东线、中线和西线 3 个片区，分别统计其占地面积，见表 5-9。

表 5-9　住宅小区不同片区下垫面类型分布　　　单位：m²

片区	屋面	道路	绿地	人行道
东线片区	6 888.6	5 860.1	2 375.8	2 797.6
中线片区	15 962.1	21 252.8	22 760.8	4 034.5
西线片区	10 012.2	10 993.1	16 003.4	0.0

各优化变量的最小取值均为 0，最大取值计算方法见表 5-10。

表 5-10　各优化变量的最大取值计算方法

BMPs	最大值计算公式	公式参数说明
绿色屋顶	$\max\ (绿色屋顶) = \dfrac{0.4 \times S(屋面)}{240}$	0.4：最多有 40%的屋顶进行绿化（参考《昆明市总体规划修编（2008—2020 年）》中绿化覆盖率目标） 240：单个绿色屋顶的面积
雨水桶	$\max\ (雨水桶) = \dfrac{S(屋面)}{240}$	240：单个雨水桶的面积
透水铺装	$\max\ (透水铺装) = \dfrac{0.3 \times S(屋面) + S(人行道)}{90}$	0.3：最多有 30%的道路改造成为透水铺装[参照《城市道路工程设计规范》（CJJ 37—2012）] 90：单个透水铺装的面积
生物滞留系统	$\max\ (生物滞留系统) = \dfrac{S(绿地) - S_1}{60}$	S_1：该片区中适宜建设湿塘的绿地面积，东线片区为 0，中线片区为 4 028 m²，西线片区为 1 901 m² 60：单个生物滞留系统的面积
湿塘	$\max\ (湿塘) = \dfrac{S_1}{20}$	S_1：同上 20：单个湿塘的面积

将以上 5 类 BMPs 分别设置在住宅小区的 3 个汇水片区内，并采用系统提供的虚拟管段，按照初选方案流程图进行降雨径流转输路径连接，最终得到的结果见图 5-4。

设定 BMPs 模拟时间步长为 30 min，运行该模型。以年降雨径流中 TN 负荷控制率为目标的全部计算结果见图 5-5，最优结果见图 5-6，共产生 56 组最优解，不同 TN 负荷控制率情况下的费用去向见图 5-7。

需要说明的是，在措施费用显示方面，由于 SUSTAIN 系统只支持美制单位，即美元（$），因此模型运行结果中费用方面的显示均以美元（$）显示，但实际上指的是人民币（元）。

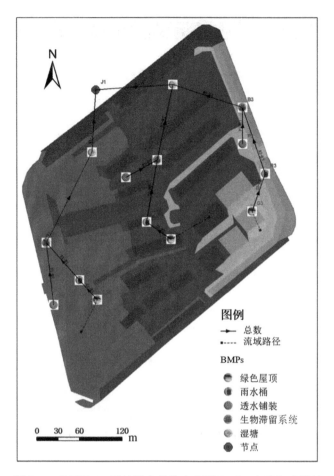

图 5-4　SUSTAIN 系统建立的住宅小区 BMPs 方案初步设计

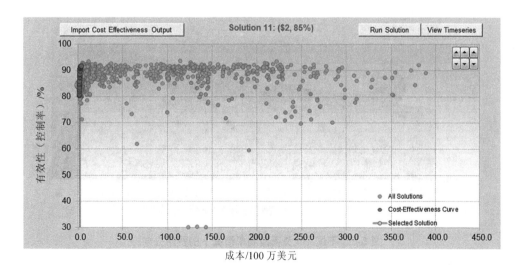

图 5-5　以年均 TN 负荷控制率为目标的方案计算结果

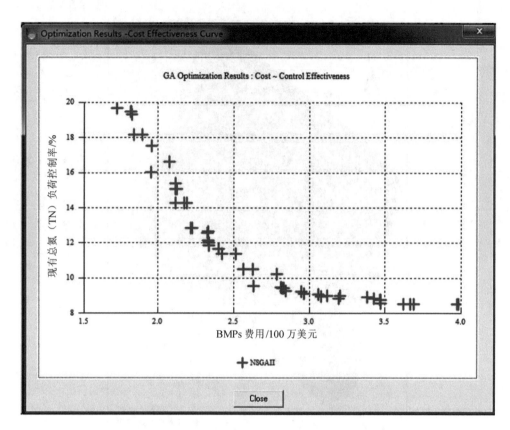

图 5-6 以年均 TN 负荷控制率为目标的方案最优结果

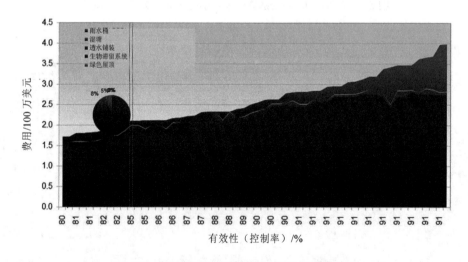

图 5-7 不同 TN 负荷控制率情况下的费用去向

设定 BMPs 模拟时间步长为 30 min，运行该模型。以年降雨径流中 TP 负荷控制率为目标的全部计算结果见图 5-8，最优结果见图 5-9，共产生 56 组最优解，不同负荷控制率情况下的费用去向见图 5-10。图中显示的费用与前文一样，以美元（$）显示，但实际上指人民币（元）。

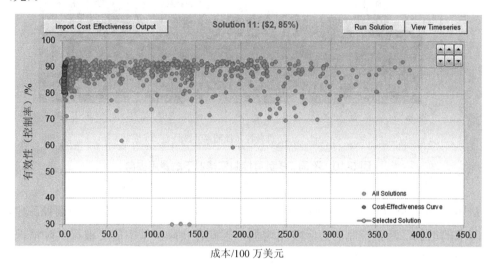

图 5-8　以年均 TP 负荷控制率为目标的方案计算结果

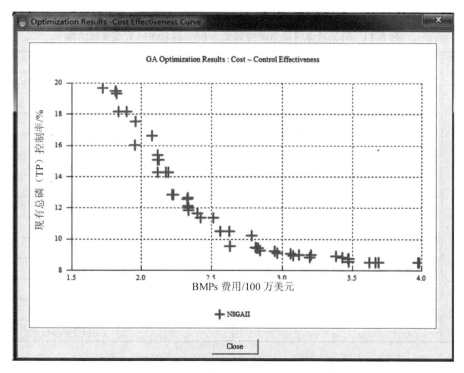

图 5-9　以年均 TP 负荷控制率为目标的方案最优结果

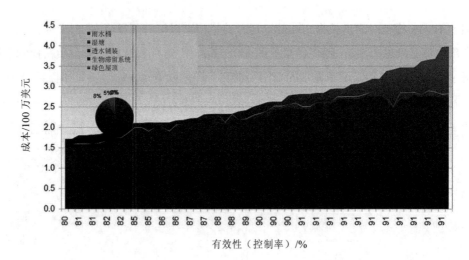

图 5-10 不同 TP 负荷控制率情况下的费用去向

从图 5-10 中可以看出，负荷控制率越高时，费用增长越快，即随着降雨径流中污染物控制率的增加，污染控制的边际费用增加，因此在实际决策中需要根据实际情况，制定合理的污染物控制率，提高资源利用效率。

以降雨径流污染物负荷控制率约 85% 为例，TN 和 TP 分别对应不同的最优方案，结果见表 5-11。

表 5-11　降雨径流污染负荷控制率为 85% 的 BMPs 方案最优结果

污染物	BMPs 措施	东线片区 数量/个	中线片区 数量/个	西线片区 数量/个	总计 数量/个	总计 费用/元	总计 费用占比/%
TN	绿色屋顶	0	0	0	0	0	0
	雨水桶	18	0	20	38	11 247.76	0.53
	透水铺装.	6	0	1	7	81 875.73	3.87
	生物滞留系统	14	210	80	304	1 823 006.58	86.15
	湿塘	—	0	20	20	199 952.01	9.45
	总计	—	—	—	—	2 116 082.08	100.00
TP	绿色屋顶	0	0	0	0	0	0
	雨水桶	7	6	6	19	5 623.88	0.54
	透水铺装	0	0	1	1	11 696.53	1.13
	生物滞留系统	23	60	70	153	917 500.02	88.66
	湿塘	—	0	10	10	99 976.01	9.66
	总计	—	—	—	—	1 034 796.44	100.00

从表 5-11 中可以看出，同一类措施在不同污染物控制目标下数量或尺寸不同，主要是由于措施对不同污染物的去除效率不同、两类污染物的原始浓度不同。

结果表明，在选择的降雨径流污染控制方案流程下，通过在住宅小区内设置 38 个雨水桶、7 个透水铺装、304 个生物滞留系统和 400 m²（20 个×20 m²）的湿塘，共花费 211.6 万元，即可实现对住宅小区降雨径流污染 TN 负荷控制率为 85% 的目标；设置 19 个雨水桶、1 个透水铺装、153 个生物滞留系统和 200 m²（10 个×20 m²）的湿塘，共花费 103.5 万元，即可实现对住宅小区降雨径流污染 TP 负荷控制率为 85% 的目标，且花费的主要去向是生物滞留系统，即下沉式绿地，分别占到总费用的 86.15% 和 88.66%。

从模拟结果中还可以看到，相比于其他 BMPs，单体式措施——绿色屋顶在对降雨径流污染负荷控制方面并不占优势，大面积推广下沉式绿地是控制降雨径流污染优先考虑的措施。

5.4　污水处理厂处理初期雨水补偿

5.4.1　初期雨水径流量及污染负荷核算

5.4.1.1　昆明市第六污水处理厂及其服务区域简介

昆明市第六污水处理厂位于昆明市东郊季官村、宝象河东岸，现状处理规模 13 万 m³/d，二级处理采用 A²/O 脱氮除磷微孔曝气工艺，三级深度处理采用混凝沉淀工艺，尾水排入宝象河后进入滇池外海。处理工艺见图 5-11。

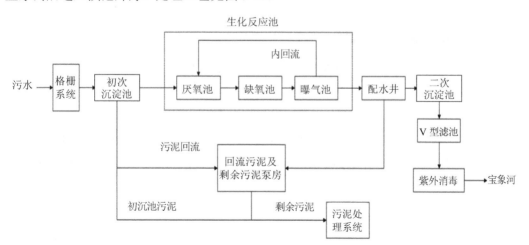

图 5-11　昆明市第六污水处理厂工艺流程

　　昆明市第六污水处理厂服务区域属于昆明主城东南排水片区，面积 31.48 km²，收集贵昆路以南、东北沙河以东、新宝象河以西、滇池以北的污水。该区域属于昆明市官渡区，官渡区是昆明市四个中心城区之一，亦是云南省最大的商品集散地，区域内有大面积的住宅区和商业区。气候方面，该区域地处云贵高原中部，兼具季风气候、低纬气候和高原气候的特点，日温差大，干湿分明。冬春季受西风环流南支控制，干热少雨，夏秋季受西南和东南暖湿气流影响，水汽充沛，降雨分布很不均匀，一般 5—10 月为雨季，全年 80%以上的降雨集中于此时间段。

　　地形地貌方面，该区域位于昆明冲湖积倾斜平原盆地以北、冲洪积扇中上段，地势平坦开阔，区域内土壤类型主要为红壤。区域内海拔在 1 812～2 039 m，海拔高度分布见图 5-12。

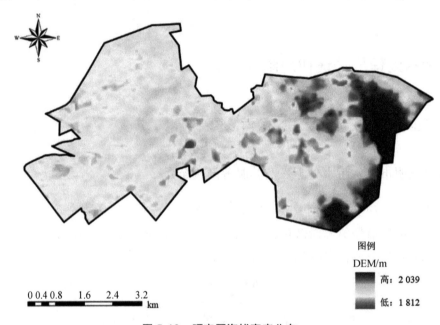

图 5-12　研究区海拔高度分布

数据来源：谷歌地球。拍摄时间：2013 年 2 月。

　　根据该地区的遥感地图，识别出研究区的土地利用类型分布图，见图 5-13。

　　根据昆明市规划设计研究院提供的东南片区污水主干系统图，可得出该区域的污水干管分布情况，见图 5-14。

图 5-13　研究区土地利用类型分布

数据来源：谷歌地球。拍摄时间：2013 年 2 月。

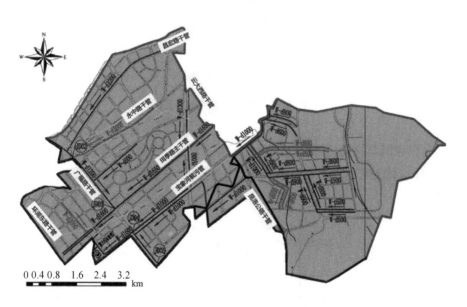

图 5-14　昆明市第六污水处理厂服务区域内污水干管分布

5.4.1.2　研究区排水体制的建议

排水体制是指城市中生活污水、工业废水和雨水的收集、输送和处置的系统方式，城市中排水体制是根据城市总体规划的要求、污水利用处理现状、水环境容量、现有排水设施等条件综合考虑确定的。

排水体制分为合流制和分流制两种。合流制排水系统是将城市生活污水、工业废水和雨水径流汇集到统一的管渠内进行输送、处理和排放；分流制与之相对，城市生活污水和雨水等各自有不同的排水管渠，处理的方式也不尽相同。

合流制可分为截流式合流制和完全合流制两种。

①截流式合流制是在现有管网的基础上，修建沿河截流干管，并在适当位置设置溢流井，在截留主干管末端修建污水处理厂，见图 5-15。在晴天时，截流式合流制全部污水均进入污水处理厂，降雨时通过截留设施，可汇集部分雨水（尤其是污染物浓度高的初期雨水径流）至污水处理厂。但当雨污混合水量超过截流干管输水能力后，超出的部分会通过溢流井排入水体。

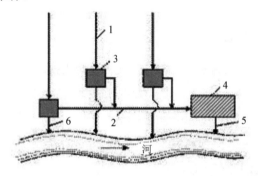

1—合流干管；2—截留主干管；3—溢流井；4—污水处理厂；5—出水口；6—溢流出水口。

图 5-15 截流式合流制示意图

②完全合流制是将生活污水、降雨径流等全部输送至污水处理厂处理后排放，见图5-16。这种排水体制对环境污染最小，但对污水处理厂的处理能力要求高，且需要较高的运行费用。

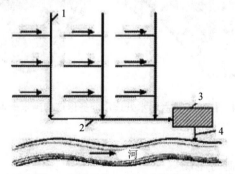

1—合流支管；2—河流干管；3—污水处理厂；4—出水口。

图 5-16 完全合流制示意图

分流制排水系统可分为截流式分流制和完全分流制两种。

①截流式分流制将污水排水系统和雨水排水系统分别建设，另建有雨水截流井，其作用是将污染较严重的初期雨水引入污水管道，而降雨中后期径流量较大、污染物浓度较低时雨水直接排入水体，见图 5-17。截流式分流制由于接纳污水和初期雨水，在保证水体受到较轻污染的同时，也节约了泵站和污水处理厂的运行费用。

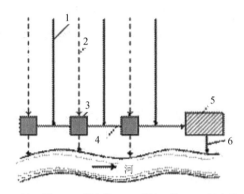

1—污水干管；2—雨水干管；3—截流井；4—截流干管；5—污水处理厂；6—出水口。

图 5-17　截流式分流制示意图

②完全分流制分设污水和雨水两个管渠系统，前者汇集生活污水、工业废水等，输送至污水处理厂处理后排放，后者汇集城市内的降雨径流，就近排入水体，见图 5-18。

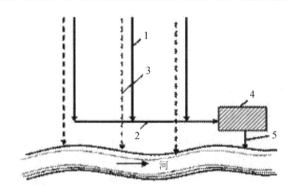

1—污水干管；2—污水主干管；3—雨水干管；4—污水处理厂；5—出水口。

图 5-18　完全分流制示意图

根据《昆明主城东南片区排水控制性详细规划（2010—2020 年）》和污水主干系统图，目前，昆明市第六污水处理厂服务区域由于小区和城市建设之间的不同步，存在大面积的混合制排水系统，实际上为合流制排水系统，主要包括以下几种情况：同一片区内，城市下水道部分采用合流制，部分采用分流制；小区内采用分流制，而下水道管道采用合流制；小区内采用合流制，而下水道管道采用分流制。

"水十条"第一条第二点指出"全面加强配套管网建设""现有合流制排水系统应加快实施雨污分流改造，难以改造的，应采取截流、调蓄和治理等措施。新建污水处理设施的配套管网应同步设计、同步建设、同步投运。除干旱地区外，城镇新区建设均实行雨污分流，有条件的地区要推进初期雨水收集、处理和资源化利用。"为响应此规定，综合各种排水体制的优缺点以及研究区的现状，本研究建议，对于旧城区等合流制区域，根据改造难易程度和实际条件，逐步改造为截流式合流制或分流制；对于新建的排水系统，采用截流式分流制。这样既可以保证水体免受初期雨水的严重污染，也在一定程度上节约了污水处理厂的运行费用。

5.4.1.3 SWMM 初期降雨径流模拟

暴雨雨水管理模型（SWMM）由 USEPA 于 1971 年开发，可用于对单场暴雨或连续降雨产生的雨水径流进行动态模拟。

SWMM 建模过程可分为子汇水区概化、径流子系统模拟、地表污染物累积和冲刷模拟、传输子系统模拟四个部分。

①子汇水区概化：SWMM 中，一般将一个流域划分成若干个子汇水区，根据各子汇水区的特性分别计算其径流过程，并通过流量演算方法将各子汇水区的出流组合起来。各子汇水区概化成不透水面积和透水面积两部分，以反映不同的地表特性。

②径流子系统模拟：模型将子汇水区域分为透水区、无洼蓄不透水区和有洼蓄不透水区三部分来考虑。产流过程是雨水降至地表扣除洼蓄和下渗的损失后形成净雨的过程。对以上三个部分，模型分别采用不同方式计算。SWMM 中有三种模型方法估算下渗量，分别是 SCS 模型、Green-Ampt 模型和 Horton 模型。汇流过程是净雨形成的径流汇集到汇水区出口处的过程。SWMM 中模拟汇流过程采用非线性水库模型，由连续方程和曼宁方程联立，求得子汇水区各时段的水流深度和出流量。

③地表污染物累积和冲刷模拟：SWMM 可以将下垫面定义为不同的土地利用类型，各类型分别具有不同的污染物累积过程和冲刷过程。各子汇水区中可能含有一种或多种定义的土地利用类型，比例视各研究区域具体情况而定。地表污染物的累积是冲刷并产生污染的前提。SWMM 用于模拟城市地表污染物累积过程的函数有幂函数、指数函数和饱和函数三种。冲刷过程是降雨过程中地表上累积的污染物随径流流失的过程。SWMM 模拟地表污染物冲刷过程的模型有指数模型、流量特性冲刷曲线模型及平均浓度模型三种。

④传输子系统模拟：降雨时产生的雨水经各子汇水区域汇集，进入排水管网输送并排放出去。在传输过程中，下游管道不断收集更多子汇水区域汇集的雨水，其水量和水

质都在发生变化。SWMM 对传输过程的模拟是将城市排水系统概化为通过节点将排水管道连接而成的网络。

SWMM 对初期雨水降雨径流的模拟可分为三个步骤：汇水片区概化、水量模拟和水质模拟。

（1）汇水片区概化

本研究以重要道路、河道或功能区划作为划分依据，将昆明市第六污水处理厂的服务区域划分为 51 个汇水片区、61 个节点、61 条管道和 1 个出水口（昆明市第六污水处理厂位于排水片区的西南角），见图 5-19。其中污水处理干管的分布和尺寸由昆明市规划设计研究院提供的污水主干系统 CAD 平面图获取。此外需要说明的是，由于在本研究中排水管网只起到降雨径流传输的作用，对数据精度要求较低，关于管网的其他信息（如管底坡度和管道曼宁粗糙系数等），根据《城市排水工程规划规范》（GB 50318—2000）、《给水排水管道工程施工及验收规范》（GB 50268—2008）等国家相关行业标准和相关文献资料来确定。

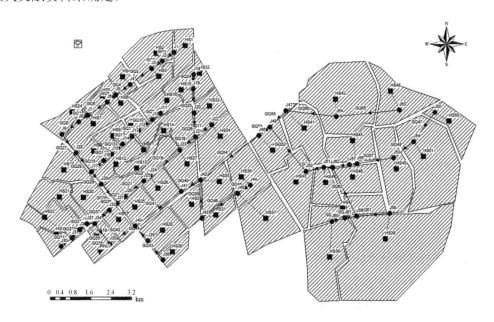

图 5-19　昆明市第六污水处理厂服务区域排水片区概化示意图

（2）水量模拟

水量模拟是水质模拟的基础。SWMM 中通过雨量计（rain gauge）提供汇水片区的降雨信息，本研究中的降雨信息采用自定义时间序列，降雨信息类型采用降雨强度，降雨强度数据根据昆明市暴雨公式和实际监测降水量数据综合确定。

参照《昆明主城东南片区排水控制性详细规划（2010—2020 年）》，昆明市的暴雨公式如下：

$$q = 166.67 \times \frac{11.8 + 7.07 \lg 2}{(t+10)^{0.708}} = \frac{2\,321.4}{(t+10)^{0.708}} \qquad (5\text{-}1)$$

式中：q ——设计降雨强度，L/（s·hm²）；

t ——降雨历时，min。

暴雨公式重现期为 2 年。按此降雨公式，若设降雨历时为 3 h（180 min），则可求得单场降水量为 128.9 mm，按照我国目前对雨量的等级划分规则，这样的设计降雨属于大暴雨级别。统计该区域 1999—2009 年的日降水量数据，最大值仅为 109.4 mm，小于 128.9 mm，因此上面的暴雨公式计算出的降雨强度序列仅适用于排水管网设计，不能反映一般的降雨情况。本研究为模拟一般情况下的降雨情景，故对降雨强度数据根据该区域实际降水量进行了一定程度的折减处理，采用比例系数法，具体如下：

$$q_{i\text{实际}} = \frac{2\,321.4}{(t+10)^{0.708}} \times \frac{q_i}{128.9} \qquad (5\text{-}2)$$

式中：$q_{i\text{实际}}$ ——实际采用的降雨强度时间序列；

q_i ——1999—2009 年日平均降水量；

i ——日期序号；

t ——降雨历时。

实际模拟中取降雨的前 5 min 为初期降雨，时间序列间隔为 1 min。

通过调研相关文献资料，并结合该区域实际情况，入渗量计算选用 Horton 模型，具体表达式如下：

$$f(t) = f_c + (f_0 - f_c) \cdot e^{-kt} \qquad (5\text{-}3)$$

式中：$f(t)$ ——下渗速率，mm/h；

f_c ——最小下渗速率，mm/h；

f_0 ——最大下渗速率，mm/h；

k ——下渗衰减常数，1/h。

综合相关文献资料，确定 SWMM 中产流、汇流和传输过程的参数，见表 5-12。

基于以上选定的模拟条件和参数，模拟该区域平均每年的初期降雨径流量，模拟结果表明排放至排放口（昆明市第六污水处理厂）的径流总量为 386.4 万 m³，即平均每年昆明市第六污水处理厂要额外处理 386.4 万 m³ 的初期雨水。

表 5-12　SWMM 中的水量模拟参数

模型参数	本研究采用数值
无注蓄不透水区比例/%	60
透水区注蓄深度/mm	3
不透水区注蓄深度/mm	1.5
不透水区曼宁系数	0.015
透水区曼宁系数	0.012
管道曼宁系数	0.013
最大下渗率 f_0 /（mm/h）	713.3
最小下渗率 f_c /（mm/h）	1.26
下渗衰减系数 k /（1/h）	56

（3）水质模拟

SWMM 通过污染物累积和降雨径流冲刷两个过程来模拟降雨径流产生的污染物负荷量。本研究采用累积指数函数模型模拟累积过程，具体公式如下：

$$B = C_1(1 - e^{-C_2 t}) \tag{5-4}$$

式中：C_1——最大累积量，kg/hm^2；

　　　C_2——累积常数，1/d；

　　　B——单位面积污染物增长量，kg/hm^2。

采用冲刷指数函数模型模拟冲刷过程，具体公式如下：

$$W = C_1 q^{C_2} B \tag{5-5}$$

式中：W——冲刷指数；

　　　C_1——冲刷系数；

　　　C_2——冲刷指数；

　　　q——单位面积径流速率，m/（s·m^2）；

　　　B——单位面积污染物增长量，kg/hm^2。

选取 COD、TN 和 TP 三种污染物作为研究对象。水质模拟涉及的参数有不同下垫面类型下各污染物的最大累积量、累积常数、冲刷系数和冲刷指数。参考《土地利用现状分类》（GB/T 21010—2007）的分类体系，根据相应地区的遥感地图，将下垫面分为三类：屋顶（指建筑物屋顶）、路面（包括行车道和人行道）、绿地（包括耕地、草地和林地）。其中，屋顶和路面属于不透水地表，绿地属于透水地表。各汇水片区的面积及土地利用类型占比见表 5-13。

表 5-13　研究区各汇水片区的面积及土地利用类型占比

汇水片区	面积/m²	屋顶占比/%	路面占比/%	绿地占比/%
1	396 125	85	12	3
2	727 376	88	10	2
3	218 520	67	8	0
4	357 840	50	20	0
5	312 219	75	15	0
6	316 011	86	10	4
7	170 488	88	8	4
8	453 429	70	10	0
9	503 217	55	6	28
10	307 514	52	10	38
11	368 224	60	15	11
12	151 439	47	15	38
13	320 885	85	15	0
14	283 557	63	29	0
15	269 708	41	10	35
16	431 459	70	19	3
17	597 315	57	10	29
18	346 806	7	4	89
19	642 776	55	9	28
20	268 985	62	11	27
21	431 653	68	12	15
22	563 465	26	8	59
23	442 766	72	7	21
24	279 387	77	6	12
25	431 553	66	12	10
26	394 520	52	10	20
27	436 839	79	7	5
28	845 812	80	10	0
29	365 139	76	9	0
30	728 410	70	8	13
31	1 175 313	63	6	18
32	602 155	70	9	17
33	773 679	40	11	35
34	1 977 414	64	10	15
35	913 024	74	10	5
36	515 396	72	13	15
37	1 942 130	64	12	10

汇水片区	面积/m²	屋顶占比/%	路面占比/%	绿地占比/%
38	957 562	57	6	29
39	616 236	62	8	12
40	588 517	79	9	12
41	603 915	36	6	33
42	372 719	38	6	37
43	830 700	33	8	54
44	1 304 434	0	7	82
45	3 629 360	61	15	10
46	520 574	78	10	6
47	291 778	34	7	16
48	558 377	48	9	34
49	219 582	46	19	12
50	498 861	56	13	19
51	227 436	9	6	78

根据相关文献调研，并结合实际情况，本研究的水质模拟相关参数取值见表 5-14。

表 5-14　SWMM 中的水质模拟参数

污染物	参数	屋顶	路面	绿地
COD	最大累积量/（kg/hm²）	40.0	18.8	34.0
	累积常数/（d⁻¹）	0.6	0.7	0.7
	冲刷系数	0.22	0.22	0.16
	冲刷指数	1.2	1.2	1.0
TN	最大累积量/（kg/hm²）	17.01	17.11	17.27
	累积常数/（d⁻¹）	0.1	0.1	0.2
	冲刷系数	0.10	0.09	0.12
	冲刷指数	1.6	1.7	1.7
TP	最大累积量/（kg/hm²）	1.5	1.5	2.0
	累积常数/（d⁻¹）	0.2	0.2	0.3
	冲刷系数	0.01	0.015	0.02
	冲刷指数	0.25	0.30	0.30
SS	最大累积量/（kg/hm²）	15	35	33.9
	累积常数/（d⁻¹）	0.4	0.4	0.9
	冲刷系数	0.2	0.02	0.06
	冲刷指数	1.76	0.23	0.7

基于以上选定的模拟条件和参数，模拟该区域平均每年初期降雨径流产生的污染物负荷量，模拟结果表明每年排放至排放口（昆明市第六污水处理厂）的 COD 负荷量为 715.89 t/a，TN 负荷量为 38.07 t/a，TP 负荷量为 3.93 t/a，SS 负荷量为 80.49 t/a。

5.4.1.4 基于径流系数法初期降雨径流模拟

径流系数指一定汇水面积内总径流量与降水量的比值，综合反映了汇水区内自然地理要素对径流的影响。用径流系数法计算初期雨水径流量如下：

$$Q = 6\times10^{-6}\times q\times\sum(S_i\times\psi_i)\times T \tag{5-6}$$

式中：Q——年初期雨水径流总量，万 m^3；

q——降雨强度，L/（s·km^2）；

S_i——第 i 种用地类型的面积，km^2；

ψ_i——第 i 种用地类型的径流系数；

T——年初期雨水径流总时间，min。

初期雨水径流产生的污染物负荷量如下：

$$W_j = 0.01\times Q\times C_j \tag{5-7}$$

式中：W_j——初期雨水径流中第 j 种污染物的年负荷量，t；

Q——年初期雨水径流总量，万 m^3；

C_j——初期雨水径流中第 j 种污染物的平均浓度，mg/L。

（1）降雨强度与径流总时间的确定

统计研究区 1999—2009 年的降雨数据，得出该地区年均降雨日为 116 天，参考相应文献，取每次降雨持续天数为 4 天，则年降雨次数为 29 次；取每次前 5 min 的降雨作为初期降雨，则合计年初期降雨历时 145 min。降雨强度根据式（5-1）的昆明市暴雨公式确定。

（2）各土地利用类型径流系数及面积的确定

根据《建筑给水排水设计规范》（GB 50015—2009）和《室外排水设计规范》（GB 50014—2006）的规定，并参考相应文献中的数值，将研究区分为居住用地、交通用地、绿地三类，其各自的径流系数和占比见表 5-15。

表 5-15 研究区各土地利用类型径流系数和面积

土地利用类型	径流系数	面积/km^2
居住用地	0.90	18.52
交通用地	0.60	3.30
绿地	0.20	9.81

（3）初期雨水径流污染物浓度的确定

参考相关文献，初期雨水径流中污染物浓度参考值见表 5-16。

表 5-16　初期雨水径流中污染物浓度取值　　　　　　　　　单位：mg/L

土地利用类型	COD	TN	TP	SS
居住用地	111	6.01	1.217	618
交通用地	1 077	23.57	1.732	677
绿地	439	7.70	0.903	69

由此计算出的研究区年初期雨水径流总量和污染物负荷见表 5-17。

表 5-17　径流系数法估算出的年初期雨水径流量及污染物负荷

年初期雨水径流量/ （万 m³/a）	COD 负荷量/ （t/a）	TN 负荷量/ （t/a）	TP 负荷量/ （t/a）	SS 负荷量/ （t/a）
411.22	832.44	41.61	3.66	88.77

5.4.1.5　SWMM 与径流系数法估算结果比较

SWMM 估算的研究区年初期雨水径流量和污染负荷与径流系数法估算的相比，相对误差见表 5-18。可以看出，两种方法的初期雨水径流量和污染物负荷量估算结果相对误差均小于 15%，径流系数法的估算结果较 SWMM 总体偏高。

表 5-18　SWMM 和径流系数法估算结果误差

	初期雨水径流量/ （万 m³/a）	COD 负荷量/ （t/a）	TN 负荷量/ （t/a）	TP 负荷量/ （t/a）	SS 负荷量/ （t/a）
SWMM 模拟结果	386.4	715.89	38.07	3.93	80.49
径流系数法 计算结果	411.22	832.44	41.61	3.66	88.77
相对误差/%	7.16	14.01	8.51	7.38	9.33

从两种方法的对比来看，SWMM 对降雨的每个过程都做了相应的模拟，得出的结果较径流系数法相对精确。因此，本研究采用 SWMM 得出的初期雨水径流量和污染负荷量作为污水处理厂初期雨水补偿额度的计算依据，径流系数法的结果作为参考。

5.4.2　污水处理厂处理初期雨水成本与补偿额度核算

本研究采用费用函数模型进行核算。费用函数模型是通过数学关系来描述工程费用特征的方法，是水污染控制系统运行维护费用估算的一种常用定量描述方式。费用函数模型能体现雨水处理费用与运行参数、雨水处理经济指标和雨水处理技术之间的关系，根据实际情况对初期雨水处理成本进行估算。

国内外就污水处理费用函数模型进行了大量的研究。USEPA 自 20 世纪 80 年代发布了一系列费用函数模型，函数中的变量包括处理量、处理效率和出水污染物浓度等，函数形式为 $C = aX_1^{b_1} X_2^{b_2} \cdots X_n^{b_n}$，式中 X_n 为影响费用的变量，主要为各项设计和运行参数；日本学者根据实例研究，提出了污水（雨水）处理的概算模型，函数形式采用了通用的幂函数形式，即 $C = aQ^b$，式中 a、b 为根据实际数据回归出的费用常数；国内学者庞子山根据大量国内污水处理厂的设计、运行数据，得出了污水处理厂运行费用函数，并对其投资和折旧成本进行了综合考虑。

本研究借鉴通用的费用函数模型形式来描述管网等雨水传输构筑物和污水处理厂的初期雨水处理成本，如下式所示：

$$C_j = C_j(X_i) = \alpha_j (X_i)^{\beta_j} \qquad (5\text{-}8)$$

式中：C_j——雨水处理过程的整体费用；

　　　j——各雨水处理过程，分为排水管网传输过程和污泥处置过程；

　　　X_i——影响雨水处理过程的主要变量，其中排水管网传输过程的主要变量为研究区的管网长度，污泥处置的主要变量为处理雨水量；

　　　α_j、β_j——回归常数，与构筑物折旧率、投资回报率等有关。

根据昆明市第六污水处理厂的纳污区域实际情况和对污水处理及污泥处置成本的实地调研，确定费用函数模型的参数，见表 5-19。其中，排水管网参数根据《昆明主城东南片区排水控制性详细规划（2010—2020 年）》确定，污泥处置参数根据昆明市第六污水处理厂的成本报表和实地调研结果综合确定。

表 5-19　昆明市第六污水处理厂雨水处理费用函数模型参数

雨水处理过程	α	β	X
排水管网等雨水传输构筑物	14.7	0.95	32.7（km 管网）
污水处理	1.58	0.95	386.4（万 m³ 雨水）
污泥处置	0.7	1.1	386.4（万 m³ 雨水）

通过将以上参数代入式（5-8），得出昆明市第六污水处理厂处理雨水所产生的额外成本（即雨水处理补偿额度）见表 5-20。

表 5-20　昆明市第六污水处理厂雨水处理补偿额度

雨水处理过程	补偿额度/（万元/a）
排水管网等雨水传输构筑物	403.77
污水处理	453.25
污泥处置	490.73
总结	1 347.75

5.5　结论

本书在国内外研究成果和国外相关政策成功经验的基础上，结合滇池流域现行雨水管理政策，提出污水处理厂的初期雨水补偿方案，以昆明市第六污水处理厂为例进行了具体补偿额度的研究，为滇池流域雨水管理提供了一种新的思路和建议。

①在城市雨水径流污染源头方面，根据滇池流域实际特点及国内和地区相关技术标准，以昆明市官渡区某小区为案例，设计了最佳管理措施，并利用 SUSTAIN 系统，针对主要污染物 TN、TP，以成本-环境效益最优为目标分别进行了 BMPs 的优化。优化结果表明，在选择的降雨径流污染控制方案流程下，通过在住宅小区内设置 38 个雨水桶、7 个透水铺装、304 个生物滞留系统和 400 m² 的湿塘，共花费 211.6 万元，即可实现对住宅小区降雨径流污染 TN 负荷控制率为 85% 的目标；设置 19 个雨水桶、1 个透水铺装、153 个生物滞留系统和 200 m² 的湿塘，共花费 103.5 万元，即可实现对住宅小区降雨径流污染 TP 负荷控制率为 85% 的目标，且花费的主要去向是生物滞留系统，即下沉式绿地，分别占到总费用的 86.15% 和 88.66%。从模拟结果中还可以看到，相比于其他 BMPs，单体式措施绿色屋顶在降雨径流污染负荷控制方面并不占优势，大面积推广下沉式绿地是控制降雨径流污染优先考虑的措施方案。

②在城市雨水污染的末端处理方面，选取昆明市第六污水处理厂作为案例。一方面，对其服务区域的排水体制提出相应建议；另一方面，利用暴雨雨水管理模型和径流系数法，对服务区域的初期雨水径流量和主要污染物的负荷量进行了核算，并模拟了污水处理厂的处理成本，在此基础上确定了污水处理厂的初期雨水补偿额度。模拟结果显示，昆明市第六污水处理厂服务区域每年平均初期雨水径流量为 386.4 万 m³，由此产生的污染负荷量为 COD 715.89 t/a，TN 38.07 t/a，TP 3.93 t/a，SS 80.49 t/a。以雨水量计算的污水处理厂补偿额度为 1 347.75 万元/a。

5.6 昆明市城市面源污染控制政策建议

近年来，滇池流域相关部门针对雨水处置与资源化利用进行了若干研究与示范实践。2009 年，昆明市出台《昆明市城市雨水收集利用的规定》，明确了雨水收集利用设施是节水设施的重要组成部分，符合条件的新建、改建、扩建工程项目均应按照节水"三同时"的要求配套建设雨水收集利用设施。2011 年 7 月，昆明市下发《关于加快推进雨水、污水和城乡垃圾资源化利用工作的实施意见》和《昆明市雨水和污水资源化利用工作方案》，以全面推进昆明雨水处置和资源化利用工作。与此同时，昆明市还积极开展雨水处理设施的研究和标准制定，相继开展了"昆明市城市雨水资源化利用对策研究""昆明市城市雨水资源综合利用研究"，编制了《昆明市城市建筑与小区雨水收集利用工程（参考）图集》、《昆明市雨水资源化利用生态道路设计、安装图集》（DBKJT53-01—2010）、《昆明市建筑与小区雨水利用工程技术指导意见》等一系列有关城市雨水处理处置和综合利用的技术规范文件。

综合来看，昆明市雨水管理政策以政府管制和行政措施为主，对于雨水处理处置和资源化利用设施，仍处在标准制定和研究示范与初步推广阶段，尚未有针对城市雨水径流污染控制和资源化利用的统一管理办法，现行管制措施缺乏对雨水处理和资源化利用的利益相关者的激励和补偿，现有设施多集中于末端处理方面。

因此，为保证滇池流域降雨引起的城市径流污染得到有效控制，并对雨水进行资源化利用，缓解滇池流域的缺水问题，滇池流域必须建立完善的雨水管理政策体系，才能真正发挥雨水处理和资源化利用设施的环境效益和经济效益。

雨水政策应与当地降雨特点、雨水处理利用设施的建设情况、相应法规推行进程等相符合。图 5-20 为城市雨水管理政策各阶段的实施路线。

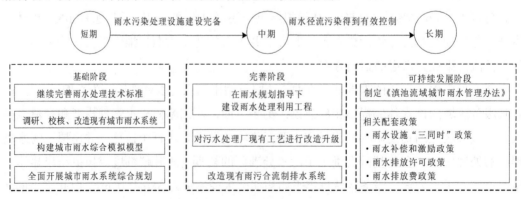

图 5-20　城市雨水管理政策各阶段的实施路线

目前滇池流域处于雨水处理的理论研究、工程示范与初步推广时期，介于雨水政策的基础阶段和完善阶段之间。建议现阶段应继续完善雨水处理利用技术的标准，并对城市雨水系统现状进行详尽调研，校核雨水口和地下管网的排水和排涝能力，对不满足技术要求的管线进行改造。在此基础上，构建城市雨水管理综合模拟模型，全面收集城区内各类各级雨水管线的工程资料，以及管线对应的下垫面数据，并将其数字化，建立覆盖整个城区的降雨径流过程模型，包括地面的产流汇流过程，以及管网、河网和积滞水模拟功能。根据构建的雨水管理模型，对城区雨水系统进行模拟与诊断，根据模拟结果全面开展城市雨水系统的综合规划，在"蓄排结合"理念下开展雨水管网、雨水集蓄工程的规划工作，统筹考虑内涝防治、雨水利用和面源污染控制。

在城市雨水系统规划工作完成后，即完全进入雨水政策的完善阶段。建议在此阶段，在雨水规划和"海绵城市"思想指导下建设城市雨水处理利用工程，具体包括改造现有道路，建设滞蓄设施、泵站、雨水管网、截污设施、雨水处理设施等，并根据降雨实际情况和可行性研究对污水处理厂现有处理工艺进行改造升级，使其具备针对降雨径流污染的"雨水模式"。设施竣工后要保证其稳定运行，也可以考虑引入"公私合作模式"以促进雨水设施的高效、安全运行。

在城市雨水设施建设完毕并稳定运行后，即进入雨水政策的可持续发展阶段。建议在此阶段，研究并制定《滇池流域城市雨水管理办法》，实现城市雨水管理的规范化、制度化。出台与雨水管理的相关政策：将雨水管理纳入建设项目立项审批、核准的前置条件；制定切实可行的雨水设施补偿和激励政策；建立雨水许可制度，对建筑工地、工业企业、园区等的雨水排放水量、水质及对周边环境的影响进行合理评估，并对其采取的相关措施进行评价，其后对达到排放标准的发给雨水排放证；达不到排放标准的限期进行改造，对不按标准排放的处以罚款；建立雨水排放费制度，激励社会力量减少径流雨水的排放。

5.7　关于滇池流域征收"雨水排放费"与初期雨水处理补偿费的建议

通过开展滇池流域征收雨水排放费补偿污水处理厂政策的研究，并结合国外成功经验，提出以下建议：

①建议根据滇池流域排水管网、雨水设施和污水处理厂的实际情况，评估污水处理厂处理雨水的成本费用。

②建议滇池流域相关部门制定"雨水排放费"制度，具体指按区域实际情况划分的"雨季"期间内，向具有硬化下垫面的楼房居民、停车场所有者等具有明确产权的雨水处理受益者，本着"使用者付费"的原则，征收雨水排放费，并对自愿实施雨水处理措施

的居民给予一定程度的费用减免。雨水排放费细则可参考前文拟定的"雨水补偿办法"。

③建议遵循公平性、可行性、双重目标性等原则，根据评估的污水处理厂处理雨水费用、经济社会发展状况、土地利用情况和用户支付意愿等实际情况，选择合适的雨水费核算方法，计算雨水排放费预计征收金额。

④建议本政策由昆明市政府统筹管理。具体的征收部门建议由城市雨水管理部门担任，并通过水务部门按雨水处理量分配给各污水处理厂及雨水处理公共设施。征收模式建议参照水费、排污费的征收方式。

⑤污水处理厂处理雨水时要确保出水达标，具体由环境保护主管部门进行监管。征收的雨水排放费基于专款专用原则，通过审计部门进行有效监管。每年雨水排放费的征收、利用情况等信息要及时向公众公布，并广泛听取公众意见。

第6章

滇池流域生态补偿政策实施现状与补偿模式设计

6.1 滇池流域生态补偿实施现状及目前存在问题分析

6.1.1 滇池流域生态补偿研究现状

对滇池流域生态补偿的理论探讨主要集中在松华坝水源区的生态补偿上。范英英（2006）对松华坝水源区进行了实证研究，确定了松华坝水源区的生态补偿标准、补偿资金来源、补偿实施流程、监督保障机制、可能存在的问题和对策。郑媛（2007）分析了补偿机制对松华坝水源保护的重要性、目前的补偿机制、目前补偿机制存在的问题、如何建立合理有效的补偿机制、补偿的监督机制等方面内容，并尝试提出了补偿标准的几种计算方法。柴艳（2008）通过问卷调查统计分析和模型，测算了水源区生态补偿的需求及投入，开展了松华坝水源区生态补偿实证分析，剖析了水源区生态补偿现状和实施过程中存在的问题；从确立补偿原则、确认补偿主体与对象、确定补偿依据及额度、补偿资金的筹集、完善补偿方式和途径、完善法律法规、理顺管理体制、加强宣传教育等几个方面提出了完善水源区生态补偿机制的总体思路和对策建议。储博程（2010）分析了松华坝水源保护区生态补偿政策对农户生计的影响，提出了水源区农业发展模式。王志飞（2007）分析了松华坝水源区生态补偿政策产生的效果，并有针对性地提出了生态补偿政策实施建议。赵璟（2008）研究了松华坝水源区生态补偿原则和补偿方式，从制定绿色产业扶持政策、开展水源保护区整体规划、完善生态补偿管理体制、加大生态补偿财政转移支付力度、增强利益相关者对生态补偿的认知与参与等方面，提出了完善生态补偿机制的相关政策建议。关品高（2011）对昆明市松华坝水源区的森林植被类型及水源涵养量进行了研究，并对松华坝水源区每年的水源涵养量进行了估算。

6.1.2 滇池流域生态补偿实施现状

根据《昆明市松华坝、云龙水源保护区扶持补助办法》对松华坝水源保护区补助范围及标准作出的规定以及 2013 年落实的提案，现阶段水源保护区补偿情况如下。

6.1.2.1 生产扶持

①退耕还林补助。对水源保护区实施永久性退耕还林的，每年每亩补助现金 300 元，补助管理费 20 元；生态林补助期为 16 年，经济林补助期为 10 年，管理费补助期为 5 年；第一年种植生态林每亩一次性补助种苗费 100 元，种植经济林每亩一次性补助种苗费 300 元。

②"农改林"补助。松华坝水源一级、二级保护区耕地由市政府统一租用，2011 年每亩租金 750 元；以后每年租金每亩递增 30 元。松华坝水源一级、二级保护区耕地 5 万余亩由政府统一租用、实施退耕还林，考虑到全市经济社会的发展和物价水平的提高，决定从 2013 年起，松华坝水源一级、二级保护区内实施退耕还林且不再套种农作物的，土地租金标准由 2006 年的 600 元/（a·亩）提高至 1 000 元/（a·亩），以后每两年增加 5%。

③产业结构调整补助。对水源保护区马铃薯、豆类、中药材、食用菌等生产基地，连片 500 亩以上的，每年每亩给予种植户 100 元的良种补助。

④清洁能源补助。在水源保护区安装太阳能热水器（3 m²/户），每户补助 1 500 元；建设"一池三改"沼气池，每户补助 2 000 元（含中央、省级补助各 1 000 元）。2011 年起，水源区的能源补助已从 10 元/（月·人）提高到 14 元/（月·人）。

⑤劳动力转移技能培训补助。按全市农村劳动力转移培训计划，对水源区给予重点倾斜。

⑥生态环境建设项目补助。

6.1.2.2 生活补助

①学生补助。对水源保护区农业人口就读小学、初中、高中（含中专、技校）、大学的，给予补助。小学生每生每年补助生活费 1 000 元；初中生每生每年补助生活费 1 200 元；高中（含职高）、中专（含技校）学生每人每年补助学费 1 500 元；全日制普通高校正式录取的大学生每生一次性补助生活费 3 000 元。

②能源补助。对水源区农业人口每人每月补助能源费 14 元。

③新型农村合作医疗补助。

6.1.2.3　管理补助

①护林工资补助。安排松华坝水源区护林人员工资 160 万元。

②保洁工资补助。安排松华坝水源区保洁人员工资 100 万元。

③监督管理经费补助。安排市级水源保护监督管理经费 50 万元，松华坝水源区保护和管理工作经费 70 万元。

松华坝水源区补助对象限定于以下区域：滇源、阿子营街道办事处持有农村户口的居民；盘龙区松华、龙泉街道办事处所辖水箐、新村、老白龙、倒座、三丘田、马家庵居民小组，双龙街道办事处所辖三潮水、烧灰窑、蜜岭新村、旧关、小石桥、庄房居民小组持农村户口的居民；盘龙区龙泉街道办事处中坝社区的中坝、郑家、张家寺、雨树居民小组，上坝社区的竹园、上坝、回龙居民小组，茨坝街道办事处花渔沟社区小哨居民小组持农村户口的居民。村庄位于水源保护区外，但还承担水源保护区内各自区域水源涵养林的管护任务，政府给予能源补助，其余补助不给。

6.2　滇池流域生态补偿存在问题识别

尽管滇池流域在上游松华坝水源保护区已经实施了一些生态补助（补偿）办法，但这些补助办法都是基础性的，还有很多问题，诸如：

①滇池流域生态补偿工作尚停留在初始阶段，尚未建立真正意义上的生态补偿模式；

②生态补偿方法过于单一，补偿金额的核定缺乏科学依据，没有统一补偿标准；

③生态补偿机制不健全，尚未出台地方性流域生态补偿政策，缺乏政策引领，致使滇池流域生态补偿工作进展缓慢；

④生态补偿模式尚处在初级阶段，导致生态补偿资金使用效率低下，并没有起到生态补偿的效果。

6.3　生态补偿理论与研究方法

6.3.1　生态补偿概念内涵

6.3.1.1　生态补偿概念

"生态补偿"一词最早源于生态学领域，主要指的是自然生态补偿，强调的是自然生态系统的自我修复功能。通常，生态补偿的内涵主要包括以下内容：一是对生态系统本身的保护或破坏行为直接进行补偿；二是从经济角度思考，运用经济手段使外部经济内部化；三是对从事生态系统保护行为的区域、组织或个人，依据其所承担的机会成本进行补偿；四是制定针对性强的法律法规和政策措施，对具有重大生态保护价值的区域或对象进行系统保护（王翠然等，2006）。

6.3.1.2　生态补偿类型

（1）自然保护区生态补偿

自然保护区在涵养水源、保持水土、保护动植物多样性等方面发挥了重要作用，这些效益是全体人民在享受，但损失的责任全部由自然保护区范围内的居民承担，这无疑是不公平的。因此，建立并完善自然保护区生态补偿机制，对因保护自然而损失经济利益的居民进行合理的补偿，有利于优化保护区产业结构，激励公众保护行为长效机制的形成，提高人民生活水平。

（2）重要生态功能区生态补偿

重要生态功能区指具有保持水土、维护生物多样性及生态平衡功能的区域，包括生态脆弱和敏感区、水土保持的重点区域、防风固沙、生物多样性保护区，涵盖所有除自然保护区以及流域水资源保护区外的具有重要生态功能的区域。重要生态功能区主要分布于经济落后地区，当地保护生态与发展经济的矛盾突出，对其进行适当补偿，有利于促进生态脆弱区功能的维持与改善。

（3）流域水资源生态补偿

水资源的流动性以及稀缺性是造成流域上下游矛盾的主要根源，为实现上下游协调发展，建立完善的流域水资源生态补偿机制意义重大。从水质、水量、水安全等角度看，流域水资源生态补偿分为水源涵养区生态保护、水污染治理、水权使用、重大水利工程、洪水控制等五个方面。建立合理的横向补偿标准，促进跨行政区生态补偿机制的建立是目前我国流域水资源生态补偿的重点与难点。流域生态补偿按实践情况分为政府主导型和准市场型。

（4）大气环境保护生态补偿

工业生产与交通工具排放的废气和尘埃直接导致大气环境破坏、人民生活质量下降。大气的流动性与效益共享性决定了保护大气环境是每个公民应尽的责任。目前我国主要采取总量控制与排污权交易相结合的方式实施大气环境保护生态补偿。

（5）其他类型生态补偿

除以上四种主要生态补偿类型外，还包括矿产资源开发区生态补偿、农业生产区生态补偿、旅游风景开发区生态补偿等类型。

6.3.2　生态补偿基础理论

生态补偿基础理论主要包括外部性理论、公共物品理论、生态资本理论、环境价值理论等。

6.3.2.1　外部性理论

外部性理论（也称外部效应理论）是生态经济学和环境经济学的基础理论之一，也是生态环境经济政策的重要理论依据。著名经济学家阿尔弗雷德·马歇尔首先提出并科学阐述了外部经济的概念，他在1890年发表的经济学巨著《经济学原理》中对外部经济给予了理论界定："某些类型的产业发展和扩张，是由于外部经济降低了产业内的厂商的成本曲线。"并指出"这种现象对于厂商而言是一种正外部性"，从而奠定了全新的公共经济学理论基础。新古典主义经济学派认为：在一个完全竞争的市场中，私人的边际成本与社会的边际成本相等，而私人的边际收益与社会的边际收益也是等同的，资源配置就能够实现帕累托最优。但由于外部性的存在，很难实现帕累托最优。这就需要市场之外的力量加以解决，这种力量就是政府对市场的干预。政府可以通过税收、补贴等手段对市场予以干预，使得边际税率与外部边际成本（边际外部收益）相等，这样就实现了外部性的内部化，最终实现私人与社会之间的共同"帕累托最优"。

外部性理论认为资源开发造成生态环境破坏所形成的外部成本以及生态环境保护所产生的外部效益没有在生产或经营活动中得到很好的体现，从而导致了破坏生态环境没有得到应有的惩罚，保护生态环境产生的生态效益被他人无偿享用，使得生态环境保护领域难以达到帕累托最优。因此，必须依靠政府通过税收与补贴等经济干预予以解决。

6.3.2.2　公共物品理论

自然生态系统及其所提供的生态服务具有公共物品属性。在生态补偿领域，生态产品具有公共物品的一般属性，因具有非竞争性特征而被过度使用，最终会导致"公地悲剧"的产生。同时，生态产品所具有的非排他性特征又会产生因供给不足而出现的"搭便车"现象。生态补偿机制的建立，就是通过支付补偿金的方式，设计"激励公共产品的足额提供"的制度，以避免"公地悲剧"，从而减少"搭便车"现象的发生。

6.3.2.3　生态资本理论

自然生态系统所提供的生态服务也是一种资源，生态服务的价值载体被称为"生态资本"，也称作"自然资本"。生态服务作为一种生产要素，也需要有效的科学管理。从功效论的角度来看，自然生态环境对人类社会而言是不可或缺的重要资源，社会生产生活处处都有环境所创造的福利效用；而从财富论的角度来看，生态环境系统也是人类所创造出的财富。

6.3.2.4 环境价值理论

环境价值理论认为人类在进行与生态系统管理有关的决策时，既要考虑人类福祉，也要考虑生态系统的内在价值。生态补偿是促进生态环境保护的一种经济手段，而对于生态环境特征与价值的科学界定则是实施生态补偿的理论依据。

综合上述生态补偿的经济学理论，生态补偿机制的补偿内容应包括生态环境本身的补偿、对个人与流域保护生态环境或放弃发展机会的行为予以补偿。支付补偿金的方式，以及依靠政府通过税收与补贴等经济干预是主要的解决方式。

6.3.3 利益相关者分析

6.3.3.1 利益相关者概念

利益相关者理论是社会学和管理学的一个交叉领域。利益相关者概念首先在 1963 年由斯坦福研究所（Stanford Research Institute，SRI）提出，该词用于定义与企业有紧密关系的人群，利益相关者理论体现了利益相关者与企业生存之间的关联性，利益相关者概念第一次让人们认识到了企业的生存和发展不是孤立的，而是受着许多利益群体的影响。1984 年，弗里曼·R. 爱德华所写的《战略管理——一个利益相关者方法》一书被公认为是利益相关者理论实践应用的启蒙著作，弗里曼在著作中将利益相关者定义为"任何能够影响组织目标的实现或受这种实现影响的团体或个人"。1988 年，他又将利益相关者进一步界定为"那些因公司活动受益或受损，其权利也因公司活动而受到尊重或侵犯的人"。利益相关者理论是一个应用广泛的理论，它从利益角度出发，根据不同利益涉及的主体。深入地分析问题的本质。20 世纪 90 年代中期以后，这种方法开始广泛应用于自然资源管理的实践。而流域水污染治理涉及中央、地方政府、企业、社会公众等广泛利益主体，分析理顺他们之间的利益关系，实现共同利益最大化，是滇池流域水污染防治的一项重要工作。

6.3.3.2 滇池流域生态补偿中的利益相关者分析

按照利益相关群体在流域生态补偿中的利益关系，以及他们对流域保护和补偿的影响程度，本研究将利益相关群体分为核心利益相关者、次要利益相关者和边缘利益相关者三大类（图 6-1）。

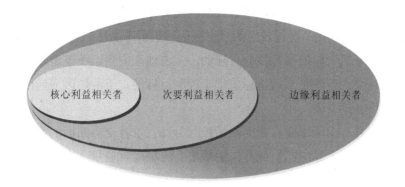

图 6-1　利益相关者分类

6.3.4　生态补偿标准核算方法

6.3.4.1　支付意愿法

支付意愿法（Willingness To Pay，WTP）又称条件价值法（Contingent Valuation Method，CVM），是对消费者进行直接调查，了解消费者的支付意愿，或者他们对产品或服务的数量选择愿望来评价生态系统服务功能价值的方法。消费者的支付意愿往往会低于生态系统服务价值，最大支付意愿的补偿标准是利用实地调查获得的各类受水区最大支付意愿与该区人口的乘积得到，估算公式为

$$P = WTP_u \times POP_u \tag{6-1}$$

式中：P——补偿的数值；

　　　WTP——最大支付意愿；

　　　POP——各类人口；

　　　u——各类受水区。

通过上述公式，对流域居民的支付意愿进行分析，可推算出流域居民对该流域生态补偿的支付意愿总额。用同样的方法测算出水源保护区居民的受偿意愿总额，用测算出的受水区居民支付意愿总额与水源保护区居民受偿意愿总额相比较，判断向松华坝下游受水区（昆明市主城区）征收补偿费用的生态补偿机制是否可行。

6.3.4.2　跨界通量法

根据"谁污染谁赔偿，谁受益谁补偿"的原则，以高锰酸盐指数、COD 和 NH_3-N 等指标的通量确定补偿或赔偿的数量。

根据区域水环境功能的要求，以各行政区交界断面的水质控制目标为依据，计算各行政区的补偿或赔偿额度。各行政区对水资源的利用都不能影响相邻行政区的用水要求，即凡是交界断面水质指标值超过控制目标的，上游地区应当给予下游地区相应的水环境污染生态补偿资金，而若是水质指标值优于控制目标的，下游地区应当给予上游地区相应的水资源保护补偿资金。

按照流域内各行政区域交界断面水质控制目标，以各交界断面的水质指标值和污染物年通量来计算相邻区界应赔偿或补偿的额度。流域跨界通量生态补偿计算模型计算公式为

$$W_{ijk} = \sum_{n=1}^{365} \left[\left(C_{ijk}^n - C_{ijk}^s \right) \times Q_{ij}^n \right] \times 10^{-6} \tag{6-2}$$

$$P_{ijk} = \begin{bmatrix} W_{ij1}, & W_{ij2}, \cdots, & W_{ijk} \end{bmatrix} \times \begin{bmatrix} R_{c1} \\ R_{c2} \\ \vdots \\ R_{ck} \end{bmatrix} \tag{6-3}$$

$$P_{ij} = \sum_{k=1}^{3} P_{ijk} \tag{6-4}$$

式中：W_{ijk} ——i 地区流入 j 地区的第 k 种污染物年通量，g/a；

C_{ijk}^n ——i 地区、j 地区交界断面第 k 种污染物第 n 天监测值，mg/L；

C_{ijk}^s ——i 地区、j 地区交界断面第 k 种污染物目标值，mg/L，可参照《地表水环境质量标准》（GB 3838— 2002）；

Q_{ij}^n ——第 n 天从 i 地区流入 j 地区的水量，m³/d；

P_{ijk} ——i 地区支付 j 地区第 k 种污染物生态补偿的量，元/a；

P_{ij} ——i 地区支付 j 地区生态补偿的量，元/a；

R_{ck} ——第 k 种污染物单位削减的成本（收益），元/t。其中 R_{ck} 依据治理和修复污染水体的成本测算。

流域各行政区水污染生态补偿采用水环境功能区目标水质差额补偿方式（图 6-2），具体如下。

各交界断面 I_{AB}、I_{BC} 水质指标均达到水质控制目标的要求，下游地区补偿上游地区：B 补偿 A，C 补偿 B；

如果 A 与 B 的交界断面 I_{AB} 水质优于目标值，而 B 与 C 交界断面 I_{BC} 的水质劣于目标值，则 B 对 A 进行补偿的同时还要对 C 进行赔偿。

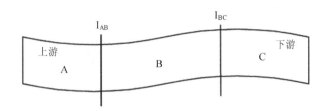

图 6-2　跨界流域生态补偿计量原理

对一个地区来说，其生态补偿为与其交界的各行政区生态补偿量代数和，即

$$P_i = \sum_{i=1}^{m} P_{ij} \qquad (6\text{-}5)$$

式中：P_i——i 地区实际支付的生态补偿量。P_i 为正值，则表示 i 地区要向周边地区进行
生态赔偿，P_i 为负值表示 i 地区可从周边地区获得生态补偿。

采用这种功能区目标水质差额补偿方式的意义在于各行政区需要对其区域内的水环境质量负责，将其污染物总量控制在该区域的环境容量内，才能从周边区域获得生态补偿，反之需要进行生态赔偿。这种补偿方式体现了水资源和环境容量的价值性，同时兼顾了上下游之间利益分配的平衡。

6.3.4.3　基于生态需求的流域调水生态补偿方法

目前，滇池流域主要从牛栏江引水，首先需要计算滇池流域的生态需水量。本研究拟采用最低生态水位法进行滇池最小生态需水量的计算。

最低生态水位法是以保证特定发展阶段湖泊生态系统结构的稳定与功能的正常发挥并保护生物多样性所需要的最低水位及其面积来确定湖泊最小生态需水量的一种方法。不同流域水位和水深与湖泊生态系统的面积与容积具有明显的相关性，湖泊生态系统各组成部分生长繁殖所必需的水位和水深不同，为实现不同的湖泊生态系统的生态环境功能所必需的水位和水深也不同。最低生态水位法适用于有实测水文资料的湖泊。

湖泊最小生态需水量计算公式为

$$W_{\min} = kS(H_{\min} - H) \qquad (6\text{-}6)$$

式中：$W_{\min}$——湖泊最小生态需水量，$10^6\,\mathrm{m}^3$；

k——湖岸系数，计算公式为 $k = 1.77 \times \dfrac{Z_{\max}}{\sqrt{A}}$，其中 $Z_{\max}$ 为最大湖深，m，A 为对应

于 $Z_{\max}$ 的湖面面积，km^2；

S——湖泊水面面积，km^2；

H_{min}——湖泊最低生态水位，m；

H——湖底高程，m。

参照河流最低年平均水位法计算湖泊最低生态水位的计算公式为

$$H_{min} = \frac{K\sum_{i=1}^{n} H_i}{n} \qquad (6-7)$$

式中：H_{min}——最低生态水位，m；

H_i——i 年最低水位，m；

K——权重；

n——统计年数。

利用最低年平均水位法计算湖泊最低生态水位，关键是权重 K 的确定。权重 K 实际上反映了湖泊历年年最低水位的平均值与最低生态水位的接近程度。可采用水文统计方法、反馈法和专家判断法来确定，其值一般在 0.65～1.55。

目前滇池水量无法满足其最小生态需水量，需从牛栏江调水，调水量可通过区域水量平衡分析求得：

$$W = W_d + W_g + W_f + W_{min} + W_e - W_u - W_p \qquad (6-8)$$

式中：W——需调水量，亿 m³；

W_d——城镇生活引水量，亿 m³；

W_g——工业引水量，亿 m³；

W_f——农业引水量，亿 m³；

W_{min}——湖泊最小生态需水量，亿 m³；

W_e——出湖流量，亿 m³；

W_u——入湖流量，亿 m³；

W_p——汇流区降水量，亿 m³。

生态补偿量计算公式为

$$P = C_i W \qquad (6-9)$$

式中：P——滇池流域需向供水地支付的生态补偿数额，万元；

C_i——生态补偿系数，万元/亿 m³；

W——滇池流域需调水量，亿 m³。

C_i 的求得需根据水源区和受水区的经济发展状况，使水源区生态补偿量的分担更加合理、公平，有助于消除单指标分担的片面性。用公式表示为

$$C_i = C \times \frac{GDP_i}{GDP_n} \qquad (6-10)$$

式中：C——基本水价；

GDP_i——滇池人均 GDP，万元；

GDP_n——云南省人均 GDP，万元。

6.3.4.4 博弈均衡分析法

博弈论又称对策论，是研究各博弈方之间的策略对抗、竞争，或面对一种局面时的对策选择。即在多决策主体之间行为具有相互作用时，各主体根据所掌握的信息及对自身能力的认知，做出有利于自己的决策的一种行为。在市场经济条件下，企业根据市场需求做出对自身有利的选择，市场经济强调依靠"看不见的手"来实现资源的最优配置，传统经济学认为通过市场机制总会把个人的利己行为变成对集体、社会有利的行为，而博弈论中的"囚徒困境"却揭示了这种论断的矛盾，即个人理性并不总是带来集体理性；同样地，从个体利益出发的行为也并不总是能实现个人利益的最大化，而有可能是相反的结果（杨磊等，2011）。

在生态补偿中，博弈双方为生态资源的保护者和生态资源的受益者，参与博弈的双方通常会朝着自身利益最大化的方向做出选择，在双方没有合作和信任的背景下，往往最后的结果就是双方实现了个体理性的纳什均衡，却无法实现个人利益的最大化，同时也无法实现社会利益的最大化。为了改变这种不合理的均衡，政府需要通过政策的干预使个人理性与社会理性相平衡，从而形成新的纳什均衡。

在滇池流域 3 个案例中，上游地区和下游地区作为博弈双方共享流域水资源，如果两区域都治理水源的话，双方都可以获得正效用，如干净的水源、生物物种的多样化等，且良好的生态环境更有利于城市居民的居住以及有利于城市招商引资。如果上游地区为发展经济，不断开发利用水资源；将会影响下游地区水资源的利用。上下游社会经济发展与水资源开发利用存在矛盾冲突。通过建立生态补偿机制，理顺上下游各要素之间的关系，缓解上下游发展与水资源保护间的矛盾冲突，使得上下游社会经济均衡发展。通过建立这种长效机制来使生态系统向着良性循环的方向运转，从而实现生态环境保护与人类社会福利的最优发展。

通过建立模型进行研究，上游区域有两种策略选择 A_1｛保护｝、A_2｛不保护｝；下游区域也有两种策略选择 B_1｛补偿｝、B_2｛不补偿｝，则得出下列模型（表 6-1）。

表 6-1 均衡模型

	下游区域补偿	下游区域不补偿
上游区域保护	U_{11}，U_{12}	U_{13}，U_{14}
上游区域不保护	U_{21}，U_{22}	U_{23}，U_{24}

其中，U_{11}、U_{21}、U_{13}、U_{23} 是上游区域的不同策略选择所获取的收益；U_{12}、U_{14}、U_{22}、U_{24} 为下游区域的不同策略选择所获取的收益。

6.4　流域生态补偿模式

在我国现已开展的流域生态补偿实践中，依据补偿主体的不同，可以将流域生态补偿模式划分为以下两种主要类型：政府主导模式和市场化模式。

政府主导模式多是在国家行政权力的支撑下，由中央政府或国家机构以国家性区域内（如全国性流域）经济社会与生态环境的协调可持续发展为目标，通过采取财政补贴、直接投资、税收改革、项目化实施等直接性的政府行为，对流域生态保护区域予以直接国家补偿的一种生态补偿方式。目前，政府主导模式下的流域生态补偿主要有以下几种手段：一是政府间的财政转移支付；二是政策倾斜（政策补偿）；三是项目化实施；四是环境税。

流域生态补偿中的市场化模式是指流域生态服务受益者（生态产品的购买方）通过市场机制对生态保护者的直接补偿（生态产品的出售方），利益相关各方处于相对平等的地位，自发地通过生态服务产品市场（如水市场）参与流域生态服务与补偿，并基于生态价值（或成本），以协商的方式确定补偿额度和补偿方式等，是与政府主导模式相对应的一种补偿模式。但是市场化模式存在和发挥作用的前提条件是要以清晰的产权结构为基础，而现行的自然资源产权国家所有制使得相关资源在市场化交易过程中出现了利益方众多、产权界定模糊等情况，造成了我国实施流域生态补偿市场化模式的难度大、交易成本高，市场机制优势不明显。

6.5　滇池流域生态补偿方法集成

6.5.1　基于利益相关者分析的流域生态补偿框架

流域生态补偿与污染赔偿的利益相关者有三类：①流域资源的所有者；②流域资源的开发使用者；③流域资源的管理者。从这个角度看，流域生态补偿的支付者也存在三个层次——当地（local）、省级行政区内（provincial）、国家（country）等，取决于资源及生态效益影响涉及的范围。不同层次的补偿以不同的方式或机制来实现。

6.5.1.1　补偿主体

根据生态补偿的基本原则，一种是受益者补偿，一种是施害者赔偿。

（1）受益者补偿

在受益者补偿中，补偿主体是一切从利用流域水资源、水环境保护中受益的群体。这些用水活动包括工业生产用水、农牧业生产用水、城镇居民生活用水、水力发电用水、利用水资源开发的旅游项目、水产养殖等。

下游企业、社会组织和个人能够直接享受生态服务的利益，所以要支付流域生态补偿金。下游企业、社会组织、个人的利益诉求体现在水质达标和少付费两个方面：一方面，企业要求水质可以达到生产标准，居民希望水质达到安全饮用标准；另一方面，下游企业、社会组织和个人均希望自己能少付费，大家都有"搭便车"的心理。但是，如果水质较差，在刚性需求的约束下，理性的补偿主体将愿意支付补偿费用。当然补偿多少要受到利益主体收入的限制，而且最大不超过其收益。

上游的保护为下游提供了良好的发展条件，增加了下游企业和居民的收入，同时也增加了下游的税源。也就是说，下游政府间接享受了生态补偿服务的利益，所以下游政府也应该承担部分流域生态补偿义务。下游政府的目标是不付费或少付费就可以得到本地生活和经济发展所需的水质，因而往往希望通过与上一级政府进行博弈，由上一级政府使用行政法律强制要求上游提供流域生态服务，或者由上一级政府支付相应的补偿费用。当然，在水质需求与供给差距很大时，下游补偿地政府将不得不支付补偿费用以换取优质水资源，但补偿多少要受到下游政府财政能力的限制，最大不超过其从流域生态服务中得到的收益。

上一级政府和国家出于整体规划和全面发展的需要，要对流域生态补偿服务进行补偿。他们的利益需求是当地或全国社会福利的最大化，但是否补偿及补偿多少不仅受财力限制，还受当地及国家的发展政策取向和现实环境状况的制约。

综上所述，滇池流域水环境保护的主要受益者为昆明市用水居民、企业，昆明市政府、云南省政府以及中央政府。由于居民、企业的数量庞大，难以作为一个整体利益群体来表达诉求，本研究将昆明市政府作为居民、企业利益的代言人来表达利益诉求。所以最终的受益者补偿主体为昆明市政府、云南省政府以及中央政府。

（2）施害者赔偿

在施害者赔偿中，补偿主体是一切生活或生产过程中向外界排放污染物、影响流域水量和流域水质的个人、企业或单位。其用水主要包括具有污染排放的工业企业用水、商业家庭市政用水、水上娱乐及旅游用水等。

由于流域水资源是一种公共产品，是应该由上下游一起享用的，如果上游过度取水造成下游用水权益受损，则上游应该给予下游一定的补偿。另外一种情况是各级政府有保护流域水质不受污染的责任和义务，如果上游地方政府由于所辖地区的排污等行为造成流域水质恶化，从而影响下游的用水或者给下游造成损害等，也应该给予下游赔偿。

综上所述，施害者赔偿主体确定为进入滇池的 36 条河流所在区域的五华、盘龙、官渡、西山、呈贡、晋宁、嵩明 7 个县（区）政府。

6.5.1.2　补偿客体

流域生态补偿客体是执行水环境保护工作，为保障水资源可持续利用作出贡献的地区和个人。就地区而言，一般指流域上游区域（包括流域上游周边地区）实施各项水源保护措施，为保障向下游提供持续利用的水资源，投入了大量的人力、物力、财力，甚至以牺牲当地的经济发展为代价。对这些为保护流域水生态安全作出贡献的地区，流域下游乃至国家作为受益地区理应负起补偿的责任。

流域生态补偿的客体也可以理解为两类：一是生态保护者，二是减少生态破坏者。流域生态保护者主要包括保护区内涵水林的种植及管理者、上游流域的生态建设及管理者和其他生态建设及管理者，其主体可能是当地居民、村集体，也可能是当地政府。减少生态破坏者主要指保护区内为维持良好的流域上游生态环境而丧失发展权的主体，如企业在生产品种的选择上，为保持生态而只能选择无污染项目；居民家庭无法选择养殖业，或在种植业经营中，由于减少化肥使用量而带来机会损失；当地政府由于无法开发经营旅游资源、无法招商引资，从而带来财政收入的减少等。

6.6　结论

生态补偿是生态产品价值实现的重要工具，这是国内外学者的广泛共识。在滇池流域，尽管已经出台了相关办法，并取得了一定成效，但是仍存在补偿方法单一、补偿机制不健全、补偿资金难以落实等问题。为了建立滇池流域生态补偿长效机制，本研究针对滇池流域生态补偿存在的问题，在生态补偿基本理论指导下，综合集成支付意愿法、跨界通量法、生态需水法与博弈均衡法等流域生态补偿方法，构建了滇池流域生态补偿方法体系与生态补偿模式。

第7章

滇池流域水源保护区生态补偿研究

7.1 基于支付意愿法的松华坝水源保护区生态补偿预调研

7.1.1 松华坝水源保护区概况

松华坝水源保护区地处东经 102°41′—103°21′、北纬 25°25′—25°28′，总面积约为 590.3 km²，包括嵩明县和盘龙区的滇源镇和阿子营乡以及官渡区的松华、双龙、龙泉等 7 个乡（镇）的 325 个自然村（图 7-1）。松华坝水源保护区属金沙江水系，盘龙江源头，冷水河、牧羊河及其支流和龙潭构成了水源区水系的基本形态。

松华坝水源涵养区和径流区多分布在嵩明县，水源区内年产水 2 亿多 m³，占松华坝水库蓄水量的 90%和滇池水体年交换量的 42%，是松华坝水源保护区和滇池治理的重点保护区域。

松华坝水库在盘龙区辖区内。松华坝水库是昆明市重要的防洪、供水工程，是昆明市主要的优质饮用水水源。水库库容为 2.19 亿 m³，蓄水库容为 1.05 亿 m³，多年平均实现城市供水 1.4 亿 m³，是昆明主城供水饮水的重要水源之一。

2010 年松华坝水源保护区内总人口约 8.4 万人，其中农业人口占 90%以上。农业以种植业为主，种植水稻、玉米、马铃薯、小麦、烤烟等。人均年纯收入较低，最低的双龙街道办事处为 3 200 元，最高的滇源镇为 5 682 元，低于全市农民年人均纯收入的平均值（5 810 元）。

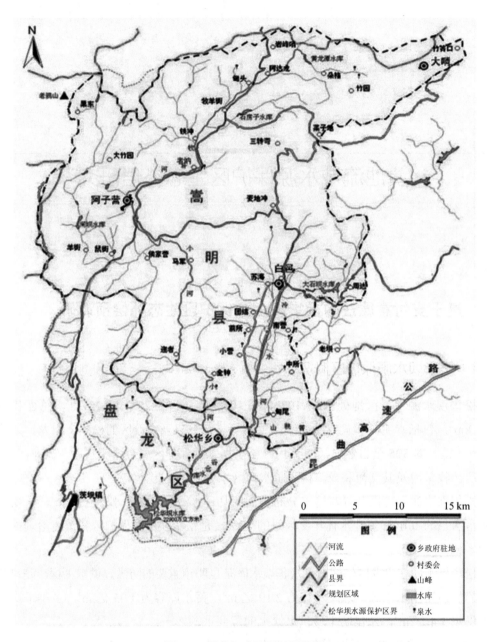

图 7-1　松华坝水源保护区范围

7.1.2　预调研版支付与受偿意愿问卷设计与调查

　　根据对流域生态补偿利益相关者的分析，松华坝水源保护区作为滇池流域上游区域，为下游作出了生态贡献，流域下游城区核心利益相关者的用水居民以及下游政府作为受益地区理应负起补偿的责任。本研究针对松华坝水源保护区现状，考虑各用水利益相关者，对上游水源保护区的居民发放了受偿意愿调查问卷，对下游用水居民发放了支付意愿调查问卷，采用支付意愿法开展松华坝水源保护区生态补偿研究。

7.1.2.1　问卷内容设计

问卷设计的具体内容包括四部分：第一部分是对居民个人信息的调查，包括居住地点、年龄、文化程度、职业、月收入状况、家庭总人数；第二部分是对居民环境保护认知状况的调查，包括对环境保护的了解程度、周边污染状况、自来水和下水道使用情况、水质和水源状况、水源保护的重要性以及生态补偿的重要性；第三部分是对居民生态补偿认知状况的调查，包括对生态补偿的认知状况、是否支持生态补偿及形成、对生态补偿政策的了解程度、生态补偿费用由谁支付及支付给谁；第四部分是居民支付意愿，包括生态补偿的形式、补偿金额等。

7.1.2.2　问卷调查方案

①基本调查内容：调查分为两组，分别为松华坝水源保护区上游的生态补偿受偿意愿调查问卷和昆明市主城区的支付意愿调查问卷。两种调查问卷内容都分为四个部分，前三部分内容相同，支付意愿调查问卷第四部分是居民支付意愿，包括生态补偿的形式、补偿金额等，而受偿意愿调查问卷第四部分是居民接受生态补偿现状及期望的人均受偿金额。采取连续型价值评估的方法，以及采用开放式问题格式进行调查，以便得到一个较为具体的受偿金额。

②调查地点：在松华坝水源保护区上游受偿地区，实地走访了阿子营乡张家营村、郭家营村、高仓、西以则、侯家营村、土坝，滇源镇的龙潭营村、周达、白邑、周家营村、得食村、移发村、达达村和松华乡的小河村等多个自然村，进行面对面调查访问，共收回有效问卷 144 份。同时，选取了松华坝水源保护区供水的昆明市主城区，作为非水源区范围开展生态补偿支付意愿的调查。随机选取了五华区、官渡区、西山区、盘龙区的行人，收回 60 份调查问卷。共发放调查问卷 220 份，有效问卷率为 92.7%。

7.1.3　预调研版调查问卷分析

7.1.3.1　居民个人信息

松华坝水源保护区生态补偿调查问卷受偿者和支付者基本情况统计结果分别见表 7-1 和表 7-2。

表 7-1　松华坝水源保护区生态补偿调查问卷受偿者基本情况统计

基本情况	选项	样本量/个	基本情况	选项	样本量/个
年龄	20 岁以下	5	受教育情况	无	18
	20~30 岁	15		小学	40
	30~40 岁	17		初中	59
	40~50 岁	52		高中及中专	21
	50~60 岁	29		大专及以上	6
	60~70 岁	26	年收入	10 000 元以下	54
工作情况	国家公务人员	2		10 000~20 000 元	29
	企事业单位职工	2		20 000~30 000 元	23
	教师	1		30 000 元及以上	38
	农民	120			
	学生	8			
	其他	11			

表 7-2　松华坝水源保护区生态补偿调查问卷支付者基本情况统计

基本情况	选项	样本量/个	基本情况	选项	样本量/个
年龄	20 岁以下	8	受教育情况	无	4
	20~30 岁	21		小学	1
	30~40 岁	9		初中	8
	40~50 岁	10		高中及中专	13
	50~60 岁	9		大专及以上	34
	60~70 岁	3	年收入	10 000 元以下	17
工作情况	国家公务人员	2		10 000~20 000 元	5
	企事业单位职工	23		20 000~30 000 元	9
	教师	1		30 000 元及以上	29
	农民	1	居住地	五华区	23
	学生	14		官渡区	10
	其他	19		西山区	17
				盘龙区	10

　　由表 7-1 和表 7-2 可以看出，昆明市主城区的居民即支付者各年龄层分布较为均衡，且青壮年占主要组成部分，而水源保护区各自然村居民即受偿者明显以 40 岁以上年龄层的人员为主，60~70 岁人员占了很大一部分，留守老人这一社会现象表明了一个社会现实：为保护水源保护区周边的生态环境，政府采取了一些强制性措施，如征地、禁止旅游开发等，从而限制了水源保护区上游经济的发展，很多青壮年劳动力选择外出打工。从职业分布上来看，受偿者基本为农民，构成单一。而昆明市主城区的支付者则具有丰

富的职业，同时被调查者学历普遍偏高，大学专科及以上学历占很大一部分。受偿者学历普遍偏低，以小学和初中学历为主，大专以上学历者寥寥无几，收入相较于支付者也差距很大，年均 30 000 元以上收入者占比仅为 26.4%，支付者年均 30 000 元以上收入者占比则为 48.3%。

7.1.3.2　被调查者环境保护认知状况分析

由于被调查者普遍不了解生态补偿机制，因此在面对面调查走访的过程中，首先询问的是生态环境保护方面的问题，以此进行一个过渡，以便逐步深入，同时使得我们对居民环境保护的认知状况有所了解。

关于生态环境破坏程度：经问卷可以得出，受偿者中有 15.9% 的人对此非常关注，39.6% 的人对此比较关注，29.2% 的人对此一般关注，仅 15.3% 的人对此很少关注或不关注。支付者中有 20% 的人对此非常关注，30% 的人对此比较关注，33.3% 的人对此一般关注，仅 16.7% 的人对此很少关注或不关注。受偿者和支付者对生态环境破坏程度关注情况相当，很少关注或不关注的人占比都很小。

关于松华坝水源保护区生态环境的重要程度：受偿者中有 35.4% 的人认为其非常重要，32.9% 的人认为其比较重要，25.7% 的人认为其一般重要，仅有 6.0% 的人认为其不太重要。支付者中有 55% 的人认为其非常重要，26.7% 的人认为其比较重要，18.3% 的人认为其一般重要，无人认为其不太重要或不重要。相较而言，支付者认为松华坝水源保护区生态环境保护更为重要，由此可见，受益者更希望水源保护区能够得到好的保护。

关于松华坝水库上游生态保护生态环境功能（此为多选）：受偿者中 65 人认为其有防治水土流失、保育土壤资源的功能，50 人认为其有涵养水源、净化废物的功能，53 人认为其有保证饮水安全及工业生产可持续性的功能，20 人认为其有提供野生动物生存的场所、维护生物多样性的功能。支付者中 29 人认为其有防治水土流失、保育土壤资源的功能，24 人认为其有涵养水源、净化废物的功能，18 人认为其有保证饮水安全及工业生产可持续性的功能，18 人认为其有提供野生动物生存的场所、维护生物多样性的功能，另外还有 2 人认为其有提供娱乐、休闲旅游空间的作用。

关于为保护松华坝水源保护区的生态环境需要水利设施、基础设施及其管理维护等投入：受偿者中 19.4% 的人认为非常了解，33.3% 的人认为比较了解，36.8% 的人认为一般了解，仅有 13.9% 的人不了解。支付者中 1.6% 的人认为非常了解，10% 的人比较了解，50% 的人认为一般了解，有 30% 的人不太了解，8.4% 的人不了解。显而易见，受偿者对保护松华坝水源保护区的生态环境需要水利设施、基础设施及其管理维护等投入更为了解，是政府的宣传或是本地人自身参与的结果。

关于采用何种手段进行生态保护（此为多选）：受偿者中有 11 人认为需采用行政命

令，25 人认为需采用法律法规，130 人认为要进行经济补偿。支付者中 17 人认为需采用行政命令，38 人认为需采用法律法规，15 人认为要进行经济补偿。可以从这些数据中得出结论，受偿者更希望能得到经济补偿，而支付者认为法律法规对生态保护更适用一些，较少的人认为对水源保护区居民进行经济补偿更好。

综合分析，可以得出结论，松华坝水源保护区被调查者大部分对环境保护有所了解、比较重视，尤其是受偿者和支付者对各自利益相关部分比较关注。

7.1.3.3 关于被调查者生态补偿认知状况的分析

关于由谁对松华坝水源保护区进行生态补偿（此为多选）：受偿者中有 88 人认为是由国家进行生态补偿，有 34 人认为是由松华坝水源保护区下游地方政府，有 24 人认为是由松华坝水源保护区水用户，有 20 人认为是由所有生态受益者。支付者中有 25 认为是由国家进行生态补偿，有 11 人认为是由松华坝水源保护区下游地方政府，有 2 人认为是由松华坝水源保护区水用户，有 29 人认为是由所有生态受益者。由此可见，受偿者多数认为国家应进行生态补偿，而支付者多数认为国家或所有生态受益者应进行生态补偿。支付者对生态补偿的理解更为深入，受偿者则是认为由国家直接补偿更为稳定和长期。

关于支付者是否愿意支付一定费用用于松华坝水源保护区的生态环境保护：有 40% 的人表示不愿意，60% 的人表示愿意。其中，不愿意的人中，25% 的人理由是家庭收入低，20.8% 的人认为上游地区的努力不会达到预期目标，12.5% 的人认为环境变化对个人影响甚微，41.7% 的人认为支付费用是政府的职责，应由国家出资，不应由个人和家庭掏钱。

关于支付者的支付方式：表示愿意支付的人中，有 1.11% 的人希望以现金形式捐献到某一自然保护基金组织并委托专用，有 19.4% 的人希望以现金形式捐献到松华坝水源保护区环境保护的管理机构，有 25% 的人希望缴纳生态环境保护税、由国家统一支配，有 25% 的人希望提高水价，有 29.49% 的人希望以其他方式支付。可以看出绝大部分受访者环境保护意识比较强烈，愿意支付一定的费用来保护水源区的生态环境，最能接受的生态补偿方式是提高水价和缴纳生态环境保护税。

7.1.3.4 居民受偿及支付意愿分析

对滇池流域居民的支付意愿进行分析，可推算出滇池流域居民对该流域生态补偿的支付意愿总额。

（1）支付意愿测算

表 7-3 为调查问卷中松华坝水源保护区生态补偿支付意愿统计。

表 7-3　松华坝水源保护区生态补偿支付意愿统计

支付者	金额	样本量/个
昆明市主城区居民	50 元以下	5
	50~100 元	7
	100~200 元	11
	200~300 元	5
	300~1 000 元	8

用表 7-3 中的数据，运用微积分方法计算出昆明市主城区居民每人对生态补偿的最大支付意愿（WTP）。

$$\text{WTP}=\frac{1}{60}\left(\int_{0}^{50}5\mathrm{d}x+\int_{50}^{100}7\mathrm{d}x+\int_{100}^{200}11\mathrm{d}x+\int_{200}^{300}5\mathrm{d}x+\int_{300}^{1\,000}8\mathrm{d}x\right)=130\ \text{元/人}$$

昆明市主城区总人口（POP）=223 万人，计算出主城区总支付意愿金额为 P=130 元/人×223 万人=28 990 万元，即昆明市主城区对松华坝水源保护区生态补偿的最大支付意愿金额是 28 990 万元。

（2）受偿意愿测算

表 7-4 为调查问卷中松华坝水源保护区生态补偿受偿意愿统计。

表 7-4　松华坝水源保护区生态补偿受偿意愿统计

受偿者	金额	样本量/个
松华坝水源保护区各自然村居民	500~1 000 元	14
	1 000~2 000 元	31
	2 000~4 000 元	58
	4 000~8 000 元	41

用表 7-4 数据，运用微积分的方法计算松华坝水源保护区居民每人对生态补偿的受偿意愿（WTP_u）：

$$\text{WTP}_u=\frac{1}{144}\left(\int_{500}^{1\,000}14\mathrm{d}x+\int_{1\,000}^{2\,000}31\mathrm{d}x+\int_{2\,000}^{4\,000}58\mathrm{d}x+\int_{4\,000}^{8\,000}41\mathrm{d}x\right)=2\,208.3\ \text{元/人}$$

松华坝水源保护区的白邑、阿子营大哨及盘龙区的双哨、小河、龙泉等 7 个镇 267 个自然村小组共 75 145 人，即 POP_u=75 145 人，则松华坝水源保护区的总受偿意愿 P_u=2 208.3 元/人×75 145 人=16 594 万元。

通过计算可以得出，昆明市主城区居民每年的支付意愿为 130 元/人，主城区每年对松华坝水源保护区生态补偿的最大支付意愿金额是 28 990 万元；松华坝水源保护区居民对生态补偿的受偿意愿是每年 2 208.3 元/人，保护区居民对松华坝水源保护区生态补偿的受偿意愿是 16 594 万元。测算出昆明市主城区居民对该流域生态补偿的支付意愿总额大于水源保护区居民的受偿意愿，因此向松华坝下游受水区（昆明市主城区）征收补偿费用的生态补偿机制是可行的。

7.2　基于支付意愿法的松华坝水源保护区生态补偿正式调研

7.2.1　正式版调查问卷设计与调查

本研究针对松华坝水源保护区生态补偿预调研结果，于 2015 年 5 月 12—30 日对松华坝水源保护区生态补偿现状进行正式实地调研。重新设计支付意愿及受偿意愿调查问卷，完成调查方案，确定调查地点，分析被调查居民个人信息、环境保护认知状况、居民受偿及支付意愿，计算水源保护区居民受偿意愿额度及受水区居民支付意愿额度。初步对松华坝水源保护区生态补偿进行政策探讨。

以下是正式版问卷内容设计及调查方案。

（1）正式版调查问卷内容

调查分为两组，分别为松华坝水源保护区上游的受偿意愿调查问卷和昆明市主城区居民的支付意愿调查问卷。支付意愿调查问卷具体包括对环境问题的看法、生活用水情况、对水源保护区生态的感知、生态目标、估价问题、对生态补偿的态度、样本特征。其中估价问题采取投标博弈的价值评估方法，以预调研的支付意愿和受偿意愿额度为基础，以便得到一个较为具体、科学的支付意愿额度。受偿意愿调查问卷具体包括对环境问题的看法、对松华坝水源保护区的保护、对水源保护区生态的感知、生态目标、估价问题、对生态补偿的态度、样本特征。估价问题也采取投标博弈的方法。

（2）调查地点

在松华坝水源保护区上游受偿地区，实地走访了多个相关自然村，包括阿子营乡的阿子营村、张家营村、前卫营村、郭家营村、高仓、西以则、侯家营村、尚家营村、土坝、高坝、中所村、皮家营村、小营村、法克头村、次门路村、马鞍山村、麻营村，滇源镇的龙潭营村、周达、白邑、周家营村、得食村、移发村、达达村、下纳堡、新庵村、马脚村、南营村、大营村、前所村、甸尾村、苏海村、后营村，双龙街道办事处的庄房村、密岭新村、旧关村、金盆村、平地村，松华乡的小河村，进行面对面调查访问，共发放问卷 238 份，其中有效问卷率为 96%。同时，选取了松华坝水源保护区供水的昆明市主城区，作为非水源保护区范围开展生态补偿支付意愿的调查。随机选取五华区、官渡区、西山区、盘龙区的居民，分层抽样，进行问卷调查，西山区发放问卷 233 份，官渡区发放问卷 261 份，五华区发放问卷 265 份，盘龙区发放问卷 254 份。支付意愿问卷共发放 1 013 份，其中有效问卷率为 96%。

我们选择了人们休息的时间进行访问，以使居民乐于接受调查并有比较充分的时间思考和认真回答。另外，调查时间长短的控制对于减小调查结果的偏差是很有意义的。时间长短控制在让被调查者能够有充足时间思考，但又不失去耐心的范围，这样才能提高回答的准确性、减小结果的偏差。通过总结预调查的经验，正式调查时将时间控制范围定在 20～30 min。这次实地调研得到了关于松华坝水源保护区受偿意愿和支付意愿的翔实数据，有利于进一步统计分析，以便对政策实施提供更具落地性、针对性的建议。

7.2.2 正式版支付意愿调查问卷分析

7.2.2.1 被调查者环境问题认知情况分析

由于被调查者普遍不了解生态补偿机制，因此在面对面调查走访的过程中，首先询问的是生态环境保护方面的问题，以此进行一个过渡，以便逐步深入，同时使得我们对居民环境保护的认知状况有所了解。

关于昆明地区所面临的最为严重的问题：分析结果见表 7-5。其中，0 代表不知道，1 代表金融安全，2 代表环境问题，3 代表公共医疗问题，4 代表教育公平问题，5 代表城市交通拥堵问题，6 代表贫困、失业，7 代表住房问题。支付者中有 22.9% 的人认为环境问题最应受到重视，22.2% 的人认为公共医疗问题最应受到重视，12.0% 的人认为教育公平问题应该受到重视，17.4% 的人认为城市交通拥堵问题应受到重视。在所有问题中，支付者相当关注环境问题。

关于昆明地区所面临的次严重问题：支付者中有 13.0% 的人投给了环境问题，17.4% 的人投给了公共医疗问题，16.9% 的人投给了教育公平问题，18.2% 的人投给了城市交通拥堵问题。因此昆明市主城区居民普遍认为环境问题、城市交通拥堵问题为第一或者第二重要，应当首要使用公共资金去解决。

表 7-5　最严重、次严重问题

选项	最严重问题		次严重问题	
	频率	占比/%	频率	占比/%
0	29	2.9	34	3.4
1	57	5.6	35	3.5
2	232	22.9	132	13.0
3	225	22.2	176	17.4
4	122	12.0	171	16.9
5	176	17.4	184	18.2
6	77	7.6	147	14.5
7	95	9.4	133	13.1

关于昆明地区所面临的最严重环境问题：分析结果见表 7-6。其中，0 代表不知道，1 代表濒危物种灭绝，2 代表固体废物污染，3 代表饮用水水源区污染，4 代表空气污染，5 代表海洋污染，6 代表土壤污染，7 代表破坏森林，8 代表河流、湖泊、地下水污染。支付者中有 24.7%的人认为固体废物污染问题最应受到重视，33.4%的人认为饮用水水源区污染问题最应受到重视，19.1%的人认为空气污染问题应该受到重视，10.6%的人认为河流、湖泊、地下水污染应受到重视。在所有问题中，支付者最关注饮用水水源区污染问题。

关于昆明地区所面临的次严重环境问题：支付者中有 15.3%的人投了固体废物污染，21.0% 的人投给了饮用水水源区污染，21.8%的人投给了空气污染，21.6%的人投给了河流、湖泊、地下水污染。因此，昆明市主城区的居民普遍认为饮用水水源区污染、空气污染问题比较重要，应当首要使用公共资金去解决。

表 7-6　最严重、次严重环境问题

选项	最严重环境问题		次严重环境问题	
	频率	占比/%	频率	占比/%
0	44	4.3	55	5.4
1	26	2.6	15	1.5
2	250	24.7	155	15.3
3	338	33.4	213	21.0
4	193	19.1	221	21.8
5	10	1.0	17	1.7
6	24	2.4	59	5.8
7	21	2.1	59	5.8
8	107	10.6	219	21.6

关于生态环境破坏程度：经问卷可以得出表 7-7 的统计结论，支付者中有 12.5%的人对此非常关注，70.5%的人对此关注，7.3%的人对此无所谓关注或不关注，仅 7.6%的人对此很少关注或不关注。支付者对生态环境破坏程度相当关注，很少关注或不关注的人占比都很小。

关于松华坝水源保护区生态环境的重要程度：支付者中有 52.2%的人认为其重要，39.3%的人认为其非常重要，4.9%的人认为无所谓重要或不重要，1.3%的人认为其不重要或非常不重要。多数支付者认为松华坝水源保护区生态环境保护重要或非常重要。

表 7-7　支付者生态环境意识

具体内容	选项	样本量/个	占比/%
生态环境破坏问题 关注程度	不知道	21	2.1
	非常不关注	6	0.6
	不关注	71	7.0
	无所谓关注或不关注	74	7.3
	关注	714	70.5
	非常关注	127	12.5
松华坝水源保护区 生态环境重要性	不知道	23	2.3
	非常不重要	3	0.3
	不重要	10	1.0
	无所谓重要或不重要	50	4.9
	重要	529	52.2
	非常重要	398	39.3
水源区投入了解度	不知道	117	11.5
	非常不了解	81	8.0
	不了解	568	56.1
	无所谓了解或不了解	79	7.8
	了解	154	15.2
	非常了解	14	1.4

关于对滇池上游生态功能的认知（表 7-8），支付者中，60.0%的人认为防治水土流失、保育土壤资源的功能重要，25.5%的人认为防治水土流失、保育土壤资源的功能非常重要；55.4%的人认为涵养水源、净化废物的功能重要，28.8%的人认为涵养水源、净化废物的功能非常重要；48.4%的人认为保证饮水安全及工业生产可持续性的功能重要，35.5%的人认为保证饮水安全及工业生产可持续性的功能非常重要；43.6%的人认为提供娱乐、休闲旅游空间的功能重要，9.4%的人认为提供娱乐、休闲旅游空间的功能非常重要；58.7%的人认为提供野生动物生存的场所、维护生物多样性的功能重要，17.2%的人认为提供野生动物生存的场所、维护生物多样性的功能非常重要。相比较而言，更多的支付者认为保证饮水安全及工业生产可持续性的功能非常重要或重要。

表 7-8　对滇池上游生态功能的认知

具体内容	选项	样本量/个	占比/%
防治水土流失、保育土壤资源	不知道	39	3.8
	非常不重要	11	1.1
	不重要	25	2.5
	无所谓重要或不重要	72	7.1
	重要	608	60.0
	非常重要	258	25.5
涵养水源、净化废物	不知道	45	4.4
	非常不重要	8	0.8
	不重要	32	3.2
	无所谓重要或不重要	75	7.4
	重要	561	55.4
	非常重要	292	28.8
保证饮水安全及工业生产可持续性	不知道	47	4.6
	非常不重要	10	1.0
	不重要	28	2.8
	无所谓重要或不重要	78	7.7
	重要	490	48.4
	非常重要	360	35.5
提供娱乐、休闲旅游的空间	不知道	54	5.3
	非常不重要	56	5.5
	不重要	129	12.7
	无所谓重要或不重要	237	23.4
	重要	442	43.6
	非常重要	95	9.4
提供野生动物生存的场所、维护生物多样性	不知道	50	4.9
	非常不重要	17	1.7
	不重要	50	4.9
	无所谓重要或不重要	127	12.5
	重要	595	58.7
	非常重要	174	17.2

关于为保护松华坝水源保护区的生态环境需要水利设施、基础设施及其管理维护等投入：支付者中，1.4%的人认为非常了解，16.2%的人认为比较了解，7.8%的人无所谓了解或不了解，56.1%的人不了解，8.0%的人非常不了解。显而易见，支付者对保护松华坝水源保护区的生态环境需要水利设施、基础设施及其管理维护等投入并不了解，政府应进行宣传教育。

关于采用何种手段进行生态保护（见表 7-9）：支付者中，628 人认为采用行政命令有效，175 人认为采用行政命令非常有效；568 人认为采用法律法规有效，313 人认为采用法律法规非常有效；562 人认为进行经济补偿有效，195 人认为进行经济补偿非常有效；567 人认为进行公众环境教育有效，208 人认为进行公众环境教育非常有效。可以从这些数据中得出结论，尽管各种途径作用都被大多数人认同，但支付者认为法律法规对生态保护更适用一些，较少的人认为对水源保护区居民进行经济补偿更好。

表 7-9　支付者对生态保护手段的认知

具体内容	选项	样本量/个	占比/%
行政命令	不知道	22	2.2
	非常无效	11	1.1
	无效	80	7.9
	无所谓无效或有效	97	9.6
	有效	628	62.0
	非常有效	175	17.3
法律法规	不知道	18	1.8
	非常无效	7	0.7
	无效	34	3.4
	无所谓无效或有效	73	7.2
	有效	568	56.1
	非常有效	313	30.9
经济补偿	不知道	27	2.7
	非常无效	16	1.6
	无效	71	7.0
	无所谓无效或有效	142	14.0
	有效	562	55.5
	非常有效	195	19.2
公众环境教育	不知道	27	2.7
	非常无效	9	0.9
	无效	70	6.9
	无所谓无效或有效	132	13.0
	有效	567	56.0
	非常有效	208	20.5

7.2.2.2 被调查者生活用水情况分析

关于支付者的住宅及交通情况：由表 7-10 可知，45.4%居住在中心城区，47.3%居住在其他城区，极少部分居住在郊区。61.2%居住在交通主干线附近，34.4%居住在交通次干线附近，仅 3.7%居住在偏僻的地方。同时住宅类型多为单元楼房，87.3%居住在单元楼房。

关于清洁情况、洗澡频次：由表 7-11 可知，支付者中，46.4%的人每天对房间进行清洁，28.9%的人大约一周两次，16.7%的人一周一次。每天清洁的人比例最大，大部分人的清洁频率较高。29.6%的人每天洗澡，48.3%的人 2～3 天一次，10.5%的人 3～5 天一次，10.2%的人一周一次。每天洗澡及 2～3 天洗一次澡的人较多。

关于是否有节水意识、重复用水情况：支付者中，91.2%的人有节水意识、重复用水情况，8.2%的人没有重复用水情况。绝大部分人有重复用水情况。49.8%的人回答知道水价，48.5%的人回答不知道水价。其中，回答知道水价的人中，极少数人回答出了正确的水价，人们对水价普遍不敏感。在回答了水费的人里，家庭月水费均值为 54.862 元。如果提高水价，有 536 人表示会改变用水习惯，463 人表示不会改变用水习惯。562 人回答了改变用水习惯会在哪方面节水，45.2%会在洗衣服时节水，13.3%会在冲厕时节水，8.2%表示会更换节水设备。有 735 人建议水价，均值是 3.68 元。

表 7-10 支付者居住、交通情况

具体内容	选项	样本量/个	占比/%
居住地	不知道	6	0.6
	中心城区	460	45.4
	其他城区	479	47.3
	郊区	63	6.2
	其他	5	0.5
交通情况	不知道	8	0.8
	交通主干线	620	61.2
	交通次干线	348	34.4
	偏僻，交通量少	37	3.7
住宅类型	不知道	10	1.0
	单元楼房	884	87.3
	无独立院墙的平房	38	3.8
	具有独立院墙的平房	14	1.4
	无独立院墙的独栋楼房	18	1.8
	具有独立院墙的独栋楼房	24	2.4
	其他	25	2.5

表 7-11 支付者生活用水情况

具体内容	选项	样本量/个	占比/%
家庭清洁频率	不知道	5	0.5
	每天	470	46.4
	大约一周两次	293	28.9
	一周一次	169	16.7
	两周一次	28	2.8
	一月一次	32	3.2
	一年数次	11	1.1
	一年一次或更少	5	0.5
洗澡频次	不知道	4	0.4
	每天	300	29.6
	2~3 天一次	489	48.3
	3~5 天一次	106	10.5
	一周一次	103	10.2
	两周一次	10	1.0
	一个月一次	1	0.1
重复用水	不知道	6	0.6
	有	924	91.2
	无	83	8.2
是否知道水价	不知道	18	1.8
	是	504	49.8
	否	491	48.5
会否改变用水习惯	不知道	14	1.4
	会	536	52.9
	否	463	45.7
哪方面节水	洗衣服	254	45.2
	洗菜	47	8.4
	洗澡	55	9.8
	洗漱	11	2.0
	冲厕	75	13.3
	清洁房间	38	6.8
	更换节水设备	46	8.2
	其他	36	6.4

7.2.2.3 被调查者对水源区生态的感知情况

关于对滇池流域水源区生态状况的描述（见表 7-12）：有 73.0%的人认同在靠近水源

区（水库）的地方以及在河里有许多各种各样的树和其他植物；有 57.0% 的人认同水源区
（水库）是野生动物（如鱼、鸭）的理想栖息地；有 29.1% 的人认同水源区（水库）里的
水挺干净，游泳没问题；有 31.4% 的人认同水源区（水库）的水挺干净，饮用没问题；有
30.5% 的人认同排进的垃圾和污水几乎没有；有 38.0% 的人认同水闻起来没有难闻的气味。
关于松华坝水源保护区（见表 7-13），27.4% 的人认为熟悉，67.5% 的人表示不熟悉。占总
人数 73.0% 的人认同在靠近松华坝的地方以及在河里有许多各种各样的树和其他植物；
57.0% 的人认同松华坝水源保护区是野生动物（如鱼、鸭）的理想栖息地；29.1% 的人认
同松华坝水源保护区里的水挺干净，游泳没问题；31.4% 的人认同松华坝水源保护区里的
水挺干净，饮用没问题；30.5% 的人认同排进松华坝水源保护区里的垃圾和污水几乎没有；
38.0% 的人认同水闻起来没有难闻的气味。

表 7-12　支付者对滇池流域水源区生态状况的描述

具体内容	选项	样本量/个	占比/%
植物	不知道	37	3.7
	不同意	125	12.3
	无所谓	112	11.1
	同意	739	73.0
野生动物栖息地	不知道	42	4.1
	不同意	200	19.7
	无所谓	194	19.2
	同意	577	57.0
干净，可游泳	不知道	37	3.7
	不同意	536	52.9
	无所谓	145	14.3
	同意	295	29.1
干净，可饮用	不知道	41	4.0
	不同意	530	52.3
	无所谓	124	12.2
	同意	318	31.4
无垃圾和污水排放	不知道	35	3.5
	不同意	496	49.0
	无所谓	173	17.1
	同意	309	30.5
无难闻气味	不知道	37	3.7
	不同意	399	39.4
	无所谓	192	19.0
	同意	385	38.0

表 7-13　支付者对松华坝水源保护区生态状况的描述

具体内容	选项	样本量/个	占比/%
是否熟悉松华坝水源保护区	不知道	52	5.1
	不同意	684	67.5
	同意	277	27.4
松华坝水源保护区植物	不知道	37	3.7
	不同意	125	12.3
	无所谓	112	11.1
	同意	739	73.0
松华坝水源保护区野生动物栖息地	不知道	42	4.1
	不同意	200	19.7
	无所谓	194	19.2
	同意	577	57.0
松华坝水源保护区干净，可游泳	不知道	37	3.7
	不同意	536	52.9
	无所谓	145	14.3
	同意	295	29.1
松华坝水源保护区干净，可饮用	不知道	41	4.0
	不同意	530	52.3
	无所谓	124	12.2
	同意	318	31.4
松华坝水源保护区无垃圾和污水排放	不知道	35	3.5
	不同意	496	49.0
	无所谓	173	17.1
	同意	309	30.5
无难闻气味	不知道	37	3.7
	不同意	399	39.4
	无所谓	192	19.0
	同意	385	38.0

关于水源保护区污染来源，被调查的支付者中，30.9%认为是村镇生活污水排放，13.3%认为是村镇倾倒的垃圾，38.4%认为是工业废水排放，认为是农田排水、工厂废渣倾倒的较少。

7.2.2.4　被调查者对生态补偿目标的认识

在向被调查者询问他们的支付意愿之前，调访者耐心解释了松华坝水源保护区生态补偿的目的和补偿方式，然后询问被调查者是否能够理解这些生态补偿的信息。调查中向被调查者进行了解释说明，使得绝大多数被调查者能够认真接受问卷。在问卷最后请被调查者填写对调查的理解程度，以此来确保问卷设计的效果。其中有 59.0% 的被调查者表示理解这些信息，占比最大；31.7% 的人表示多少有些理解（针对有必要的情况，调访者重复解释了一遍）；仅有 7.3% 的人表示不理解，调访者对不理解的人再重复解释关于生态补偿的信息，以确保被调查者对生态补偿的支付意义和目标有清楚的认识。可见，大部分被调查者能够理解生态补偿调查问卷（见表 7-14）。这说明问卷设计是比较有效的，而且关于支付意愿的调查能够被昆明市主城区大多数居民接受和理解。

关于由谁对松华坝水源保护区进行补偿：被调查者中有 42.1% 的人认为应该由国家进行补偿，31.6% 的人认为应该由滇池下游地方政府进行补偿，选择可能排污的工厂企业等、滇池水用户、所有生态受益者的人比较少，即多数人认为应由国家、地方政府来补偿。

表 7-14　支付者对生态补偿的看法

具体内容	选项	样本量/个	占比/%
是否理解生态补偿	不知道	20	2.0
	理解	598	59.0
	多少理解	321	31.7
	不理解	74	7.3
由谁补偿	不知道	5	0.5
	国家	426	42.1
	滇池下游地方政府	320	31.6
	滇池水用户	44	4.3
	所有生态受益者	85	8.4
	可能排污的工厂、企业等	128	12.6
	其他	5	0.5

7.2.2.5　被调查者的支付意愿分析

在对松华坝水源保护区生态补偿问题作了相应的解释和说明之后，问被调查者"您是否愿意为了把松华坝水源保护区生态保持在目前的水平上，每年以多付水费或多纳税的方式多支付一定量的金钱？"对这个问题，我们给出了"愿意"和"不愿意"的选择，如果被调查者选择了"愿意"，则继续采用意愿调查价值评估中常用的重复投标博弈法询问最大支付意愿的额度。在重复投标博弈中，被调查者不必自行说出一个确定的支付意愿或接受赔偿意愿的数额，而是被问及是否愿意对某一物品或服务支付给定的金额，根据被调查者的回答，不断改变这一数额，直至得到最大支付意愿或最小的接受赔偿意愿。在此，我们首先询问被调查者，为了将松华坝水源保护区的生态维持在当前状态，您是否愿意以多付水费和交生态补偿税的方式每年多付一定额度的货币（如 500 元），如果被调查者的回答是肯定的，就再提高金额（如 550 元），直到被调查者作出否定的回答为止（如 600 元）。然后调查者再降低金额，以便找出被调查者愿意付出的精确数额。由于预调研时我们大致清楚了支付意愿额度范围，更有利于我们利用重复投标博弈法，以消除支付意愿的起点偏差和被调查者过于积极产生的偏差。同样，在调查上游地区居民的受偿意愿时，询问被调查者是否愿意在接受一定数额的赔偿情况下，为了把松华坝水源保护区生态保持在目前的水平上，而继续支持水源保护区限制农耕、限制经济发展等政策，如果回答是肯定的，就继续降低该金额直到被调查者作出否定的回答为止。然后，再提高该金额，找出被调查者愿意接受的最小补偿数额。

在 1 013 份有效问卷中，487 人不愿意支付，526 人愿意支付。表 7-15 为支付意愿统计表，总体均值 116.27 元/人是本研究中昆明市主城区居民家庭每年最多愿意支付费用的平均值，即人均支付意愿 WTP=116.27 元/人。按照研究范围家庭总人数 223 万人计算，主城区居民总的支付意愿是 2.59 亿元/a。可认为 2.59 亿元（2015 年）是研究范围（四个行政区）内的居民对松华坝水源保护区每年给他们带来的效益的估值，主要是饮水安全的价值。

表 7-15　支付意愿统计量

均值/（元/人）	极大值/（元/人）	极小值/（元/人）	标准差	方差	偏度	峰度
116.27	5 000	0	254.462	64 750.680	9.094	144.803

调查中，如果被调查者表示"不愿意支付"，则请他们给出不愿意支付的原因。其中 1 代表"家庭收入低；我经济上负担不起，否则愿意付费"，2 代表"我认为上游地区的努力不会达到预期目标"，3 代表"我不认为这个问题应当优先解决，还有更重要的事要做"，4 代表"我不认为自己对松华坝的现状负有责任，这是其他人的事情"，5 代表"我对松华坝的生态环境、水质状况不感兴趣，我还能到别的地方去"，6 代表"我不相信松华坝将来会被严重污染"，7 代表"我认为我已经交了太多的税了"，8 代表"是政府的职责，应由国家出资，不应由个人和家庭掏钱"，9 代表"环境变化对个人影响甚微"。图 7-2 为不愿支付的原因统计图。在不愿支付的 478 位被调查者中，有 54.6%的人认为应该是政府的职责，不应个人和家庭掏钱，占比最大；有 22%的人认为经济状况不好，对松华坝水源保护区生态补偿不感兴趣。这部分人大部分家庭收入低；有 10%的人认为已经交了太多税了。

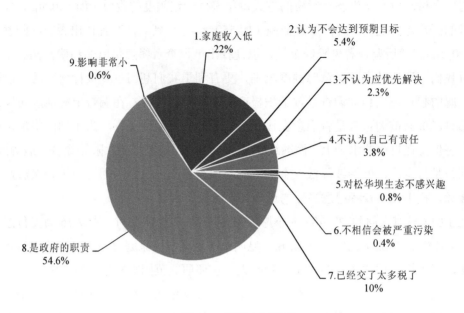

图 7-2　不愿支付原因

7.2.2.6　被调查者对政策实施的态度

当询问被调查者"您认为滇池流域生态补偿政策实施会得到公众的大力支持吗",有46.4%的人认为可能会,35.3%的人认为当然会,14.8%的人认为可能不会,仅 1.9%的人认为当然不会。由此可见,被调查者还是很支持滇池流域生态补偿政策的实施的(见表7-16)。当询问被调查者"您认为政府会实施这样的生态补偿政策以保护滇池流域水源保护区生态吗",有 58.1%的人认为可能会,29.8%的人认为当然会,8.9%的人认为可能不会,绝大多数人对政府实施生态补偿政策有信心。当询问被调查者"您认为生态补偿政策来保护水源保护区能得到预期的结果吗",有 20.3%的人选择当然会,56.5%的人选择可能会,19.5%的人选择可能不会,大多数人对政策实施的效果是肯定的。当询问被调查者"您认为提高收税和提高水价是为保护水源区生态筹集资金的好办法吗",有37.8%的人认为可能会,26.7%的人认为可能不会。由此可见,部分被调查者认为向个人或家庭征收税费或提高水价并不一定是筹措资金的好办法。

表 7-16　支付者对政策实施的态度

具体内容	选项	样本量/个	占比/%
政策实施是否会得到公众支持	不知道	16	1.6
	当然会	358	35.3

具体内容	选项	样本量/个	占比/%
政策实施是否会得到公众支持	可能会	470	46.4
	可能不会	150	14.8
	当然不会	19	1.9
政府是否实施生态补偿政策	不知道	22	2.2
	当然会	302	29.8
	可能会	589	58.1
	可能不会	90	8.9
	当然不会	10	1.0
能否得到预期结果	不知道	17	1.7
	当然会	206	20.3
	可能会	572	56.5
	可能不会	198	19.5
	当然不会	20	2.0
提高税收和水价是否好办法	不知道	22	2.2
	当然会	151	14.9
	可能会	383	37.8
	可能不会	270	26.7
	当然不会	187	18.5

7.2.2.7　被调查者基本情况分析

支付者基本情况见表 7-17。关于被调查者性别，男女占比分别为 54.6%和 45.4%，男性比女性略多。年龄分布不符合正态分布，50 岁以上的人占 34.5%，占比最大；31～40 岁的人占 26.0%，20～30 岁的人占 18.7%，41～50 岁的人占 18.2%。在回答了家庭人口数的 1 001 人中，有 33.0%是 3 口人，22.2%是 4 口人，20.6%是 5 口人，11.3%是 2 口人。所有被调查者中，有 47.5%的家庭有 1 个 16 岁以下儿童，42.3%的家庭无 16 岁以下儿童。被调查者中有 1 个以上 16 岁以下儿童的家庭较少。关于被调查者的最高学历，有 42.1%的人为中学及以下，有 56.9%的人为中专或大专以上水平，其中大专及以上水平的人占 37.3%，比例最高。关于被调查者的婚姻状况，83.4%的人有家，14.3%的人单身。关于被调查者的职业，35.8%的人有一份全日工，26.2%为退休，18.1%为自由职业。

关于被调查者的年收入状况，有 11.0%的人收入在 10 001～20 000 元，有 12.8%的人收入在 20 001～30 000 元，有 10.6%的人收入在 30 001～40 000 元，有 14.4%的人收入在 40 001～50 000 元，有 26.6%的人收入在 70 000 元以上，占比最大。

当询问被调查者"您认为这份问卷如何"，有 60.6%的人认为有趣，25.5%的人认为太长。由此可见，大部分人对问卷比较认可（见表 7-18）。

表 7-17　支付者基本情况

具体内容	选项	样本量/个	占比/%
性别	男	553	54.6
	女	460	45.4
年龄	不知道	3	0.3
	20 岁以下	25	2.5
	20～30 岁	189	18.7
	31～40 岁	263	26.0
	41～50 岁	184	18.2
	50 岁以上	349	34.5
最高学历	不知道	10	1.0
	未受过教育	37	3.7
	小学	125	12.3
	中学	264	26.1
	中专	199	19.6
	大专及以上	378	37.3
婚姻状况	不知道	5	0.5
	单身	145	14.3
	有家	845	83.4
	离异	8	0.8
	丧偶	10	1.0
职业	不知道	4	0.4
	自由职业	183	18.1
	农民	44	4.3
	有一份全日工	363	35.8
	有一份非全日工	17	1.7
	失业	17	1.7
	家庭主妇	49	4.8
	学生	58	5.7
	退休	265	26.2
	其他	12	1.2
收入状况	不知道	24	2.4
	10 000 元以下	77	7.6
	10 001～20 000 元	111	11.0
	20 001～30 000 元	130	12.8
	30 001～40 000 元	107	10.6
	40 001～50 000 元	146	14.4
	50 001～60 000 元	83	8.2
	60 001～70 000 元	66	6.5
	70 000 元以上	269	26.6

表 7-18　支付者对问卷的评价

选项	样本量/个	占比/%
不知道	21	2.1
有趣	614	60.6
讨厌	11	1.1
太长	258	25.5
难以理解	57	5.6
不可靠	52	5.1

7.2.2.8　被调查者基本情况对支付意愿的影响及单因素方差分析

（1）受教育程度对生态补偿意愿的影响

从对调查结果的统计分析（表 7-19）可以看出，受教育程度与居民的生态补偿意愿关系大致呈"U"形。在 1 013 位被调查者中，未受过教育的被调查者愿意进行生态补偿的比重仅为 37.8%，均值仅为 39.81 元。小学水平被调查者愿意进行生态补偿的比重为 58.4%，均值达到 131.07 元。大学以上受教育程度的被调查者愿意进行生态补偿的比重达到 57.4%，均值为 131.06 元，愿意支付的额度和比例都较大，且大学以上受教育程度人数比例最高。

表 7-19 显示了按受教育程度分组的支付意愿信息。从表中可以发现不同学历被调查者的支付意愿均值和标准差差距都较大。

表 7-20 为样本处理摘要信息。

表 7-21 是不同受教育程度、性别、年龄及收入状况单因素方差分析表。表中的受教育程度的显著性水平 Sig.值小于 0.05，说明不同受教育程度的被调查者的支付意愿有显著性差异。

表 7-22 是支付意愿与受教育程度等的相关性度量表。受教育程度的 Eta 系数取值较大，为 0.119，说明学历与支付意愿有相关性。这也与单因素方差分析表的结论是一致的。

（2）性别因素对生态补偿意愿的影响

从调查的结果来看，女性被调查者的生态补偿意愿较男性略弱。在 460 位女性被调查者中，愿意进行生态补偿的占 53.3%，支付意愿均值是 93.74 元；而在 553 位男性被调查者中，愿意进行生态补偿的占 56.2%，均值是 135.04 元。男性的生态补偿支付意愿比例和额度都高于女性。

表 7-19 中按性别分组的支付意愿信息。从表中可以发现不同性别被调查者的支付意愿均值和标准差差距都较大。

表 7-21 中性别的单因素方差分析结果表明，性别的显著性水平 Sig.值小于 0.05，说

明不同性别被调查者的支付意愿有显著性差异。

表 7-22 中支付意愿与性别相关性度量结果表明，性别的 Eta 取值较小，为 0.081，说明性别与支付意愿相关性较小。

（3）年龄因素对生态补偿意愿的影响

问卷调查结果表明，31～40 岁的被调查者的生态补偿意愿比例最高，为 57.4%；其次为 20 岁以下的被调查者，比例为 56.0%；41～50 岁的被调查者的生态补偿意愿最低，比例为 50.5%；总体表现为年轻人和退休以后的老人愿意进行生态补偿的比例较高。20～30 岁的被调查者的生态补偿支付意愿额度最高，均值为 152.23 元；41～50 岁的被调查者的支付意愿额度最低，均值为 87.73 元。41～50 岁的被调查者生态补偿支付意愿比例和额度都是最低的。

表 7-19 中按年龄分组的支付意愿统计结果表明：不同年龄段被调查者支付意愿的均值和标准差差距都不大。

表 7-21 中年龄的单因素方差分析结果表明：年龄的显著性水平 Sig.值大于 0.05，说明不同年龄被调查者的支付意愿无显著性差异。

表 7-22 中支付意愿与年龄相关性度量结果表明：年龄的 Eta 取值较小，为 0.083，说明年龄与支付意愿相关性较小。这也与单因素方差分析表的结论是一致的。

（4）收入因素对生态补偿意愿的影响

生态补偿机制的建立不单单要依托于流域内公众良好的生态环境意识，还需要以公众的补偿意愿及支付能力为基础。公众对生态服务的支付意愿随着社会经济发展水平及其生活水平的提高而提高。当人们在为温饱而奔波时，生态环境的价值和意义很难得到体现，因为生存远比生态环境重要，公众为之支付的意愿较小，支付能力也很低。在解决温饱之后，人们对生态环境状况更为关注，对环境舒适性的需要将会迅速提高，到极富阶段将趋于饱和。从本次调查结果来看，居民的收入状况与生态补偿意愿有较强的正相关性。在被调查者中，年收入在 10 000 元以下者愿意进行生态补偿的人数占比仅为 40.3%，均值仅为 41.70 元；随着年收入的增长，这一比重整体提高趋势，年收入达到 40 001～50 000 元者，愿意进行生态补偿的人数占比高达 56.8%，均值达到 125.47 元；年收入达到 70 000 元以上者，愿意进行生态补偿的人数占比达到 67.3%，均值达到 190.80 元。

表 7-19 显示了按不同收入状况分组的支付意愿信息。从表中可以发现不同收入被调查者的支付意愿均值和标准差差距都较大。

表 7-20 为样本处理摘要。其中，99.9%的样本包含主要调查内容；只有 0.1%的样本不包含主要内容，而被排除。

表 7-21 是收入状况的单因素方差分析表。表中的显著性水平 Sig.值小于 0.05，说明不同收入被调查者的支付意愿有显著性差异。

表 7-22 是支付意愿与收入状况的相关性度量表。Eta 取值较大，为 0.201，说明收入状况与支付意愿有相关性。这也与单因素方差分析表的结论是一致的。

表 7-19　基本情况对支付意愿的影响

具体内容	选项	支付意愿均值/元	愿意支付人数/人	样本量/个	占相应选项被调查人数比例/%	标准差
受教育程度	不知道	339.00	6	10	60	662.260
	未受过教育	39.81	14	37	37.8	79.075
	小学	131.07	73	125	58.4	464.405
	中学	99.45	141	263	53.6	188.321
	中专	104.13	105	199	52.8	192.950
	大专及以上	131.06	217	378	57.4	212.492
性别	男	135.04	311	552	56.3	294.296
	女	93.74	245	460	53.3	194.575
年龄	不知道	0	0	3	0	0
	20 岁以下	134.40	14	25	56.0	192.680
	20～30 岁	152.23	105	189	55.6	232.640
	31～40 岁	114.23	151	263	57.4	238.525
	41～50 岁	87.73	93	184	50.5	143.423
	50 岁以上	113.06	193	348	55.5	319.147
收入状况	不知道	49.83	9	24	37.5	91.911
	10 000 元以下	41.70	31	77	40.3	84.359
	10 001～20 000 元	61.42	53	111	47.7	104.012
	20 001～30 000 元	83.94	62	129	48.1	188.023
	30 001～40 000 元	92.08	50	107	46.7	168.018
	40 001～50 000 元	125.47	83	146	56.8	195.648
	50 001～60 000 元	125.66	49	83	59.0	181.404
	60 001～70 000 元	86.09	38	66	57.6	115.697
	70 000 元以上	190.80	181	269	67.3	406.692

注：表中的部分样本量排除了无效样本，故与前文的样本总量有细微差别。

表 7-20　样本处理摘要

具体内容	样本					
	已包含		已排除		总计	
	样本量/个	占比/%	样本量/个	占比/%	样本量/个	占比/%
支付意愿*受教育程度*性别*年龄*收入状况	1 012	99.9	1	0.1	1 013	100.0

表 7-21   受教育程度等单因素方差分析

具体内容	分组	平方和	df	均方	F	Sig.
支付意愿 * 受教育 程度	组间	926 179.187	5	185 235.837	2.885	0.014
	组内	64 601 508.777	1 006	64 216.212		
	总计	65 527 687.964	1 011			
支付意愿 * 性别	组间	428 070.751	1	428 070.751	6.641	0.010
	组内	65 099 617.213	1 010	64 455.067		
	总计	65 527 687.964	1 011			
支付意愿 * 年龄	组间	447 649.875	5	89 529.975	1.384	0.228
	组内	65 080 038.089	1 006	64 691.887		
	总计	65 527 687.964	1 011			
支付意愿 * 收入 状况	组间	2 639 424.096	8	329 928.012	5.262	0.000
	组内	62 888 263.868	1 003	62 700.163		
	总计	65 527 687.964	1 011			

注：df 为自由度；F 为两个均方的比值；Sig.表示显著性水平。

表 7-22   支付意愿与受教育程度等的相关性度量

具体内容	Eta	Eta 方
支付意愿 * 受教育程度	0.119	0.014
支付意愿 * 性别	0.081	0.007
支付意愿 * 年龄	0.083	0.007
支付意愿 * 收入状况	0.201	0.040

7.2.2.9   支付意愿的二分类变量 Logistic 回归分析

表 7-23 是 Logistic 模型的拟合结果，表中从左到右依次表示变量及常数项的系数值（B）、标准误（SE）、Wald 卡方值、自由度（df）、Sig.值以及 Exp（B）。从 Wald 检验的 Sig.可知，各变量中只有收入状况的系数有显著的统计学意义。因此，被调查者是否愿意支付与收入状况相关。

表 7-23   Logistic 模型的拟合方程中的变量

具体内容	B	SE	Wald	df	Sig.	Exp（B）
受教育程度	0.031	0.060	0.273	1	0.601	1.032
性别	0.045	0.131	0.119	1	0.730	1.046
年龄	0.015	0.059	0.061	1	0.805	1.015
收入状况	−0.153	0.027	30.940	1	0.000	0.858
常量	0.308	0.440	0.490	1	0.484	1.360

7.2.2.10　被调查者生态补偿支付意愿结果检验

由于整个昆明市主城区居民样本量足够大，故总体支付意愿符合正态分布。表 7-24 给出了支付意愿值的描述性统计量。样本均值为 116.27 元，与预调研均值 130 元还是比较接近的。

表 7-25 是单个样本检验表。包括总体均值（检验值）、检验统计量（t）、自由度（df）、双侧检验的显著性水平（Sig.）、样本均值和总体均值之差、均值差的置信区间。t 检验的统计量取值为-1.716。由于双侧 t 检验的显著性水平 Sig.取值为 0.086，大于 0.05，即可认为预调研样本均值与第二次调研样本均值是一致的，两次均值之差可能是由抽样误差所造成的。问卷信度较高。

由于第二次调研样本量更大、问题更详尽、方法更科学，所以以第二次调研样本推测出总体均值为 105～130 元。因此，昆明市主城区居民最大支付额度粗略范围为 105～130 元。

表 7-24　单个样本统计量

具体内容	样本量/个	均值/元	标准差	均值的标准误
支付意愿	1 012	116.27	254.587	8.003

表 7-25　支付意愿单个样本 t 检验

检验值	t	df	Sig.（双侧）	均值差值	差分的95%置信区间	
					下限	上限
130	-1.716	1 011	0.086	-13.733	-29.44	1.97
105	1.408	1 011	0.159	11.267	-4.44	26.97

7.2.2.11　支付意愿调查问卷结果讨论

在使用意愿调查法时会遇到各种问题，包括被调查者存在很多怀疑、对生态补偿方案难理解等，而且往往由于居民收入、环境意识等方面的原因，支付意愿的数值比较低。从本次研究来看，在调查过程中存在的最大问题就是相当一部分被调查者认为环境质量改善的费用"应该由政府和地方政府来补偿"，而不是居民的责任。这就可能使被调查者所表达的支付意愿未能真实反映出他们对水源区环境质量改善带来福利的真实估价。另外，大多数昆明市主城区居民没有接受过这样的关于水源区生态补偿支付意愿的调查，也就是从未用货币形式来表达他们对环境物品的偏好，加上由于水费多由小区物业代收，绝大多数居民对水价并不敏感，所以让被调查者在假想市场的情况下，准确估算出他们对水源区生态变化的支付意愿是有一定困难的。而本研究对支付意愿额度采用了重复投标博弈的询问方式，这一方式虽然消除了选项或自由提问带来的偏差，但与公众在日常消费中进行价格选择和决策时通常采用的方式仍有一定的差距，因此产生偏差的可能性还是存在的。关于哪一种提问方式在我国更为适用，我们认为仍然需要在实践中进行探索。虽然意愿调查价值评估法在使用时存在相当的局限性，但调查结果对政府的决策是有重要意义的。公众的支付意愿能够成为政府部门制定环境政策的重要依据。

对昆明市主城区居民生态补偿意愿及支付水平的调查分析表明，居民生态补偿的意愿主要受到性别和收入因素的影响。其中，女性的生态补偿意愿要低于男性；收入水平越高，生态补偿意愿越强。年龄及受教育程度因素对居民生态补偿意愿及支付水平的影响较弱。从调查结果来看，受教育程度越高，生态补偿意愿越高；20～30 岁支付意愿最高。

7.2.3 正式版受偿意愿调查问卷分析

7.2.3.1 被调查者环境问题认知情况分析

在面对面调查走访松华坝上游地区受偿者的过程中，首先询问的是生态环境保护方面的问题。

关于昆明地区所面临的最严重问题：分析结果见表 7-26。受偿者中，有 12.6% 的人认为环境问题最应受到重视，16.8% 的人认为公共医疗问题最应受到重视，4.6% 的人认为教育公平问题应该受到重视，51.7% 的人认为贫困、失业问题应受到重视，占比最大。在所有问题中，受偿者相较于支付者对环境问题较为不关注，大部分人明显对贫困、失业问题最为关注，可理解为受偿者贫困、失业的问题更为严重。

表 7-26　最严重、次严重问题

选项	最严重问题		次严重问题	
	频率	占比/%	频率	占比/%
不知道	15	6.3	26	10.9
金融安全	5	2.1	7	2.9
环境问题	30	12.6	25	10.5
公共医疗问题	40	16.8	61	25.6
教育公平问题	11	4.6	45	18.9
城市交通拥堵	7	2.9	12	5.0
贫困、失业	123	51.7	41	17.2
住房问题	7	2.9	21	8.8

关于昆明地区所面临的次严重问题：受偿者中有 10.5% 的人投给了环境问题，25.6% 的人投给了公共医疗问题，18.9% 的人投给了教育公平问题，17.2% 的人投给了贫困、失

业问题。因此，上游的人普遍认为公共医疗、教育公平问题第一或者第二重要，应当首要使用公共资金去解决，但并不认为环境问题最为严重或次严重。昆明市主城区居民更关注环境问题，认为环境问题更为严重。

关于昆明地区所面临的最严重环境问题：分析结果见表 7-27。受偿者中，有 27.3%的人并未对此作出回答，有 25.6%的人认为固体废物污染最应受到重视，5.5%的人认为饮用水水源区污染最应受到重视，8.8%的人认为土壤污染应该受到重视，21.8%的人认为河流、湖泊、地下水污染应受到重视。在所有问题中，受偿者也最为关注饮用水水源区污染问题，其次是固体废物污染问题，较为关心土壤污染问题，而昆明市主城区居民关注空气污染问题。

表 7-27　最严重、次严重环境问题

选项	最严重环境问题		次严重环境问题	
	频率	占比/%	频率	占比/%
不知道	65	27.3	70	29.4
濒危物种灭绝	52	21.8	27	11.3
固体废物污染	61	25.6	36	15.1
饮用水水源区污染	13	5.5	14	5.9
空气污染	24	10.1	1	0.4
海洋污染	2	0.8	35	14.7
土壤污染	21	8.8	9	3.8
破坏森林	65	27.3	46	19.3
河流、湖泊、地下水污染	52	21.8	70	29.4

关于昆明地区所面临的次严重环境问题：受偿者中，有 15.1%的人投给了固体废物污染，5.9%的人投给了饮用水水源区污染，3.8%的人投给了土壤污染，29.4%的人投给了河流、湖泊、地下水污染。因此昆明市主城区的人普遍认为河流、湖泊、地下水污染和固体废物污染比较重要，应当首要使用公共资金去解决。支付者、受偿者普遍关注饮用水水源区污染问题，受偿者更为关注固体废物污染问题。

关于生态环境破坏程度：经问卷可以得出表 7-28 的统计结论；受偿者中，有 1.7%的人对此非常关注，8.4%的人对此关注，63.0%的人对此无所谓关注或不关注，仅 8.4%的人对此非常不关注。受偿者对生态环境破坏程度相当关注，很少关注或不关注的人占比都很小，但受偿者对环境破坏关注程度不及支付者，无所谓关注或不关注的比例比支付者大。

表 7-28　受偿者生态环境意识

具体内容	选项	样本量/个	占比/%
生态环境破坏问题关注程度	不知道	4	1.7
	非常不关注	20	8.4
	不关注	44	18.5
	无所谓关注或不关注	150	63.0
	关注	20	8.4
	非常关注	4	1.7
松华坝水源保护区生态环境重要性	不知道	4	1.7
	非常不重要	1	0.4
	不重要	0	0
	无所谓重要或不重要	18	7.6
	重要	153	64.3
	非常重要	62	26.1
水源区投入了解度	不知道	7	2.9
	非常不了解	25	10.5
	不了解	107	45.0
	无所谓了解或不了解	26	10.9
	了解	62	26.1
	非常了解	11	4.6

关于松华坝水源保护区生态环境的重要程度：受偿者中有64.3%的人认为重要，26.1%的人认为非常重要，7.6%的人认为无所谓重要或不重要，0.4%的人认为不重要或非常不重要。多数受偿者认为松华坝水源保护区生态环境保护重要或非常重要。昆明市主城区居民认为非常重要的比例更大，关乎他们的饮水安全。

关于对滇池上游生态功能的认知（见表 7-29），有 57.1%的受偿者认为防治水土流失、保育土壤资源的功能重要，有 23.9%的受偿者认为防治水土流失、保育土壤资源的功能非常重要；有 53.8%的受偿者认为涵养水源、净化废物的功能重要，有 24.8%的受偿者认为涵养水源、净化废物的功能非常重要；有 48.3%的受偿者认为保证饮水安全及工业生产可持续性的功能重要，有 30.3%的受偿者认为保证饮水安全及工业生产可持续性的功能非常重要；有29.4%的受偿者认为提供娱乐、休闲旅游的空间的功能重要，有6.3%的受偿者认为提供娱乐、休闲旅游的空间的功能非常重要；有 38.7%的受偿者认为提供野生动物生存的场所、维护生物多样性的功能重要，有 10.9%的受偿者认为提供野生动物生存的场所、维护生物多样性的功能非常重要。更多的人认为保证饮水安全及工业生产可持续性的功能非常重要或重要。昆明市主城区支付者相较于上游受偿者而言，认为提供野生动物生存的场所、维护生物多样性的功能和提供娱乐、休闲旅游的空间的功能更重要。

表 7-29　受偿者对滇池上游生态功能的认知

具体内容	选项	样本量/个	占比/%
防治水土流失、保育土壤资源	不知道	2	0.8
	非常不重要	2	0.8
	不重要	4	1.7
	无所谓重要或不重要	37	15.5
	重要	136	57.1
	非常重要	57	23.9
涵养水源、净化废物	不知道	3	1.3
	非常不重要	0	0
	不重要	3	1.3
	无所谓重要或不重要	45	18.9
	重要	128	53.8
	非常重要	59	24.8
保证饮水安全及工业生产可持续性	不知道	2	0.8
	非常不重要	0	0
	不重要	4	1.7
	无所谓重要或不重要	45	18.9
	重要	115	48.3
	非常重要	72	30.3
提供娱乐、休闲旅游的空间	不知道	2	0.8
	非常不重要	6	2.5
	不重要	45	18.9
	无所谓重要或不重要	100	42.0
	重要	70	29.4
	非常重要	15	6.3
提供野生动物生存的场所、维护生物多样性	不知道	3	1.3
	非常不重要	3	1.3
	不重要	19	8.0
	无所谓重要或不重要	95	39.9
	重要	92	38.7
	非常重要	26	10.9

关于采用何种手段进行生态保护（见表 7-30）：受偿者中，50.8%的人认为采用行政命令有效，9.2%的人认为采用行政命令非常有效；43.7%的人认为采用法律法规有效，16.0%的人认为采用法律法规非常有效；32.4%人认为进行经济补偿有效，45.4%的人认为进行经济补偿非常有效；53.8%的人认为进行公众环境教育有效，10.1%的人认为进行公众环境教育非常有效。可以从这些数据中得出结论，尽管各种途径作用都被大多数人认

同，但受偿者认为对水源保护区居民进行经济补偿对生态保护更适用一些，为数不少的人认为行政命令、法律法规更好。支付者比受偿者更认为行政命令、法律法规有效。

表 7-30 受偿者对生态保护手段的认知

具体内容	选项	样本量/个	占比/%
行政命令	不知道	21	8.8
	非常无效	1	0.4
	无效	8	3.4
	无所谓无效或有效	65	27.3
	有效	121	50.8
	非常有效	22	9.2
法律法规	不知道	21	8.8
	非常无效	1	0.4
	无效	7	2.9
	无所谓无效或有效	67	28.2
	有效	104	43.7
	非常有效	38	16.0
经济补偿	不知道	20	8.4
	非常无效	4	1.7
	无效	7	2.9
	无所谓无效或有效	22	9.2
	有效	77	32.4
	非常有效	108	45.4
公众环境教育	不知道	21	8.8
	非常无效	2	0.8
	无效	10	4.2
	无所谓无效或有效	53	22.3
	有效	128	53.8
	非常有效	24	10.1

7.2.3.2 被调查者对松华坝保护情况分析

关于平时的交通方式，由表 7-31 可知，有 41.2%的受偿者全靠走路，有 36.1%的受偿者骑摩托车，仅有 11.8%的受偿者乘坐货车或轿车。人们的出行方式比较环保，对保护松华坝有利，大多数人生活方式简朴。

表 7-31　交通方式

选项	样本量/个	占比/%
不知道	1	0.4
全靠走路	98	41.2
轿车或货车	28	11.8
摩托车	86	36.1
自行车	3	1.3
公共汽车或火车	15	6.3
其他	5	2.1

关于受偿者征地前后人均耕地情况（见表 7-32），被调查者征地前人均耕地 1 亩以下的有 38.7%，征地以后人均耕地 1 亩以下的有 64.7%，而人均耕地 5 亩以上的被调查者占比由征地前的 8.4%变为了 5.5%。由表 7-33 可知，有 74.8%的人享有征地补贴，有 21.4%的人未享有征地补贴（耕地未被征收）。每亩耕地补贴按政策为 1 000 元，调查结果与政策基本相符。43.6%的人对征地补贴非常不满意，47.1%的人对征地补贴不满意，仅有 4.7%的人对征地补贴满意，没有人对征地补贴非常满意。关于征地后收入来源（见表 7-34），34.5%的人主要靠务农耕地，42.4%的人主要靠外出打工，7.6%的人主要靠本地经商，6.7%的人主要靠政府补贴；征地之前，在松华坝水源保护区相关保护政策实施之前的主要收入来源中，有 82.7%的人主要靠务农耕地，11.4%的人主要靠外出打工，仅有 0.8%的人主要靠政府补贴。明显可见，政策实施后，以外出打工和政府补贴为主要收入途径的人数大大增加。关于政策实施之后主要收入增加、减少还是不变，有 59.7%的人认为减少了，29.0%的人认为变化不大，仅有 10.1%的人认为收入增加了。大部分被调查者还是认为收入减少了。

关于为保护水源区是否经历过搬迁，被调查者中有 5.0%经历过搬迁（见表 7-35）。

表 7-32　受偿者征地前后人均耕地对比

选项	征地后人均耕地		征地前人均耕地	
	样本量/个	占比/%	样本量/个	占比/%
不知道	11	4.6	4	1.7
1 亩以下	154	64.7	92	38.7
1～2 亩	38	16.0	80	33.6
2～3 亩	16	6.7	26	10.9
3～4 亩	6	2.5	16	6.7
5 亩以上	13	5.5	20	8.4

表 7-33　受偿者享受征地补贴情况

选项	样本量/个	占比/%
不知道	9	3.8
是	178	74.8
否	51	21.4
征地补贴满意程度		
不知道	1	0.6
非常不满意	75	43.6
不满意	81	47.1
无所谓满意或不满意	7	4.1
满意	8	4.7
非常满意	0	0

注：表中回答统计中排除了 6 个无效样本，故加和非样本总量。

表 7-34　受偿者收入来源

选项	样本量/个	占比/%
不知道	1	0.4
务农耕地	82	34.5
外出打工	101	42.4
本地经商	18	7.6
固定工资收入	3	1.3
政府补贴	16	6.7
其他	9	3.8
收入变化情况		
不知道	3	1.3
减少	142	59.7
变化不大	69	29.0
增加	24	10.1

表 7-35　是否经历过搬迁

选项	样本量/个	占比/%
不知道	1	0.4
是	12	5.0
否	225	94.5

7.2.3.3　被调查者对水源区生态的感知情况

关于对滇池流域水源区生态状况的描述（见表 7-36），有 50.8% 的人认同在靠近水源区（水库）的地方以及在河里有许多各种各样的植物；有 42.4% 的人认同水源区（水库）

是野生动物（如鱼、鸭）的理想栖息地；有 28.2% 的人认同水源区（水库）里的水挺干净，游泳没问题；有 27.3% 的人认同水源区（水库）的水挺干净，饮用没问题；有 37.4% 的人认同排进的垃圾和污水几乎没有；有 39.5% 的人认同水闻起来没有难闻的气味。表 7-37 为松华坝水源保护区生态状况的描述统计表，其中 73.1% 的人认为熟悉，26.1% 的人表示不熟悉。熟悉松华坝水源保护区的被调查者中，86.8% 的人认同在靠近松华坝的地方以及在河里有许多各种各样的植物；82.2% 的人认同松华坝水源保护区是野生动物（如鱼、鸭）的理想栖息地；78.7% 的人认同松华坝水源保护区里的水挺干净，游泳没问题；79.9% 的人认同松华坝水源保护区里的水挺干净，饮用没问题；85.6% 的人认同排进松华坝水源保护区里的垃圾和污水几乎没有；90.8% 的人认同水闻起来没有难闻的气味。

表 7-36　受偿者对滇池流域水源区生态状况的描述

具体内容	选项	样本量/个	占比/%
植物	不知道	44	18.5
	不同意	1	0.4
	无所谓	72	30.3
	同意	121	50.8
野生动物栖息地	不知道	44	18.5
	不同意	5	2.1
	无所谓	88	37.0
	同意	101	42.4
干净，可游泳	不知道	43	18.1
	不同意	53	22.3
	无所谓	75	31.5
	同意	67	28.2
干净，可饮用	不知道	44	18.5
	不同意	61	25.6
	无所谓	68	28.6
	同意	65	27.3
无垃圾和污水排放	不知道	44	18.5
	不同意	34	14.3
	无所谓	71	29.8
	同意	89	37.4
无难闻气味	不知道	44	18.5
	不同意	33	13.9
	无所谓	67	28.2
	同意	94	39.5

表 7-37　受偿者对松华坝水源区生态状况的描述

	选项	样本量/个	占比/%
是否熟悉松华坝水源保护区	不知道	2	0.8
	不同意	62	26.1
	同意	174	73.1
松华坝水源保护区植物	不知道	2	1.1
	不同意	0	0
	无所谓	21	12.1
	同意	151	86.8
松华坝水源保护区野生动物栖息地	不知道	2	1.1
	不同意	3	1.7
	无所谓	26	14.9
	同意	143	82.2
松华坝水源保护区干净，可游泳	不知道	1	0.6
	不同意	20	11.5
	无所谓	16	9.2
	同意	137	78.7
松华坝水源保护区干净，可饮用	不知道	2	1.1
	不同意	29	16.7
	无所谓	4	2.3
	同意	139	79.9
松华坝水源保护区无垃圾和污水排放	不知道	2	1.1
	不同意	11	6.3
	无所谓	12	6.9
	同意	149	85.6
无难闻气味	不知道	2	1.1
	不同意	7	4.0
	无所谓	7	4.0
	同意	158	90.8

7.2.3.4　被调查者对生态补偿目标的认识

同样，在向被调查者询问他们的受偿意愿之前，调访者耐心解释了松华坝水源保护区生态补偿的目的和补偿方式，然后询问被调查者是否能够理解这些生态补偿的信息。从表 7-38 中可看出，其中有 67.2% 的被调查者表示理解这些信息，占比最大；29.9% 的人表示多少理解（针对有必要的情况，调访者重复解释了一遍）；仅有 1.7% 的人表示不理解；因此，调访者对不理解的人再重复解释关于生态补偿的信息，以确保被调查者对生态补偿的受偿意义和目标有清楚的认识。相较于昆明市主城区居民，上游被调查村民更容易理解这些信息。

　　关于由谁补偿松华坝水源保护区，被调查者中有 43.3%的人认为应该由国家进行补偿，45.4%的人认为应该由滇池下游地方政府进行补偿，7.1%的人认为应该由滇池水用户进行补偿，选择可能排污的工厂、企业等所有生态受益者的人比较少，即多数人认为应由国家、政府来补偿。上游被调查村民认为由滇池水用户补偿的比例大于市主城区居民。

表 7-38　受偿者对生态补偿的看法

具体内容	选项	样本量/个	占比/%
是否理解 生态补偿	不知道	2	1.1
	理解	117	67.2
	多少理解	52	29.9
	不理解	3	1.7
由谁补偿	不知道	1	0.4
	国家	103	43.3
	滇池下游地方政府	108	45.4
	滇池水用户	17	7.1
	所有生态受益者	6	2.5
	可能排污的工厂、企业等	2	0.8
	其他	1	0.4

注：表中回答统计中排除了无效样本。

7.2.3.5　被调查者的受偿意愿分析

　　与支付意愿询问方式类似，在对松华坝水源保护区生态补偿问题作相应的解释和说明之后，问被调查者"每年以生态补偿费的方式多支付一定量的金钱给您，您是否愿意为了把松华坝水源保护区生态保持在目前的水平上，而继续支持水源保护区限制农耕、限制经济发展等政策？"对这个问题，我们给出了"愿意"和"不愿意"的选择，如果回答是肯定的，就继续降低给定的金额直到被调查者作出否定的回答为止。然后，再提高该金额，找出被调查者愿意接受的最小补偿数额。

　　居民受偿意愿统计结果见表 7-39，WTA=2 963.10 元/人是本研究中水源保护区村民为保护松华坝水源保护区，使其生态环境水质水量维持在目前水平每年最小受偿额度的平均值。按照研究范围家庭总人数 8 万人计算，水源区村民总的受偿意愿是 2.37 亿元/a。

　　可认为 2.37 亿元（2015 年）是松华坝水源保护区每年承受损失的估值，主要是为把松华坝水源保护区生态维持在目前水平上，水源保护区限制农耕、限制经济发展政策给他们带来的损失。

表 7-39　受偿意愿统计量

单位：元

均值	中值	众数	极大值	极小值	标准差	方差	偏度	峰度
2 963.10	2 010.81	2 000	30 000	0	2 988.30	8 929 930.37	3.803	27.7

7.2.3.6　被调查者对政策实施的态度

表 7-40 显示，当询问被调查者"您认为滇池流域生态补偿政策实施会得到公众的大力支持吗"，有 26.1%的人认为可能会，53.4%的人认为当然会，8.4%的人认为可能不会，仅 2.1%为当然不会。上游被调查村民较主城区居民更为支持滇池流域生态补偿政策的实施。当询问被调查者"您认为政府会实施这样的生态补偿政策以保护滇池流域水源保护区生态吗"，有 47.1%的人认为可能会，42.0%的人认为当然会，8.8%的人认为可能不会，上游村民对政府实施生态补偿政策更有信心。当询问被调查者"您认为用生态补偿政策来保护水源保护区能得到预期的结果吗"，有 27.7%的人认为当然会，54.2%的人认为可能会，10.9%的人认为可能不会，大多数人对政策实施的效果是肯定的。当询问被调查者"您认为提高税收和提高水价是为保护水源区生态筹集资金的好办法吗"，有48.7%的人认为可能是，25.2%的人认为可能不是，部分被调查者认为向个人或家庭征收税费或提高水价并不一定能行得通。

表 7-40　受偿者对政策实施的态度

具体内容	选项	样本量/个	占比/%
政策实施是否会得到公众支持	不知道	24	10.1
	当然会	127	53.4
	可能会	62	26.1
	可能不会	20	8.4
	当然不会	5	2.1
政府是否实施生态补偿政策	不知道	5	2.1
	当然会	100	42.0
	可能会	112	47.1
	可能不会	21	8.8
	当然不会	0	0
能否得到预期结果	不知道	16	6.7
	当然会	66	27.7
	可能会	129	54.2
	可能不会	26	10.9
	当然不会	1	0.4

具体内容	选项	样本量/个	占比/%
提高税收和水价是否好办法	不知道	6	2.5
	当然是	31	13.0
	可能是	116	48.7
	可能不是	60	25.2
	当然不是	25	10.5

7.2.3.7 被调查者基本情况分析

受偿者基本情况见表 7-41。关于被调查者性别，男女占比分别为 54.6%和 45.4%，男性比女性略多，被调查者中支付者与受偿者的男女比例刚好一致。年龄分布不符合正态分布，50 岁以上的人占 45.8%，占比最大；31～40 岁的人占 16.8%，20～30 岁的人占 4.6%，41～50 岁的人占 31.9%，因为是上游自然村，留守老人较多。关于被调查者的家庭人口数，6.7%是 2 口人，6.7%是 3 口人，21.8%是 4 口人，32.8%是 5 口人，17.6%是 6 口人，5 口、6 口家庭比市区多。所有被调查者中，有 35.3%的家庭有 1 个 16 岁以下儿童，有 34.5%的家庭无 16 岁以下儿童。被调查者中昆明市主城区居民无 16 岁以下儿童家庭较多。关于被调查者的最高学历，有 96.2%的人为中学及以下，比例远远超过市区居民，有 3.8%的人为中专或大专以上水平，其中大专以上水平的人占 0.4%，比例最低。上游村民受教育程度远远不及市区居民。关于被调查者的婚姻状况，被调查者中有 97.1%的人有家，有 2.5%的人单身。关于被调查者的职业，有 65.1%的人是农民，有 4.6%的人有一份全日工，5.9%的人有一份非全日工，8.8%的人是自由职业。上游村民绝大部分是农民，较少有全日工、非全日工或自由职业，而昆明市主城区居民职业更为多样化，有一份全日工的比例很高。

关于被调查者的年收入状况，有 18.5%的人年均收入在 5 000～10 000 元，有 14.7%的人年均收入在 10 001～15 000 元，有 13.4%的人年均收入在 15 001～20 000 元，有 13.4%的人年均收入在 20 001～25 000 元，有 7.6%的人年均收入在 35 000 元以上，占比最小。水源保护区上游被调查村民收入远不及主城区居民，收入状况见表 7-41。

表 7-41 受偿者基本情况

具体内容	选项	样本量/个	占比/%
性别	男	130	54.6
	女	108	45.4
年龄	不知道	0	0
	20 岁以下	2	0.8
	20～30 岁	11	4.6
	31～40 岁	40	16.8

具体内容	选项	样本量/个	占比/%
年龄	41～50 岁	76	31.9
	50 岁以上	109	45.8
受教育程度	不知道	0	0
	未受过教育	45	18.9
	小学	107	45.0
	中学	77	32.4
	中专	8	3.4
	大学	1	0.4
婚姻状况	不知道	0	0
	单身	6	2.5
	有家	231	97.1
	离异	0	0
	丧偶	1	0.4
职业	不知道	0	0
	自由职业	21	8.8
	农民	155	65.1
	有一份全日工	11	4.6
	有一份非全日工	14	5.9
	失业	11	4.6
	家庭主妇	14	5.9
	学生	7	2.9
	退休	2	0.8
	其他	3	1.3
收入状况	不知道	0	0
	5 000 元以下	24	10.1
	5 000～10 000 元	44	18.5
	10 001～15 000 元	35	14.7
	15 001～20 000 元	32	13.4
	20 001～25 000 元	32	13.4
	25 001～30 000 元	30	12.6
	30 001～35 000 元	23	9.7
	35 000 元以上	18	7.6

7.2.3.8 被调查者基本情况对受偿意愿的影响

（1）受教育程度对受偿意愿的影响

从对调查结果的统计分析（见表 7-42）可以看出，受教育程度为大专及以上的被调查者受偿意愿最高，均值为 5 000 元；其次是受教育程度为中学的被调查者，受偿意愿均值是 3 188.312 元；受教育程度为小学的被调查者受偿意愿最低，均值为 2 782.243 元。总体来说，受教育程度为小学及以下的被调查者受偿意愿较低，受教育程度为中学及以上的被调查者受偿意愿较高。

表 7-42 显示了按受教育程度分组的受偿意愿信息，可以发现不同学历被调查者受偿意愿均值和标准差差距都较小。

表 7-43 为样本处理摘要。所有样本都包含受偿意愿等必要信息，没有被排除的样本。

表 7-44 中不同受教育程度的单因素方差分析结果表明受教育程度中的显著性水平 Sig.值远大于 0.05，为 0.864，说明不同受教育程度的被调查者的受偿意愿无显著性差异。

表 7-45 中受偿意愿与受教育程度相关性度量结果表明受教育程度 Eta 取值较小，为 0.074，说明最高学历与受偿意愿无相关性。这也与单因素方差分析表的结论是一致的。

（2）性别因素对生态补偿意愿的影响

从调查结果来看，女性被调查者的生态补偿受偿意愿较男性略强。在 108 位女性被调查者中，受偿意愿均值为 3 054.815 元；而在 130 位男性被调查者中，受偿意愿均值为 2 886.923 元（见表 7-42）。

表 7-42 显示了按性别分组的受偿意愿信息，可以发现不同性别被调查者的受偿意愿均值和标准差差距都较小。

表 7-44 中性别的单因素方差分结果表明：性别的显著性水平 Sig.值远大于 0.05，为 0.667，说明男女被调查者的受偿意愿无显著性差异。

表 7-45 中受偿意愿与性别相关性度量结果表明：性别 Eta 取值较小，为 0.028，说明性别与受偿意愿无相关性。这也与单因素方差分析表的结论是一致的。

（3）年龄因素对生态补偿意愿的影响

问卷调查结果表明，20 岁以下的被调查者的生态补偿受偿意愿最低，均值为 1 250 元；其次为年龄在 31～40 岁的被调查者，生态补偿受偿意愿均值为 2 781.25 元；20～30 岁的被调查者的生态补偿受偿意愿最高，均值为 4 263.636 元；总体表现为年轻人和 50 岁以上的老人受偿意愿的额度较高（见表 7-42）。

表 7-42 显示了按年龄分组的受偿意愿信息，可以发现不同年龄被调查者受偿意愿均值和标准差差距都不大。

表 7-44 中年龄的单因素方差分析结果表明：年龄的显著性水平 Sig.值大于 0.05，为 0.526，说明不同年龄的被调查者的受偿意愿无显著性差异。

表 7-45 中受偿意愿与年龄相关性度量结果表明：年龄 Eta 取值较大，为 0.116，说明年龄与受偿意愿有相关性。

（4）收入因素对生态补偿受偿意愿的影响

问卷调查结果表明：家庭年均收入在 35 000 元以上的被调查者受偿意愿最低，均值为 1 800 元；家庭年均收入在 20 001~25 000 元的被调查者的受偿意愿次之，均值是 2 214.062 元。家庭年均收入在 30 001~35 000 元的被调查者的受偿意愿最高，均值是 4 156.522 元；家庭年均收入在 25 001~30 000 元的被调查者的受偿意愿次之，均值是 3 523.333 元（见表 7-42）。

表 7-42 显示了按不同收入状况分组的受偿意愿信息，可以发现不同收入被调查者受偿意愿均值和标准差差距都较小。

表 7-44 是收入状况的单因素方差分析表。表中的显著性水平 Sig.值大于 0.05，说明不同收入被调查者的受偿意愿无显著性差异。

表 7-45 是受偿意愿与收入状况相关性度量表。Eta 取值较大，为 0.212，说明收入状况与受偿意愿有相关性。

表 7-42 基本情况对受偿意愿的影响

具体内容	选项	受偿意愿均值/元	样本量/个	标准差
受教育程度	未受过教育	2 976	45	2 384.307
	小学	2 782.243	107	2 160.879 1
	中学	3 188.312	77	4 076.480 2
	中专	2 887.5	8	3 717.694 2
	大专及以上	5 000	1	—
性别	男	2 886.923	130	2 481.611 1
	女	3 054.815	108	3 512.724 4
年龄	20 岁以下	1 250	2	353.553 4
	20~30 岁	4 263.636	11	3 936.565 2
	31~40 岁	2 781.25	40	2 491.619
	41~50 岁	2 795.395	76	3 711.605
	50 岁以上	3 046.972	109	2 466.970 5
收入	5 000 元以下	2 875	24	2 561.122 4
	5 000~10 000 元	3 036.818	44	2 109.407 2
	10 001~15 000 元	3 324.286	35	2 609.495 4
	15 001~20 000 元	2 553.125	32	1 944.219 6
	20 001~25 000 元	2 214.062	32	2 132.665 8
	25 001~30 000 元	3 523.333	30	3 290.182 2
	30 001~35 000 元	4 156.522	23	6 261.558 5
	35 000 元以上	1 800	18	879.839 6

表 7-43 样本处理摘要

受偿意愿*受教育程度*性别*年龄*收入状况	样本					
	已包含		已排除		总计	
	样本量/个	占比/%	样本量/个	占比/%	样本量/个	占比/%
	238	100.0	0	0	238	100.0

表 7-44 单因素方差分析

具体内容	分组	平方和	df	均方	F	Sig.
受偿意愿 * 受教育程度	组间	11 607 526.958	4	2 901 881.739	0.321	0.864
	组内	2 104 785 972.202	233	9 033 416.190		
	总计	2 116 393 499.160	237			
受偿意愿 * 性别	组间	1 662 833.633	1	1 662 833.633	0.186	0.667
	组内	2 114 730 665.527	236	8 960 723.159		
	总计	2 116 393 499.160	237			
受偿意愿 * 年龄	组间	28 701 818.039	4	7 175 454.510	0.801	0.526
	组内	2 087 691 681.121	233	8 960 050.134		
	总计	2 116 393 499.160	237			
受偿意愿 * 收入状况	组间	94 847 839.691	7	13 549 691.384	1.542	0.154
	组内	2 021 545 659.469	230	8 789 328.954		
	总计	2 116 393 499.160	237			

表 7-45 受偿意愿的相关性度量

具体内容	Eta	Eta 方
受偿意愿 * 受教育程度	0.074	0.005
受偿意愿 * 性别	0.028	0.001
受偿意愿 * 年龄	0.116	0.014
受偿意愿 * 收入状况	0.212	0.045

7.2.3.9 被调查者生态补偿受偿意愿结果检验

由于整个松华坝水源保护区被调查村民样本量足够大，故总体受偿意愿符合正态分布。表 7-46 给出了受偿意愿值的描述性统计量。样本均值为 2 963.109 元，与预调研均值 2 208.3 元相差较大。

表 7-47 是单样本 t 检验表。包括总体均值（检验值）、检验统计量（t）、自由度（df）、双侧检验的显著性水平（Sig.）、样本均值和总体均值之差、均值差的置信区间。t 检验的统计量取值为 3.897。由于双侧 t 检验的显著性水平 Sig.取值小于 0.05，即认为预调研样本均值与第二次调研样本均值是不一致的，两次均值之差可能是由抽样误差以外的误差

所造成的（询问方式、计算方法不同）。

由于第二次调研样本量更大、问题更详尽、方法更科学，所以仍以第二次调研样本来推测，t检验推测出总体均值在 2 600～3 300 元。因此，松华坝水源保护区受调查村民最小受偿意愿额度粗略范围为 2 600～3 300 元。

表 7-46　单个样本统计量

具体内容	样本量/个	均值/元	标准差	均值的标准误
受偿意愿	238	2 963.109	2 988.298 9	193.702 6

表 7-47　受偿意愿单个样本 t 检验

检验值	t	df	Sig.（双侧）	均值差值/元	差分的 95% 置信区间/元	
					下限	上限
2 208.3	3.897	237	0	754.809 2	373.21	1 136.408
2 600	1.875	237	0.062	363.109 2	161.909	564.309
3 300	−1.739	237	0.083	−336.890 8	−538.091	−135.691

7.2.3.10　受偿意愿调查问卷结果讨论

在对松华坝水源保护区上游被调查居民进行受偿意愿调查问卷时，往往由于居民收入、环境意识等方面的原因，受偿意愿的数值比较高。从本次调研来看，由于居民收入普遍偏低，受教育水平低，留守老人较多，被调查者所表达的受偿意愿只能粗略地反映出他们对为保护水源保护区生态水平而承受损失的真实估价。另外，用货币形式来表达他们维护环境效益的损失，容易使水源保护区居民将所有的生活成本加到他们给出的最小受偿额度中。所以让被调查者在假想市场的情况下，准确估算出他们对水源保护区生态变化的受偿意愿也是有一定困难的，一般情况下他们给出的最小受偿意愿是偏高的。

对松华坝水源保护区被调查村民生态补偿受偿意愿水平的调查分析表明，村民生态补偿的受偿意愿主要受到性别和受教育程度因素的影响。其中，女性的生态补偿受偿意愿要高于男性；受教育水平越高，生态补偿受偿意愿越强。年龄及收入状况因素对居民生态补偿受偿意愿的影响较弱。从调查结果来看，年龄越大，受偿意愿越高；家庭年均收入在 35 000 元以上的被调查者的受偿意愿最低。

从上述分析结果可以得到以下启示：

首先，未来生态补偿应以市场为主体。从调查结果来看，昆明市主城区居民对上游进行生态补偿的支付力度较强，总体支付意愿为 2.59 亿元/a，总体受偿意愿为 2.37 亿元/a，总体支付意愿高于总体受偿意愿。仅靠这种市场补偿足以调动松华坝水源保护区上游生态环境保护者的积极性。因此，在未来阶段，松华坝水源保护区生态补偿应以市场补偿为主，政府补偿可以作为一种有效补充。

其次，生态补偿的实施要循序渐进。从研究结果来看，影响居民生态补偿意愿的因素有性别、收入状况和受教育程度等。昆明市主城区居民的生态补偿意愿及支付水平依然不高，在有效问卷 1 013 份中，487 人不愿意支付。因此，在制定生态补偿标准时，必须充分考虑下游各区域居民的文化素质和收入水平。同时，在实施生态补偿的过程中，要综合考虑下游的经济发展水平，要循序渐进，不可一步到位。

7.2.4 预调研及正式版问卷结果比较分析

预调研和正式调研结果比较分析如表 7-48 所示。研究中正式版松华坝水源保护区被调查村民的最小受偿意愿高于预调研中的调查结果，上游最小受偿意愿粗略范围在人均 2 200～2 900 元/a；而正式版昆明市主城区居民的最大支付意愿低于预调研中的调查结果，下游最大支付意愿粗略范围在人均 116～130 元/a。两次支付意愿调查结果相差不大，受偿意愿差距也在合理范围之内，调查结果对政府的决策是有参考价值的，能够成为政府部门制定环境政策的依据。两次调查结果均显示下游总体支付意愿大于上游总体受偿意愿，因此市场补偿足以调动松华坝水源保护区上游生态环境保护者的积极性，理论上未来可由下游昆明市主城区居民对上游松华坝水源保护区村民进行生态补偿。调查支付意愿及受偿意愿额度时，由于样本量不同，所采取的提问方式不同（范围选择型及重复投标博弈型），计算方法不同，所以会使结果产生偏差。范围选择方法明显存在起点偏差，重复投标博弈的方法减少了起点偏差。正式版调研样本量比预调研版大，同时问题更为全面，问卷设计更为有效，能为大多数被调查者所接受和理解。因此我们认为，相较于预调研版问卷，正式版问卷调查结果更具统计学意义，更具科学性。

表 7-48　预调研版及正式版调研问卷结果比较

具体内容	最大支付意愿			最小受偿意愿		
	人均额度/元	总样本量/个	总体额度/亿元	人均额度/元	总样本量/个	总体额度/亿元
预调研版	130	60	2.899	2 208.3	144	1.659 4
正式版	116.27	1 013	2.59	2 963.10	238	2.37

而预调研的意义在于，通过预调查，检验和发现问卷中存在的问题，从而根据研究目的和实际情况精心设计问卷，采用适当的问卷设计技术，减小被调查者的不理解和抵触心理。需注意的是，在调查时要向被调查者清楚地解释和说明与调查有关的信息。同时可以通过预调查来比较不同提问方式求得的支付意愿结果的差异。在进行生态补偿意愿调查时，为纠正结果偏差，最好能将意愿调查法与其他方法的评价结果进行比较。

7.3 基于牛栏江-滇池补水工程的生态补偿

7.3.1 牛栏江-滇池补水工程概况

滇池流域属水质型缺水地区，由于人口增加，滇池流域人均水资源量从20世纪50年代的1 000 m³降到目前的不足300 m³，是全国平均数的1/9。滇池流域的平均水资源量只有约5.5亿m³，正常年份缺水1亿m³，枯水年份缺水2亿m³。同时，近年来滇池流域工业发展较快，也挤占了部分水资源量。由于大量的水资源被生活和生产挤占，入湖清水量急剧减少，水体对污染物的稀释能力、自净能力下降。因此，跨流域引水济滇势在必行。牛栏江流域与滇池流域相邻，修建调水工程从牛栏江上游引水，具有工程实施条件相对简单、水资源条件相对较好等特点，是加快改善滇池水环境的一项切实措施。牛栏江-滇池补水工程是滇池水污染防治六大措施之一的"外流域引水及节水"的重要组成。牛栏江-滇池补水工程主要由德泽水库水源枢纽工程、干河提水泵站工程及输水线路工程组成。在德泽大桥上游4.2 km的牛栏江干流上修建坝高142 m、总库容4.48亿m³的德泽水库；在距大坝17.3 km的库区建设装机9.2万kW、扬程233 m的干河提水泵站；建设总长为115.85 km的输水线路，由泵站提水送到输水线路渠首，输水线路落点在盘龙江松华坝水库下游2.2 km处，利用盘龙江河道输水到滇池。设计引水流量为23 m³/s，多年平均向滇池补水5.72亿m³。牛栏江引水工程示意图见图7-3。

图7-3　牛栏江-滇池补水工程布置示意图

图7-4为牛栏江-滇池补水路径图。牛栏江-滇池补水工程是一项水资源综合利用工程，是滇中调水的近期工程，是近、中期云南省水资源优化配置的重大工程之一，是滇池水污染综合治理必不可少的措施，是昆明市滇池流域水资源保障体系的重要组成部分。近期任务是向滇池补水，改善滇池水环境和水资源条件，配合滇池水污染防治的其他措施，达到规划水质目标，并具备为昆明市应急供水的能力；远期任务主要是向曲靖市供水，

并与金沙江调水工程共同向滇池补水，同时作为昆明市的备用水源。

图 7-4 牛栏江-滇池补水路径

7.3.2 基于滇池生态需水的牛栏江调水生态补偿

7.3.2.1 流域生态需水研究现状

流域生态需水是当前研究的热点，是流域生态系统管理的基础，也是流域水生态环境恢复与保护的关键。流域生态需水研究的最终目的是为配置水资源、为政府部门决策服务。"十二五"期间，我国大部分地区仍处于一次工业化阶段（沿海部分地区开始进入二次工业化阶段）。21 世纪上半叶的工业化进程明显，意味着未来一段时间内社会经济需水还会继续增加，即使采取节水措施，由于水资源短缺及水质性缺水严重，生态需水在短时间内仍然会面临严峻的挑战。

我国的国情决定了在短时间内不可能将水资源开发利用率降到很低，生态恢复也很难在短期内实现。在这种情况下，水环境的改善必须分阶段、分步骤逐步进行，在短期内，生态需水的研究也应结合各流域水资源及水环境现状、经济发展水平等特点，针对关键的环境问题，确定主要的生态需水类型，在此基础上进行综合定量，以利于生态需水在水资源配置中的实施，逐步实现水环境的保护与恢复。

牛栏江-滇池补水工程是昆明市滇池流域水资源保障体系的重要组成部分，首要任务是补充滇池生态用水，改善滇池水环境；但持续地对生态环境补水需要巨大运行成本，而如何确定生态需水供水成本是解决成本补偿问题的核心，而且这个成本的核算要得到各方认可，这也是建立长效生态需水补偿机制的关键。

7.3.2.2 基于生态需水的滇池流域生态补偿案例研究

滇池流域主要从牛栏江引水，首先需要计算滇池流域的生态需水量。本研究拟采用最低生态水位法计算滇池最小生态需水量。

经测算，滇池最小生态需水量为 5.64 亿 m^3，年调水量为 5.72 亿 m^3，水库原水价格为 0.43 元/m^3，水资源费为 0.23 元/m^3，滇池人均 GDP 为 56 437.00 元，云南省人均 GDP 为 27 368.97 元。昆明市基于滇池生态需水从牛栏江调水应支付的生态补偿额度为 7.675 9 亿元，为水资源量补偿。

牛栏江-滇池补水工程的生态补偿费包含水污染防治补偿费、水资源量补偿费、其他潜在补偿费。结合基于跨界通量和基于滇池生态需水的牛栏江-滇池补水工程生态补偿可知，水污染防治补偿费为 2 756.393 9 万元，水资源量补偿费为 7.675 9 亿元。其他潜在补偿费方面，一般库容下德泽水库的维修费为 1.03 亿元，而用于保持水土流失的费用为 324.69 万元。综上所述，昆明市应支付曲靖市生态补偿额度，牛栏江-滇池补水工程中水源区一年生态补偿费用约为 9.014 亿元。2014 年昆明市总 GDP 为 3 712.99 亿元，应支付的生态补偿额度约为总 GDP 的 2.4‰。

7.4 滇池流域生态补偿中博弈均衡问题的研究

7.4.1 博弈均衡模型

通过建立科学且符合实际的博弈均衡模型，比较不同选择的收益大小，可以得出上、下游两区域的最优策略（演化稳定策略），其最优策略组合为纳什均衡。具体博弈矩阵形式见表 7-49、表 7-50。

表 7-49　流域生态系统上下游之间博弈矩阵

具体内容	下游区域乙补偿	下游区域乙不补偿
上游区域甲保护	$L-C_1+C_2$，U_1-C_2	$L-C_1$，U_1
上游区域甲不保护	$S+C_2$，U_2-C_2	S，U_2

表 7-50　流域生态系统惩罚机制下的上下游之间博弈矩阵

具体内容	下游区域乙补偿	下游区域乙不补偿
上游区域甲保护	$L-C_1+C_2$，U_1-C_2	$L-C_1$，U_1-F_2
上游区域甲不保护	$S-F_1+C_2$，U_2-C_2	$S-F_1$，U_2-F_2

其中 L 为上游区域甲选择对生态环境的保护策略时，可以获取长期的生态产出；C_1 为上游地区甲支付的生态保护成本；S 为上游地区甲选择不保护策略所获得的短期收益；F_1 为上游地区甲不保护流域生态的行为一旦被发现受到的惩罚；U_1 为下游地区乙在上游地区甲选择生态保护策略下享受到的生态外部正效用（U_1 是时间的递增函数，随着时间的推移，U_1 不断增加）；U_2 为下游地区乙在上游地区甲选择生态不保护策略下享受到的生态外部正效用（U_2 是时间的递减函数，随着时间的推移，不断减少，甚至为负）；C_2 为下游地区乙对上游地区甲的生态补偿；F_2 为下游地区乙不补偿的行为一旦被发现受到的惩罚。

鉴于上述参数中 L、U_1、U_2 随时间的变动性，将对流域生态补偿的博弈进行短期博弈分析和长期博弈分析。对于案例而言，基于跨界通量的牛栏江-滇池补水工程生态补偿案例中甲乙双方为曲靖市（牛栏江流域）和昆明市（滇池）；基于意愿调查法的松华坝水源保护区生态补偿案例中甲为松华坝水源保护区，乙为昆明市主城区；基于滇池生态需水的牛栏江-滇池补水工程生态补偿案例中，甲为曲靖市（牛栏江流域），乙为昆明市（滇池）。C_1、C_2 等生态补偿额度也将通过以上三种测算方法得到。本研究将利用同一个基本博弈模型将三种测算方法的案例联系起来进行定性分析，并具体问题具体分析。

7.4.2　短期博弈分析

从短期来看，如表 7-49 所示，对于下游而言，若上游选择保护策略时，$U_1-C_2<U_1$，下游会选择不补偿；若上游选择不保护策略时，$U_2-C_2<U_2$，所以下游依然选择不补偿。对于上游而言，若下游选择补偿策略，且 $L-C_1+C_2<S+C_2$，上游选择不保护；若下游选择不补偿策略，且 $L-C_1<S$，所以上游依然选择不保护。无论下游是否选择补偿，对于上游而言，选择不保护的短期利益大于选择保护的长期利益；那么上游就缺乏主动保护的动机。而对于下游而言，无论上游是否选择保护，都将选择不补偿，而使其获得的外部效用最大。因此，在这种情况下的博弈结果是：上游不保护，下游不补偿，陷入"囚徒困境"。

从短期来看,对于松华坝水源保护区生态补偿案例,无论昆明市主城区是否选择补偿,松华坝水源保护区都会选择不保护;无论松华坝水源保护区是否选择保护,昆明市主城区都会选择不补偿。同理,对于牛栏江-滇池补水工程生态补偿案例,无论昆明市主城区是否选择补偿,曲靖市都会选择不保护;无论曲靖市是否选择保护,昆明市都会选择不补偿。

从上面的讨论可以看出,如果没有一个机制约束,博弈双方就会陷入非合作的博弈,最终导致帕累托最优无效,因此需要通过一种制度安排建立起双方之间的合作博弈,从而迫使上游保护和下游补偿。

假设上下游政府经过协商,决定引入惩罚机制,设 F_1 为上游不保护生态环境、导致生态环境受损时要对下游进行的补偿;F_2 为下游不进行补偿或者不承担一定的生态建设成本时受到的惩罚,见表7-50。

对于下游而言,当上游选择保护策略时,假设 $U_1-C_2>U_1-F_2$ 即 $F_2>C_2$,下游会选择补偿;当上游选择不保护策略时,假设 $U_2-C_2>U_2-F_2$ 即 $F_2>C_2$,下游依然会选择补偿。对于上游而言,当下游选择补偿策略时,假设 $L-C_1+C_2>S-F_1+C_2$,即 $F_1>S+C_1-L$,上游会选择保护;当下游选择不补偿策略时,假设 $L-C_1>S-F_1$,即 $F_1>S+C_1-L$,上游会选择保护。对于下游而言,当引入了惩罚机制,而且 $F_1>S+C_1-L$ 时,即如果上游选择不保护,就要承担更多的损失,则上游定会从自身利益出发,选择采取保护策略;而对于下游而言,当 $F_2>C_2$ 时,若选择不补偿,所获得的正的外部效用将降低,同样是出于自身利益考虑,将选择补偿策略。$F_1>S+C_1-L$ 且 $F_2>C_2$,此时的博弈结果将是上游保护、下游补偿。只有 F_1、F_2 满足上述条件,惩罚机制才能约束上下游地区的行为,才能实现流域生态补偿机制的完善,避免流域内单个区域从自身经济利益出发,损害整个流域的集体利益,使流域形成"囚徒困境"的博弈结果,不利于环境价值的实现。

基于上述分析,从短期来看,如果没有惩罚机制约束,博弈双方就会陷入非合作的博弈,最终难以达到帕累托最优。所以完善滇池流域区际生态补偿机制的核心,就是要通过建立惩罚机制,使政府之间的博弈由非合作转向合作。从博弈结果来看,有效的惩罚机制的建立,关键在于 F_1、F_2 的界定。上游有发展经济的权利,但是其发展如果造成水质水量超标、损害了下游的利益,上级政府就应当以行政手段命令对上游进行惩罚,满足 $F_1>S+C_1-L$。虽然上游进行生态保护,当地群众是首要的生态利益享受者,但也因限制发展损害了当地群众的经济利益,况且从外部性的理论来看,生态效益中有一部分是外溢的,下游也享受到了这部分的正外部效用。从公平的角度来说,下游也需要适当承担一部分环境保护的成本,同时也要对流域进行保护,否则,就要受到上级政府处罚,满足 $F_2>C_2$。

对于松华坝水源保护区生态补偿案例,昆明市主城区和松华坝水源保护区,若满足

$F_2 > 2.59$（亿元），$F_1 > S + 2.37$（亿元）$-L$；可实现纳什均衡，昆明市主城区选择补偿，松华坝水源保护区选择保护。同理，对于牛栏江-滇池补水工程生态补偿案例，若 $F_2 > 9.014$（亿元），$F_1 > S + 1.338\ 1$（亿元）$-L$，可实现曲靖市保护、昆明市补偿，达到帕累托最优，上下游利益最大化。

7.4.3　长期博弈分析

从长期来看，好的结果是自觉行为下的博弈均衡。从长远来看，上游区域甲的保护性投资所产生的生态效益产出 L 已经显现，即 $L-C_1 > S$，良好生态环境不仅带来社会效益，伴随着旅游、休闲业的发展，还带来良好的经济效益。对于上游地区而言，经济发展到一定水平，完全有意愿和能力支付生态保护成本 C_1，惩罚 F_1 本质上不再发挥作用；对于下游地区而言，良好的生态环境所能带来的效用远远大于其要支付的生态补偿额，而且随着生态保护意识和生态伦理观的强化，为生态付费理念逐渐被人们所接受，对上游地区为生态保护所做出的努力，具有了补偿的主动性。对于下游地区不补偿的惩罚 F_2，实质上也失去了约束功能。保护和补偿的纳什均衡便在自觉的保护生态环境意识下形成。此时，生态补偿为市场机制下的价值交换。

从长期来看，对于松华坝水源保护区生态补偿案例，下游昆明市主城区良好的生态环境所能带来的效用慢慢凸显。由前面分析可知，不同收入被调查者的支付意愿有显著性差异，收入越高，支付意愿越强烈，并且通过对支付意愿初步进行二分类变量 Logistic 回归分析，可知收入状况与是否愿意支付有显著的统计学意义。经济发展到一定水平，下游昆明市主城区收入增加，支付意愿增强，人们更愿意为生态付费。松华坝水源保护区也因保护生态而受益。同理，对于牛栏江-滇池补水工程生态补偿案例，长期以来，曲靖市良好的生态环境不仅带来社会效益，伴随着旅游、休闲业的发展，还带来良好的经济效益。经济发展到一定水平，完全有意愿和能力支付生态保护成本 C_1，并且由于技术的进步，C_1 也会逐渐降低，惩罚 F_1 渐渐无须发挥作用；而昆明市同样由于收入的增加和环保意识的增强，对曲靖市的生态补偿更为主动和充分，惩罚 F_2 慢慢也失去了原有作用，生态补偿变为市场机制下自发的补偿和保护。

由此我们可以探求滇池流域生态补偿的实现路径，解决流域生态环境个体理性和集体理性之间的矛盾，明确在构建流域生态补偿机制时引入监督惩罚机制的必要性。合理的生态补偿额度，对于上游地区而言，正面受益将促进形成良好的生态环境，惩罚处于次要地位；对于下游地区而言，合理的惩罚额度则会有效地增强下游的环境保护和生态补偿意识，督促下游主动完成补偿，避免非集体理性行为的发生。

7.5 结论

本章确定了滇池流域生态补偿主客体，核算了生态补偿标准，探讨了生态补偿方式，对滇池流域生态补偿机制的构建提出了政策建议。具体解决的关键问题包括基于意愿调查法的松华坝水源保护区生态补偿标准测算及标准的确定、基于跨界通量的牛栏江-滇池生态补偿测算模型的构建及标准的确定、基于滇池生态需水的滇池流域向牛栏江供水流域支付的生态补偿量测算方法构建及生态补偿标准的确定、滇池流域博弈模型构建及分析，总之，有助于解决如何科学地界定滇池流域生态补偿额度和惩罚额度的问题。

对于松华坝水源保护区生态补偿案例，若满足昆明市主城区和松华坝水源保护区，$F_2 > 2.59$（亿元），$F_1 > S + 2.37$（亿元）$-L$，可实现纳什均衡，昆明市主城区选择补偿，松华坝水源保护区选择保护。同理，对于牛栏江-滇池补水工程生态补偿案例，若 $F_2 > 9.014$（亿元），$F_1 > S + 1.338\ 1$（亿元）$-L$，可实现曲靖市保护、昆明市补偿，达到帕累托最优，上下游利益最大化。

建议关于松华坝水源保护区，下游昆明市主城区居民支付上游松华坝被调查村民生态补偿费总额约为 2.59 亿元/a，人均支付额度在 105～130 元/a；下游昆明市主城区居民不补偿惩罚金额 $F_2 > 2.59$（亿元）。上游松华坝被调查村民总受偿意愿为 2.37 亿元/a，人均受偿意愿为 2 600～3 300 元/a；上游松华坝被调查村民不保护惩罚金额需满足 $F_1 > S + 2.37$（亿元）$-L$，L 为松华坝水源保护区选择保护策略时可以获取的长期生态产出，S 为松华坝水源保护区选择不保护策略时所获得的短期收益。

建议关于牛栏江-滇池补水工程生态补偿，下游昆明市支付上游曲靖市生态补偿费总额约为 9.014 亿元/a。下游昆明市不补偿惩罚金额 $F_2 > 9.014$（亿元），上游曲靖市不保护惩罚金额需满足 $F_1 > S + 1.338\ 1$（亿元）$-L$。L 为曲靖市选择保护策略时可以获取的长期生态产出，S 为曲靖市选择不保护策略时所获得的短期收益。

7.6 滇池流域生态补偿政策建议

7.6.1 牛栏江-滇池补水工程跨流域生态补偿政策建议

7.6.1.1 加速跨流域生态补偿法制化进程，清晰界定生态产权

目前，涉及滇池跨流域生态保护和生态建设的法律法规都未对谁来补偿和补偿给谁作出明确的界定和规定，对于牛栏江-滇池补水工程补偿主客体也无明显界定，对其在上

下游生态环境方面具体拥有的权利和必须承担的责任仅限于原则性的规定，导致各利益相关者无法根据法律界定自己在生态环境保护方面的责、权、利的关系。

因此，需要将立法工作作为引导生态补偿由强制补偿向自愿补偿转变的一个重要环节。跨流域生态补偿是区域间协调发展的选择，这种协调主要以经济手段来实现，其中最重要的是市场手段，而市场的正常运行是以清晰界定的产权为前提的。跨流域生态产权确立，才能为跨流域生态机制的运行提供一套权威性和可操作性强的行为规定和使用约束，也是跨流域生态环境产权流转的重要前提。

7.6.1.2　确定生态补偿标准

长期以来，生态补偿机制能否顺利实施的关键不完全在于补偿金额的大小，即不完全在于对生态建设者和保护者的补偿标准。因此，仅仅依靠增加生态补偿标准来解决生态补偿政策存在的问题是不够的。为了解决跨流域生态环境个体理性和集体理性之间的矛盾，在牛栏江-滇池流域生态补偿机制构建时，牛栏江-滇池补水工程补偿应引入监督惩罚机制。生态补偿年限对上游地区生态补偿政策的实施效果起着十分重要的作用。在政府制定生态补偿长效政策时，还应该将补偿年限纳入政策制定范畴，并作为重点考虑的因素。能否科学界定生态补偿额度和惩罚额度是跨流域生态补偿机制能否运行的核心。

7.6.2　构建松华坝水源保护区生态补偿长效机制的建议

7.6.2.1　补偿资金筹集途径建议

根据松华坝水源保护区生态补偿问卷调查统计，生态补偿需求额度为 2.37 亿元/a，而生态补偿的投入额度约为 6 700 万元/a，资金缺口高达 1.7 亿元/a，因此需要加大资金筹集力度，多方筹集补偿资金。可以从以下几方面来考虑：

①提高原水水价，特别是提高水资源费，使水源区生态系统服务的转移价值和水源区居民保护水源丧失的机会成本在水价中有所体现。松华坝水库原水价格为 0.43 元/m³，水资源费为 0.23 元/m³，可见提高原水价格和水资源费用对于反哺水源区还是具有一定空间和可行性的，可以根据经济发展和居民收入水平，适时适度提高原水价格和水资源费。目前在水资源交易模式条件尚不成熟的条件下，宜从改革现行的昆明市自来水水价入手，建议松华坝原水水费增加 0.10～0.20 元/m³。

②加大政府专项资金投入和财政转移支付力度。在有条件的情况下征收生态补偿税，税费标准为人均 116 元/a。补偿总额约为 2.59 亿元/a。建立生态补偿专项基金，增加对水源区生态补偿的资金投入。云南省、昆明市、水源区所在县（区）财政应共同制定相应补偿资金配套政策，形成省、市、县三级财力在推动建立生态补偿机制上的聚合作用；

尝试采取灵活的财政转移支付政策，激励水源区生态环境保护和建设；应当把生态补偿特别是因保护生态环境而造成的财政减收作为财政转移支付资金分配的一个重要影响因素。把生态建设作为财政补偿和激励的重点，将饮用水水源区作为补助的重点地区，加大各项生态建设项目和工程的补偿支持力度。

③多渠道筹集社会资金，积极吸收民间组织、金融机构、企业集体、环保社团及个人对水源区生态保护建设的资助和援助，形成"市场不足政府补充，政府不足社会弥补"的水源区生态补偿格局，动员全社会的力量来关注和参与水源区生态补偿。条件成熟时，昆明市可以成立专门的"水源区生态保护基金"或发行水源区保护的环保彩票等，筹集社会各界的资金，用于水源区环境保护和生态补偿。

7.6.2.2　完善水源区生态补偿的方式和途径的建议

补偿方式和途径是生态补偿得以实施的最终落脚点，二者是相辅相成的。目前，松华坝水源保护区生态补偿的方式多为资金补偿和实物补偿，政策补偿和智力补偿占的比例较小。补偿途径多为直接补偿，间接补偿较少。为更好地提高生态补偿的效率，将生态补偿工作落到实处，应将资金补偿、实物补偿、政策补偿和智力补偿有机地结合起来，直接补偿和间接补偿相结合，因地制宜地开展松华坝水源保护区的生态补偿工作。水源区的政策补偿有以下几种具体途径：

①加强"造血型"补偿。运用项目支持的形式，将补偿资金转化为技术项目、安排到水源区，帮助水源区群众建立替代产业，或者对无污染产业的上马给予补助以促进发展生态经济产业，补偿的目标是增强水源区的发展能力，形成造血机制与自我发展机制，使外部补偿转化为自我积累能力和自我发展能力，真正做到"因保护生态资源而富"。昆明市应制定相关政策予以引导，提高科技扶贫力度，对水源区提供技术支持、管理经验、生产技能、生态产业开发等帮助，以增强水源区的经济造血功能，在保护水源区环境的同时促进经济发展和农民增收。

②自来水费中收取的反哺资金，通过市财政直接拨付到昆明市重点水源区保护委员会办公室，由保护委员会办公室专管，直接用于水源区直补和管理与保护工作。严格执行国家财经制度，自觉接受财政和审计部门监督，专户储存，专款专用。资金使用前期全部用于保护区保护整治，后期按3：7的比例，用于保护区的保护、整治和村民直补。

③各级财政补贴完全用于水源保护区村民直补，以乡镇（办事处）为单位，市、县区财政通过提高"三农"财政转移支付资金总额，按照城、乡转移支付资金3：1的比例，由市财政实行转移支付。在测算水源保护区每年资金缺口的基础上，从"三农"财政转移支付资金中安排水源保护补贴，直接补贴到水源保护区村民身上。建议按保护级别进行分级补偿。按照《昆明市松华坝水库保护条例》划分的Ⅰ级保护区、Ⅱ级保护区、Ⅲ

级保护区，制定不同类型的补助标准。I级保护区按照饮用水水源地不允许居住和耕种的原则，将现有村庄和居民进行搬迁。适当提高I级保护区群众的搬迁补偿；II级保护区因受到的限制大，对保护区作出的贡献大，既享受生产补助，也享受生活补助；III级保护区可以扩大范围，将水库累次加固扩建中由库区迁出就近安置的和农转非的村民纳入其中，享受生活补助。建议保护区内持农村户口居民平均补助约为人均 2 963.109 元/a，补偿总额约为 2.37 亿元。

④将水源区作为"生态特区"。利用制订政策的优先权和优惠待遇，制订一系列引导扶持的政策，在保护水源区生态环境的同时促进经济发展，做到"给政策，也是一种补偿"。建议水源区作为"GDP 豁免区"，享受优惠政策扶持，实施减免税收或退税政策。水源区干部考核制度与其他地区脱钩，对水源区政府及领导实行新的绿色政绩考核标准，以保护水源区的生态可持续为政绩。

⑤智力补偿。智力补偿是一种间接补偿，即通过由政府及其相关部门组织开展教育与培训活动，对受补偿者提供技术咨询和指导，培养老百姓应用科学技术与技能开展生产生活的能力，输送各类专业技术人才与管理人才。各级政府应通过给予补贴技术服务等多种方式，引导水源区农户进一步加大无公害农产品的种植规模，同时积极为农户联系有机农产品的销售渠道，鼓励农户种植无公害作物，争取达到水源保护及经济发展的"双赢"。

⑥市场补偿。除以上政府政策和政府补偿外，还可以进行市场补偿。交易的对象可以是生态环境要素的权属，也可以是生态环境服务功能，或者是环境污染治理的绩效或配额。通过市场交易或支付，兑现生态（环境）服务功能的价值。典型的市场补偿机制包括公共支付、一对一交易、市场贸易、生态（环境）标记等。

⑦农村劳动力转移。为保证转移人员移出后能胜任工作岗位，尽量不发生回迁现象，对转移人员给予技术技能培训。就地域而言，可以采取以下几类转移方向：就地向水源区林业、水利维护管理等其他产业转移；向水源区周围其他乡镇转移；向昆明市或国内其他乡村转移；向县城及昆明市城区转移；向省内及国内其他城市转移。但要做好移民搬迁工作，困难可想而知。因此，在短时期内不能实现整体搬迁的情况下，水源区"人水共处"的局面是不会彻底改变的。还应积极引导当地村民外出就业，缓解因限制经济发展而导致的贫困问题，同时缓解水源区的生态压力，实现类似于生态移民的作用。研究制定鼓励水源区富余劳动力转移并实现举家外迁入城生活的政策。通过政府制定的水源区劳动力在就业地享受当地居民待遇，享受廉租住房、公租房、经济适用房、社会保障、社会救助、就业、子女教育等多项政策的引导，实现水源区富余劳动力自主进城、有序转移。

7.6.2.3 建议加强水源区环境保护宣传和教育

加强水源区环境保护宣传和教育对于水源区生态补偿的顺利开展和实施具有重要作

用，只有人们从思想上认同水源区生态补偿的理念，充分参与到环境保护工作中，水源区生态补偿工作才能真正落到实处。建议从以下几个方面来考虑：

①强化水源区生态环境保护的宣传教育，树立全民生态环境意识。要加大宣传力度，开展可持续发展教育，提高全社会的水源区生态环境保护意识。在学校、社区、农村、企业等范围组织开展环境教育活动，如开展生态环境保护讲座、播放生态环境保护公益广告片、印发宣传海报等，让人们充分认识到保护水源区生态环境对生存和发展的重要性，形成全社会关心支持水源区环境保护的良好氛围。

②通过开展"环保宣传下乡""大学生志愿者社会实践活动""小手拉大手，共同呵护美丽家园"等活动，大力宣传环保科普知识，动员广大群众积极参与水源区生态保护行动。

③培养和培训一批科技人才，带动水源区群众"科技兴农""科技兴水"，开展以保护水源区实用技术和科普知识为主的培训，传授一技之长，使水源区群众在保护生态环境的同时实现共同致富。

④抓好"环境教育基地""生态示范基地"的试点建设。选择水源区内有代表性的村落或生态产业，探索市级环境教育基地和生态示范基地的创建工作，加强环境科普教育、宣传环保理念，提高公众的环境意识，对水源区生态环境保护和生态产业的发展起到良好的带动作用。

⑤深入开展环境警示教育。为促进全社会对水源区环境问题的关注，提高公众的环境忧患意识，增强各级领导干部贯彻可持续发展战略的自觉性，运用群众喜闻乐见的形式和方法，通过事例警示人们，充分认识水源区生态保护的重要性和紧迫性。

7.6.2.4 完善滇池流域生态补偿机制的建议

①建立滇池流域协调管理机制。昆明市上级政府应对滇池流域补偿工作进行宏观调控，推动需要开展滇池流域生态补偿的地区开展生态补偿工作，并给予一定的资金、政策和技术方面的支持。

②建立滇池流域生态补偿效果评估机制，了解滇池流域生态补偿的效果，及早发现补偿中存在的问题，调整补偿方式和补偿的额度，提高流域补偿效率。

③建立滇池流域生态补偿的监督、约束机制。鉴于生态环境保护的长期性和艰巨性，昆明市上级政府需要对补偿双方进行监督和约束，以保证补偿工作和补偿资金落实到位，保证补偿协议的长期履行。对保护和改善水源区生态环境的主体采取奖励措施（如资金补偿、政策补偿、项目补偿），对损害和破坏水源区生态环境的主体进行惩罚，对达不到生态保护目标的补偿客体按比例扣减甚至取消其补偿资金，对严重恶化水源区生态环境的还应处以罚款或提高其水资源使用费用。

第 8 章

滇池流域非点源污染减排清洁发展机制研究

8.1 基于 CDM 项目的总量控制和污染减排方法理论

8.1.1 非点源污染负荷估算方法

8.1.1.1 排污系数法

（1）农田固体废物污染

农业生产过程中，会产生大量固体废物，主要包括废弃农作物秸秆和蔬菜垃圾等。目前我国农业生产过程中产生的固体废物并未得到有效回收或资源化利用，固体废物长期堆放并滞留于农业生态系统中，通过降雨冲刷和地表径流等途径，污染农田及周边水体，其造成的污染已经成为农村面源污染的重要来源之一。农田固体废物产生量计算公式如下：

$$P = Y \times \gamma_0 \times n \times \gamma_1 \tag{8-1}$$

式中：P——农田固体废物的产生量，kg/a；

Y——农作物或蔬菜产量，t/a；

γ_0——秸秆或蔬菜垃圾产出系数；

n——养分含量，%；

γ_1——产污系数，kg/t。

（2）化肥污染

化肥污染是农业非点源污染的另一个重要来源，随着农业的进一步发展，农户对化肥的需求呈现增加的趋势。化肥中的污染源主要是氮、磷，氮、磷进入水体引起河湖富营养化，恶化水体环境。施用到耕地中的化肥不能完全被作物吸收，未被吸收的部分通过淋失、渗漏等方式，进入到水环境中，造成环境污染。化肥中营养物质流失量的计算公式如下：

$$Q = W \times q \times p \qquad (8-2)$$

式中：Q——营养物质流失量，t/a;

　　　W——化肥施用量，t/a;

　　　q——平均折纯率，%;

　　　p——平均流失率，%。

（3）农村生活污染

农村生活污染主要包括农村生活污水污染和人粪尿污染。生活污水是指家庭日常生活产生的废水，目前我国广大农村地区缺乏污水处理设施，大部分生活污水直接排放，从污染过程的角度分析，其具有典型的非点源污染特征。农村生活污水中含有大量污染物，如果未进行有效处理，会造成农田及水体污染。农村生活污水中污染物产生量计算公式如下：

$$P = 10 \times P' \times \alpha \qquad (8-3)$$

式中：P——生活污染物产生量，t/a;

　　　P'——农村人口，万人;

　　　α——人均生活污染排污系数，kg/a;

　　　10——单位换算系数。

（4）畜禽养殖污染

畜禽养殖产生的农业非点源污染主要是畜禽粪便污染和尿液污染。尽管畜禽养殖逐渐由分散化养殖转变为规模化养殖，但农村散户养殖仍然占相当大的比例。由于许多养殖企业或者家庭缺乏畜禽粪尿处理设施或处理设施运行成本较高导致其处于闲置状态，造成畜禽粪尿未经有效处理就进入环境，威胁农业生态系统的健康稳定。畜禽粪尿污染物产生量计算公式如下：

$$P = 0.001 \times C \times \beta \times \delta \times \theta \qquad (8-4)$$

式中：P——畜禽粪尿污染物产生量，kg/a;

　　　C——畜禽数量，只或头;

　　　β——畜禽粪便排泄指数，kg/［只（头）·a］;

　　　δ——畜禽粪便污染物平均含量，kg/t;

　　　θ——畜禽粪便污染物流失率，%;

　　　0.001——单位换算系数。

8.1.1.2　径流系数法

初雨径流污染模拟涉及因素众多，污染机理复杂。为了简化计算，利用径流系数法对初雨径流中的污染物负荷进行计算，计算公式如下：

$$W_i = 0.01 \times Q \times C \tag{8-5}$$

式中：W_i——初雨径流中第 i 种污染物的量，t/a；

　　　Q——初雨径流总量，万 m^3/a；

　　　C——初雨径流中第 i 种污染物的量，mg/L；

　　　0.01——单位换算系数。

年初雨径流总量与降雨强度、径流系数、汇流面积等因素有关，计算公式如下：

$$Q = 6 \times 10^{-6} \times q \times \sum (S_i \times \varphi_i) \times T \tag{8-6}$$

式中：Q——初雨径流总量，万 m^3/a；

　　　q——降雨强度，L/（s·万 m^2）；

　　　S_i——第 i 种用地类型的面积，万 m^2；

　　　φ_i——第 i 种用地类型的径流系数；

　　　T——年初雨径流总时间，min/a；

　　　6×10^{-6}——单位换算系数。

我国降雨强度公式的编制推荐使用年最大值法，计算公式如下：

$$q = [166.67 \times (A_1 + C \times \lg P)] / (t + b)^n \tag{8-7}$$

式中：q——降雨强度，L/（s·万 m^2）；

　　　t——降雨历时，min；

　　　P——设计重现期，a；

　　　A_1、C、b、n——各项参数，根据统计方法进行计算。

8.1.1.3　SWMM 模型

SWMM 模型是一款综合性经验数学模型，可以有效模拟地表产流和汇流、管网输送等过程，广泛应用于城市雨洪管理和城市非点源污染负荷估算。

（1）降雨过程

降雨是一个偶然事件，且在时空分布上具有不均匀性。SWMM 模型通过雨量计为区域研究降雨过程提供支持，具体数据可以是用户自定义的时间序列数据或外部类型文件，降雨强度公式同式（8-7）。

（2）产流过程

当发生降雨时，雨水不是直接在地表形成径流，而是通过截留、洼地蓄水、下渗和蒸散发等过程后，地表才开始积水产流，经过汇流形成径流。降水量扣除洼蓄量、入渗量和蒸散发量即为产流量。通常情况下，降雨过程中蒸散发作用较弱，可忽略不计。对于入渗量的计算，SWMM 模型提供三种方法可供选择：Horton 模型、Green-Ampt 模型和 SCS-CN 模型。实际中，Horton 模型运用比较广泛，该下渗理论认为地表土壤具有特定的下渗能力，且下渗能力随着降雨呈指数降低的趋势，具体表达式如下：

$$f(t) = f_c + (f_0 - f_c) \times e^{-kt} \tag{8-8}$$

式中：$f(t)$——下渗速率，mm/h；

f_c——最小下渗速率（或稳定下渗速率），mm/h；

f_0——最大下渗速率（或初始下渗速率），mm/h；

k——下渗衰减常数，1/h。

（3）汇流过程

SWMM 模型对汇水单元按照非线性水库进行处理，其进流量包括上游汇水单元的来水和降雨，径流损失包括地表洼蓄、下渗和蒸散发等，当地表积水量超过其最大洼蓄量时，形成地表径流，多个汇水单元的径流交汇形成汇流、进入排水管网系统，径流量根据连续性方程和曼宁公式进行耦合计算，汇流过程涉及的参数有不同地表的曼宁粗糙系数 n_0、汇水单元地表坡度 S_0 等。

（4）传输过程

径流在雨水管网的节点、管渠和管段中流动和转输的过程遵循质量守恒和动量守恒规律，可以利用一维非恒定明渠渐变流动的基本方程组（即圣维南流量方程组）进行演算求解。SWMM 模型中提供了三种求解方法：恒定流、运动波和动力波。通常情况下，恒定流与运动波仅可用于枝状管网。恒定流对模拟时间步长不敏感，一般仅用于对长期连续模拟的初步分析；动力波演算求解方法是理论上最为精确的，可以模拟当节点的水深超过最大可用深度时发生的溢流，溢流流量从系统损失或者在节点顶部累积，并可重新进入排水系统。径流转输过程涉及的主要参数为管道曼宁粗糙系数 n_1 和管底坡度 S_1。

（5）污染物迁移转化过程

SWMM 模型可以模拟 COD、TN、TP 等十余种污染物和用户自定义的污染物。对于地表污染物物理过程模拟，分为污染物在地表的累积过程和降雨冲刷过程。对于污染物的累积过程，SWMM 模型按照不同的土地利用类型进行处理，有四种增长方式可供选择：幂函数增长（Power Function）、指数函数增长（Exponential Function）、饱和函数增长（Saturation Function）和自定义时间序列（External Files）。对于污染物的冲刷过程，SWMM

模型同样按照不同的土地利用类型进行处理，有三种增长方式可供选择：指数函数冲刷（Exponential Washoff）、性能曲线冲刷（Rating Curve Washoff）和场次平均浓度（EMC）。同时，SWMM 模型还可考虑街道清扫对降雨径流污染的影响。

当污染物随地表径流进入排水管网系统后，SWMM 模型在节点处按照连续搅拌反应器（CSTR）的方式进行简化处理，但要求污染物在管网中传输模拟的时间步长与径流传输模拟的时间步长接近或一致，这样可以提高模型模拟的准确性。在管道中的传输可以按照一阶衰减模型进行处理，当衰减系数设定为 0 时，则认为污染物传输过程中无衰减，仅进行混合和迁移。

8.1.2 CDM 理论

1997 年 12 月，《京都议定书》正式签订，并提出清洁发展机制（Clean Development Mechanism，CDM）。CDM 指发达国家通过提供资金和技术的方式，与发展中国家开展项目合作，通过项目所实现的温室气体减排量，实现发达国家在《京都议定书》第 3 条款下承诺的温室气体减排量。CDM 是一种双赢机制，发展中国家通过 CDM 项目合作，可以获得发达国家温室气体减排的技术和资金，从而促进其经济发展和环境保护，实现可持续发展目标；发达国家通过 CDM 项目合作，可以以远低于其国内所需的减排成本实现承诺的温室气体减排指标，既节约资金，又通过这种方式将低碳经济技术、产品甚至理念输入发展中国家。

8.1.3 排污交易理论

排污交易制度又称排污权交易制度，指在特定区域内，根据该区域环境质量要求，确定一定时期内污染物的排放总量。在此基础上，通过颁发许可证的方式分配排污指标，并允许指标在市场上交易。排污交易作为一种典型的基于市场机制的经济激励型环境政策手段，具有费用有效性高、管理成本低等特点。其鼓励排污主体交易排污指标，排污主体为实现经济利益最大化，会积极参与到排污权交易与污染治理活动中来。

8.2 滇池流域非点源污染总量控制研究

8.2.1 水环境容量估算

根据《昆明市环境保护与生态建设"十二五"规划》及王圣瑞等学者对滇池流域主要污染物水环境容量的估算结果，取其平均值作为 TN 和 TP 的水环境容量估算结果，结果见表 8-1。

表 8-1 滇池流域主要污染物水环境容量

资料来源	水环境容量/（t/a）	
	TN	TP
《昆明市环境保护与生态建设"十二五"规划》	5 402.2	427.5
《基于系统动力学-不确定多目标优化 整合模型的区域环境承载力研究》	—	699
《滇池水环境》	4 066	520
《滇池流域社会经济环境系统优化与情景分析》	5 072	391
《滇池流域综合治理对水质的影响研究》	4 721	398
《滇池环境需水量及牛栏江引水效果预测》	4 612	387
平均值	4 774.64	470.42

目前，入湖河流是滇池的主要补给水源，滇池流域共有 33 条主要河流，根据《滇池流域基于污染负荷总量控制的基础调查报告》及 2008—2012 年各河段水文监测数据，主要入滇河流年均径流总量约为 8.35 亿 m³。采用 ArcGIS 软件裁剪滇池流域各区县所包含的河流，并统计各区县河流径流量，按照径流量比例分配 TN 和 TP 环境容量。呈贡区涵盖的主要入滇河流包括捞渔河、洛龙河、马料河和南冲河，各河流年均径流量见表 8-2。

表 8-2 呈贡区涵盖的主要入滇河流径流量

河流名称	年均径流量/万 m³
捞渔河	2 530.1
洛龙河	776.65
马料河	424.25
南冲河	275.91
总计	4 006.91

根据各污染源排放现状，按照比例分配环境容量。但根据 2014 年昆明市环境统计数据，呈贡区 TN 和 TP 基本来自农业源。因此，可将呈贡区 TN 和 TP 的水环境容量估算结果作为农业非点源环境容量。根据呈贡区入滇河流径流量占比，估算呈贡区 TN 和 TP 的水环境容量分别为 229.05 t/a 和 22.57 t/a。

8.2.2 农业非点源污染负荷估算

8.2.2.1 农田固体废物污染

查阅相关文献资料和统计年鉴，2014 年研究区域种植作物产量及相关各项参数见表 8-3～表 8-5。

表 8-3　不同种类作物产量

作物种类	作物产量/（t/a）	作物种类	作物产量/（t/a）
玉米	2 847	油料	20
豆类	89	蔬菜	198 063
薯类	57		

表 8-4　不同种类作物固体废物产出系数

作物种类	废弃物产出系数	作物种类	废弃物产出系数
玉米	1.37	油料	2.26
豆类	1.71	蔬菜	0.47
薯类	0.61		

表 8-5　不同种类作物固体废物养分含量和产污系数

作物种类	TN		TP	
	养分含量/%	产污系数/（kg/t）	养分含量/%	产污系数/（kg/t）
玉米	0.78	10.69	0.19	2.39
豆类	1.30	22.23	0.14	2.24
薯类	0.30	1.83	0.12	0.67
油料	2.01	45.43	0.14	3.06
蔬菜	0.18	0.92	0.09	0.45

研究区域农田固体废物 TN 和 TP 产生量见表 8-6。

表 8-6　农田固体废物 TN 和 TP 产生量

作物种类	TN 产生量/（t/a）	TP 产生量/（t/a）
玉米	32.60	1.80
豆类	4.40	0.05
薯类	2.00	0.01
油料	4.20	0.02
蔬菜	15.50	3.80
总计	58.70	5.68

8.2.2.2　化肥污染

查阅相关文献资料和统计年鉴，研究区域化肥施用量及相关各项参数见表 8-7～表 8-9。

表 8-7　不同种类化肥平均折纯率

化肥种类		平均折纯率/%
氮肥	尿素	46
	碳酸氢铵	17
	硫酸铵	20
	氯化铵	23
	硝酸钠	15
	其他氮肥	20
	平均值	23.5
磷肥	过磷酸钙	17
	钙镁磷肥	17
	磷光粉	20
	其他磷肥	20
	平均值	18.5

表 8-8　不同种类化肥施用量（按提纯法计算）

化肥种类	施用量/（t/a）
氮肥	2 872
磷肥	960

表 8-9　不同种类化肥平均流失率

化肥种类	平均流失率/%
氮肥	20
磷肥	15

研究区域施用化肥纯氮和纯磷流失量见表 8-10。

表 8-10　施用化肥纯氮和纯磷的流失量

种类	流失量/（t/a）
纯氮	574.40
纯磷	144.00

8.2.2.3　农村生活污染

查阅相关文献资料和统计年鉴，研究区域农村人口及相关各项参数见表 8-11。

表 8-11 研究区域农村人口及人均生活污染排污系数

农村人口/万人	TN 排污系数/（kg/a）	TP 排污系数/（kg/a）
2.3	1.58	0.16

研究区域农村生活污染物 TN 和 TP 产生量见表 8-12。

表 8-12 农村生活污染物 TN 和 TP 产生量

污染物种类	产生量/（t/a）
TN	36.34
TP	3.68

8.2.2.4 畜禽养殖污染

查阅相关文献资料和统计年鉴，研究区域畜禽数量及相关各项参数见表 8-13～表 8-16。

表 8-13 研究区域畜禽数量

畜禽种类	数量/（头或只）
牛	1 184
猪	8 672
羊	5 586
家禽	436 677

表 8-14 畜禽粪便排泄指数

畜禽种类	粪/（kg/a）	尿/（kg/a）
牛	7 300.0	3 650
猪	398	656.7
羊	950	未计
家禽	26.2	—

表 8-15 畜禽粪便污染物平均含量

畜禽粪便种类		TN 平均含量/（kg/t）	TP 平均含量/（kg/t）
牛	粪	4.37	1.18
	尿	8.0	0.40
猪	粪	5.88	3.41
	尿	3.3	0.52
羊粪		7.5	2.60
家禽粪		10.42	5.79

表 8-16　畜禽粪便污染物流失率

畜禽粪便种类		TN 流失率/%	TP 流失率/%
牛	粪	5.68	5.50
	尿	50	50
猪	粪	5.34	5.25
	尿	50	50
羊粪		5.30	5.20
家禽粪		8.47	8.42

研究区域畜禽养殖 TN 和 TP 产生量见表 8-17。

表 8-17　农村生活污染物 TN 和 TP 产生量

污染物种类	产生量/（t/a）
TN	40.64
TP	7.87

根据上述结果，计算研究区域农业非点源污染负荷见表 8-18。

表 8-18　农业非点源污染负荷

污染物种类	污染负荷/（t/a）
TN	710.08
TP	161.23

8.2.3　农业非点源污染削减量估算

根据上述估算结果，呈贡区农业非点源污染削减量和削减率见表 8-19。

表 8-19　呈贡区农业非点源污染削减量和削减率

污染物类型	削减量/（t/a）	削减率/%
TN	481.03	67.74
TP	138.66	86.01

8.3　滇池流域农业非点源污染减排清洁发展机制研究

8.3.1　技术/措施

本研究包含的措施用于消除农田因施用传统化肥（本研究主要指氮肥和磷肥）营养物质流失率较高而产生的 TN 和 TP。研究活动通过测土配方处理以及将配方肥按照科学方式施用于土壤中，降低营养物质流失率，减少 TN 和 TP 的产生量和排放量。研究涉及的主要技术包括土壤测试技术，GIS 空间定位、空间分析和空间数据库建立技术，配方肥研制技术以及配方肥施用后的样本采样、分析和监测技术。

8.3.2　边界

本研究的物理边界包括：
①拟议实施测土配方施肥的农田等活动场所；
②拟议研究影响范围内的受纳水体等环境场所。

8.3.3　基准线

本研究基准线情景设定为在常规种植条件下连续三年常规施肥或习惯施肥所施用的传统化肥量（本研究主要指氮肥和磷肥）及 TN 和 TP 的排放量。通过计算，拟议研究区域内基准线条件下传统化肥施用量及 TN 和 TP 排放量见表 8-20。

表 8-20　基准线条件下传统化肥施用量及 TN 和 TP 排放量

化肥种类	折纯后施用量/（t/a）	污染物种类	排放量/（t/a）
氮肥	3 819.2	TN	763.8
磷肥	1 048.4	TP	157.3

8.3.4　额外性

8.3.4.1　投资障碍

表 8-21 为投资支出估算表。本研究实施的测土配方施肥工程需要购买相关仪器设备、进行相关试验测试、研制加工配方、宣传培训及跟踪反馈等，年均投资 334.3 万元。农户和地方政府经济条件有限，投资难度较大，需要 CDM 项目的资金支持。

表 8-21　投资支出估算表

投资项目	支出/（万元/a）
建设费用	50
试验费用	151.9
运行费用	132.4
合计	334.3

8.3.4.2　技术障碍

本研究实施的测土配方施肥工程对技术要求较高，需要聘请专业的土壤肥料专家，采集土样及测定土壤相关指标。同时，需要聘请专业的 GIS 专家，通过空间分析构建土壤养分数据库，绘制土壤样品点位图及养分分布图。最后，两类专家结合相关模型，制定科学合理的分区施肥方案。此外，污染物监测与减排量计量方面也需要相关领域的专家参与工作。总之，测土配方施肥工作需要肥料、GIS、污染物监测等方面的专家提供技术支撑。如果没有 CDM 项目的支持，当地农村或农户没有能力获得相关技术并实施测土配方工程。

8.3.4.3　普遍性障碍

本研究拟议项目区域农户的施肥习惯是长期形成的，受经济利益驱动，农户大量甚至超量施用传统化肥，而且我国缺乏关于农户施肥量的相关规定，惩罚力度比较有限。实施测土配方施肥可以降低农业面源污染，但项目工程比较复杂，投入比较巨大，在农户无力承担相应支出及相关部门没有组织人力、物力、财力实施测土配方工程的条件下，农户将维持现状，继续按习惯施肥，这也是最经济的选择。

8.3.5　项目活动排放

项目排放量是指在采用测土配方技术和实施测土配方工程的条件下，农田施用化肥所排放的 TN 和 TP 的总量。通过计算，拟议项目区域内，项目实施条件下配方肥施用量及 TN 和 TP 排放量见表 8-22。

表 8-22　项目实施条件下配方肥施用量及 TN 和 TP 排放量

化肥种类	折纯后施用量/（t/a）	污染物种类	排放量/（t/a）
氮肥	3 819.2	TN	152.8
磷肥	1 048.4	TP	31.5

8.3.6　项目减排量

基准线情景下的污染物排放量与项目情景下的污染物排放量之差即为项目的减排量。通过计算，拟议项目区 TN 和 TP 减排量见表 8-23。

表 8-23　拟议项目区 TN 和 TP 减排量

污染物种类	减排量/（t/a）
TN	611
TP	125.8

8.3.7　监测

①拟议项目在计入期内必须每年监测和记录以下数据：种植作物面积、品种及产量；年均降水量、最高气温、最低气温等气象数据；用于试验的基础土壤样本数量，并根据典型取样测定其养分含量、理化性质等；不同作物施肥品种、用量和时间、灌溉用量和时间及除草时间；用于测定污染物含量的土壤样本数量，并根据典型取样测定污染物含量。

②应提供拟议项目实施前 3 年按照常规施肥方式施用的化肥数量的历史记录和对历史记录进行核对的额外资料（如化肥的销售发票），用于验证项目活动。

③应在质量控制方案中用文件说明测土配方施肥设施的操作，对程序进行监测和控制。

④应监测配方肥在农田中的施用情况，包括用文件证明配方肥最终产品的销售和交货情况，并有现场证据证实配方肥在土壤中的科学使用，通过用户使用地的典型取样进行证实。

⑤调查参与项目的农户接受相关培训及对自己农田的土壤肥力、配方肥施用品种与施用量的了解情况并用文件进行说明。

8.3.8　组织管理体系

8.3.8.1　申请及审批

①申请实施 CDM 项目的企业应向云南省发展和改革委员会提出申请，并同时提交项目设计文件、企业资质状况证明文件、工程项目概况和投融资情况的文字说明等；

②云南省发展和改革委员会委托评估机构，对申请项目组织专家评审，时间不超过 30 日；

③云南省发展和改革委员会将专家审评合格的项目报国家 CDM 执行理事会登记注

册，并在接到国家或地方 CDM 执行理事会批准通知后 10 日内向国家发展和改革委员会报告执行理事会的批准状况；

④国家发展和改革委员会在 20 日之内作出是否予以批准的决定。

8.3.8.2 实施、监督及核查

①评估机构按照有关规定向云南省发展和改革委员会及经营实体提交项目实施和监测报告；

②为保证 CDM 项目实施的质量，云南省发展和改革委员会对 CDM 项目的实施进行管理和监督；

③经营实体对 CDM 项目产生的减排量进行核实和证明，将核证的减排量及其他有关情况向国家或地方 CDM 执行理事会报告，经批准签发后，由国家或地方 CDM 执行理事会将核证的减排量进行登记和转让，并通知参加 CDM 项目的合作方；

④云南省发展和改革委员会或受其委托机构，将经国家或地方 CDM 执行理事会登记注册的 CDM 项目产生的经核证减排量登记。

8.4 滇池流域城市非点源污染减排清洁发展机制研究

研究区域初雨径流产生的 TN 和 TP 是造成该区域城市非点源污染的主要来源，通过实施绿色屋顶工程，增强区域雨水滞留能力和污染物削减能力，减少 TN 和 TP 产生和排放的潜力巨大。因此，具备开展 CDM 项目的基本条件。基于相关 CDM 方法学，以昆明市官渡区西南城区为例，分析实施 CDM 项目的可行性，计算 TN 和 TP 的减排量，对推进我国城市非点源污染治理和相关 CDM 项目实践具有重要的指导意义。

8.4.1 技术/措施

本研究包含的措施用于消除城市建筑区不透水面（本研究主要指屋顶）初雨水径流产生的 TN 和 TP。项目活动通过屋顶绿化处理以及将绿色屋顶按照科学方式施用于建筑区，增强雨水滞留能力和污染物削减能力，减少 TN 和 TP 的产生量和排放量。项目涉及的主要技术包括绿色屋顶保护层、排水层、过滤层、基质层、植被层的设计、建造技术以及绿色屋顶施用后的样本采样、分析和监测技术。

8.4.2 边界

本研究的物理边界包括：
①拟议实施绿色屋顶的建筑区屋顶等活动场所；

②拟议项目影响范围内的受纳水体等环境场所。

8.4.3　基准线

本研究基准线情景设定为连续三年常规降雨情况下普通屋顶的初雨径流量及 TN 和 TP 的排放量。通过计算，拟议项目区域内基准线条件下屋顶初雨径流 TN 和 TP 排放量见表 8-24。

表 8-24　基准线条件下屋顶初雨径流 TN 和 TP 排放量

污染物种类	排放量/（t/a）
TN	0.36
TP	0.06

8.4.4　额外性

8.4.4.1　投资障碍

表 8-25 为投资支出估算表。本研究实施的绿色屋顶工程建造成本为 140 元/m²，维护成本为每年 40 元/m²。选择 30 000 m² 的屋顶改造为绿色屋顶，需要投入 420 万元建造费用和年均 120 万元维护费用。住户、物业管理公司和地方政府经济条件有限，投资难度较大，需要 CDM 项目的资金支持。

表 8-25　投资支出估算表

类别	支出/（元/m²）
隔栅、排水、定格材料	35
栽种植物（以太阳花和佛甲草为例）	40
轻型基质材料	20
土壤（以比利时 TC 黄金土为例）	10
运输费用	10
施工费用	25
养护费用	20
管理成本	20
合计	180

8.4.4.2　技术障碍

本研究实施的绿色屋顶工程结构相对复杂、技术要求较高，需要聘请相关领域的专家测定建筑物结构，计算承受荷载并合理布载，设计各层结构并根据各层相关要求选择材料，根据当地自然条件确定植物种类并栽种植被。此外，污染物监测与减排量计量方面也需要相关领域的专家参与工作。总之，实施绿色屋顶工程需要建筑、结构、规划、施工、给水排水、防水、绿化等方面的专家提供技术支撑。如果没有 CDM 项目的支持，当地住户或物业管理公司没有能力获得相关技术并实施绿色屋顶工程。

8.4.4.3　普遍性障碍

本研究拟议活动区域住户对绿色屋顶的意识薄弱、重视程度较低，在绿色屋顶的建造和推广方面缺乏统一规范和积极宣传。根据相关调查，住户普遍认为对屋顶进行绿化改造，一是增加不必要的建造及养护管理成本，二是建造绿色屋顶会引起屋顶漏水、裂缝等问题，三是绿色屋顶建成后在夏天会招致蚊虫来袭。因此，多数住户对绿色屋顶持怀疑态度，认为改善城市环境需要在绿地等市政工程方面加大投入。

8.4.5　项目活动排放

项目排放量是指在采用绿色屋顶技术和实施绿色屋顶工程的条件下，屋顶初雨径流排放的 TN 和 TP 的量。通过计算，拟议项目区域内项目实施条件下屋顶初雨径流 TN 和 TP 排放量见表 8-26。

表 8-26　项目条件下屋顶初雨径流 TN 和 TP 排放量

污染物种类	排放量/（t/a）
TN	0.32
TP	0.045

8.4.6　项目减排量

基准线情景下的污染物排放量与项目情景下的污染物排放量之差即为项目的减排量。通过计算，拟议项目 TN 和 TP 减排量见表 8-27。

表 8-27　拟议项目 TN 和 TP 减排量

污染物种类	减排量/（t/a）
TN	0.04
TP	0.015

8.4.7　监测

①拟议项目在计入期内必须每年监测和记录以下数据：年均降水量、最高气温、最低气温等气象数据；用于测定污染物含量的地表水样和渗透水样数量，并根据典型取样测定污染物含量；用于对比分析的每场降雨雨水样品数量，并根据典型取样测定污染物含量。

②应在质量控制方案中用文件说明绿色屋顶设施的操作，对程序进行监测和控制。

③应监测绿色屋顶的实施情况，包括用文件证明建造和维护情况，并有现场证据证实装配有绿色屋顶的科学使用。

④调查参与项目的住户和物业管理公司接受相关培训及对绿色屋顶知识、技术和相关要求的了解情况并用文件进行说明。

8.4.8　组织管理体系

8.4.8.1　申请及审批

①申请实施 CDM 项目的企业应向云南省发展和改革委员会提出申请，并同时提交项目设计文件、企业资质状况证明文件、工程项目概况和投融资情况的文字说明等；

②云南省发展和改革委员会委托评估机构，对申请项目组织专家评审，时间不超过30 日；

③云南省发展和改革委员会将专家审评合格的项目报国家或地方 CDM 执行理事会登记注册，并在接到国家或地方 CDM 执行理事会批准通知后 10 日内向国家发展和改革委员会报告执行理事会的批准状况；

④国家发展和改革委员会在 20 日之内作出是否予以批准的决定。

8.4.8.2　实施、监督及核查

①评估机构按照有关规定向云南省发展和改革委员会及经营实体提交项目实施和监测报告；

②为保证 CDM 项目实施的质量，云南省发展和改革委员会对 CDM 项目的实施进行管理和监督；

③经营实体对 CDM 项目产生的减排量进行核实和证明，将核证的减排量及其他有关情况向国家或地方 CDM 执行理事会报告，经批准签发后，由国家或地方 CDM 执行理事会将核证的减排量进行登记和转让，并通知参加 CDM 项目的合作方；

④云南省发展和改革委员会或受其委托机构，将经国家或地方 CDM 执行理事会登记注册的 CDM 项目产生的经核证减排量登记。

8.5　滇池流域基于 CDM 项目的点源-非点源排污交易研究

8.5.1　交易主体

本研究中,点源的交易主体为昆明市第六污水处理厂;非点源的交易主体为昆明市呈贡区农户组织,包括村民委员会、农村合作社等。根据农业非点源污染特点和农户生产经营特征,分散的众多农户自发组织或集体领导形成农户组织,通过统一的行为调整减少污染物排放量,进而与点源进行排污交易,降低交易成本,最大限度地实现排污交易的经济有效性。

8.5.2　交易客体

根据研究区域污染现状和污染物排放特点,本研究选择 TN 作为交易客体或交易标的,先实施 TN 的排污交易,然后再推广至其他污染物。

8.5.3　交易范围

空间范围上,本研究涵盖昆明市呈贡区十余万亩耕地和邻近的昆明市第六污水处理厂,由于位于相同控制区内,所以无须考虑降解系数的影响;时间范围上,考虑到非点源污染主要集中在雨季产生,本研究规定点源与非点源排污交易发生在雨季,即 5—10 月。

8.5.4　交易期限

交易期限以排污权有效期为依据,由于企业每年可以进行排污申报,所以短期交易期限可定为一年;结合我国社会经济发展规划五年一周期的特点,长期交易期限可定为五年。

8.5.5　市场主管

昆明市环境保护局确定研究区域污染物排放控制总量,向污水处理厂发放 TN 排污许可证,记录排污许可转让和排污账户收支等信息,收集、核实、公布污水处理厂和昆明市呈贡区十余万亩耕地的排放数据,调控排污交易市场,进行执法监督检查,处理、惩治违规者。

8.5.6　交易业务管理

在昆明市建立排污权交易中心,交易中心主要负责排污权的交易、拍卖、租用、储存、咨询、结算及市场服务等，提供交易信息、交易服务，调整排污指标。建立其他中介机构，如认证机构、评估机构等，完善信息市场，增加参与排污交易的交易者数量，降低交易费用，提高市场运行效率。建立排污交易管理系统，主要包括：一是许可证注册管理系统；二是许可证交易管理系统；三是许可证跟踪管理系统，用于记录、管理发行的许可证、每个账户持有的许可证数量及许可证的交换、储备、扣发等；四是污染物排放跟踪系统，可由第三方负责安装连续监测装置并提供相应技术支持，确保排放数据及时更新，保障数据的完整性及精确性。

8.5.7　减排成本

8.5.7.1　点源减排成本

本研究选择厌氧-缺氧-好氧生物脱氮工艺（A^2/O 生物脱氮工艺）作为污染物减排工艺，该工艺脱氮效果良好，可以有效降低废水中的氮含量，广泛应用于污水处理厂废水处理。查阅相关文献资料，A^2/O 生物脱氮工艺建设和运营成本见表 8-28。

表 8-28　A^2/O 生物脱氮工艺建设和运营成本

类别	成本/（万元/a）
建设成本（以 20 年运营期计）	628
电力成本	906
药剂成本（包括药剂和化验）	118
人工成本	210
合计	1 862

该工艺处理废水规模为 13 万 m^3/d，TN 的平均削减量为 38.51 mg/L，平均去除率为 72.24%，则该工艺每年可削减 1 275.66 t TN 排放，TN 的减排成本为 1.45 万元/t。

8.5.7.2　非点源减排成本

根据研究区域农业非点源污染负荷计算结果，化肥施用产生和排放的 TN 占比较大，为 80.89%（见图 8-1）。因此，本研究选择化肥污染治理措施之一的测土配方施肥技术作为 TN 减排手段，计算其减排成本，通过对比分析，进而参与排污交易。农业非点源污染易受天气因素特别是降雨的影响，导致污染排放量存在不确定性，进而影响点源和非点源交易的最优结果。本研究选择 2004—2014 年研究区域年降水量数据（见表 8-29），计算非点源排放的不确定性。

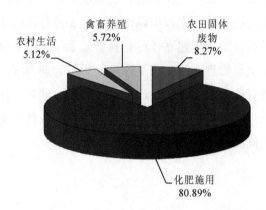

图 8-1　研究区域农业非点源 TN 排放量占比

表 8-29　2004—2014 年研究区域年降水量

年份	年降水量/mm	年份	年降水量/mm
2004	1 096	2010	869.1
2005	976	2011	659
2006	993.6	2012	802.1
2007	932.7	2013	757
2008	983	2014	958
2009	565.8		

基于以上数据计算的年降水量方差、期望及非点源污染排放不确定性见表 8-30。

表 8-30　年降水量方差、期望及非点源污染排放不确定性

参数	数值
方差	25 642.69
标准差	160.13
期望/mm	872.03
非点源污染排放不确定性	0.18

查阅相关文献资料，应用测土配方施肥技术，可以有效削减氨氮物质流失的 80%。根据计算结果，测土配方施肥技术的总成本和减排成本见表 8-31。

表 8-31　测土配方施肥技术的总成本和减排成本

项目名称	总成本/（万元/a）	TN 削减量/（t/a）	减排成本/（万元/t）
测土配方施肥技术	334.3	611	0.55

8.5.8　交易比率

本研究中，点源和非点源排污交易比率为 1.22，即点源获得 1 单位的污染物排放许可，非点源需要削减 1.22 单位的污染物排放。根据实际情况，昆明市第六污水处理厂可以购买农户组织削减的 611 t TN 排放，用以抵消其需要削减的 500 t TN 排放。

8.5.9　交易成本

本研究将农户组织作为交易主体，将分散的交易成本转换成统一的交易成本，提高交易效率，降低交易成本。经查阅相关文献，选择 0.25 万元作为单位交易成本。

8.5.10　交易价格

通过计算，本研究中点源和非点源排污交易价格为 1.19 万元/t。

综上所述，本研究中，作为农业非点源排污主体的农户组织，通过采用测土配方施肥技术，在分析环境不确定性影响的情况下，可以减少 611 t TN 的排放量，单位减排成本为 0.55 万元/t。点源的代表污水处理厂在交易比率 1.22 的基础上，可以向农户组织购买 611 t 的 TN 减排量，用以抵消其需要削减的 500 t TN 排放。在满足点源污染物减排要求的前提下，考虑交易总成本和交易双方各自收益，交易价格为 1.19 万元/t。

8.6　结论

①2014 年，昆明市呈贡区农村非点源 TN 和 TP 排放量分别为 710.08 t 和 161.23 t。基于环境容量约束，其削减量分别为 481.03 t 和 138.66 t。在 TN 排放方面，化肥施用排放的 TN 占比较大，为 80.89%，其余依次为农田固体废物、禽畜养殖和农村生活，占比分别为 8.27%、5.72% 和 5.12%；在 TP 排放方面，化肥施用仍然是主要的排放源，占比为 89.31%，其余依次为禽畜养殖、农田固体废物和农村生活，占比分别为 4.88%、3.52% 和 2.28%。总体来看，农村化肥施用是农村非点源污染的最大贡献源，需要采取一定措施减少化肥施用量，提高施用效率，从而降低农村非点源污染对滇池水体造成的损害。

②选择昆明市呈贡区开展了农业非点源污染减排 CDM 项目。农业非点源 CDM 项目

通过测土配方处理以及将配方肥按照科学方式施用于土壤中,年减排 TN 611 t、TP 125.8 t。

③建立了基于 CDM 的点源-非点源排污交易体系,根据污染现状和污染物排放特点,选择了昆明市呈贡区十余万亩耕地和邻近的昆明市第六污水处理厂作为非点源和点源,开展了 TN 排污交易案例研究。

④案例研究结果表明:昆明市第六污水处理厂可以向农户组织购买 611 t 的 TN 减排量,用以抵消其需要削减的 500 t TN,交易价格为 1.19 万元/t。

8.7 滇池流域总量控制与污染减排清洁发展机制政策建议

8.7.1 加大测土配方施肥推广力度

目前滇池流域农村非点源已成为入湖污染物的重要来源之一,农村化肥施用是农村非点源污染的最大贡献源。采取课堂培训、现场培训、印发宣传资料、电视、广播等群众喜闻乐见的形式,向农户全面宣传测土配方施肥,鼓励农民树立生态意识和环境意识。充分发挥各级农业技术推广部门的力量,开展测土配方施肥培训,纠正某些农户传统的错误的种植观念,使测土配方施肥成为广大农民的迫切愿望和自觉行动。同时,聘请专家培训农技人员,使基层人员准确掌握土壤测试、田间试验、配方测定等技术,提高施肥水平和效率。

8.7.2 强化滇池流域排污交易市场建设

改革和完善滇池流域排污许可证制度,以此为基础,结合“水十条”和《关于进一步推进排污权有偿使用和交易试点工作的指导意见》的相关要求,强化滇池流域水污染物排污交易市场。出台《滇池流域水污染物排放权交易管理条例》,对交易规则、市场结构、计量准则、交易程序、权利责任、奖惩力度等进行明确详细的规定,以此作为开展排污交易的依据和指导。采用先进的装置设备和技术手段有效加强对污染物排放企业的监督管理,同时建立信息发布系统,让政府、企业和社会公众及时、方便地了解到排污权交易市场上的相关数据,保证排污权交易的透明度。此外,加强环境监察队伍建设,提高执法人员素质,打造一支思想好、作风正、懂业务、会管理、善于做群众工作的环境监察队伍。

8.7.3 推进 CDM 项目积极开展

建立健全 CDM 项目资质系统,明确项目参与方、咨询等中介机构的资质标准,以有效维护 CDM 项目利益相关方的利益,促进 CDM 市场的规范运作。加快制定对 CDM 项目开发人员的考核机制、标准，建立促进 CDM 项目人才成长的机制体制，确保从事 CDM 项目开发的人员具有较高的素质。加大政策扶持力度，特别是税收优惠力度等，积极引导金融机构、社会资本向上述 CDM 项目提供资金，增强其市场融资能力。对适合发展 CDM 项目的企业，应通过专门的培训、召开研讨会等多种形式传播 CDM 相关专业知识，以增进有关人员对 CDM 项目的了解，特别是提升 CDM 中介服务公司的能力。

预调研问卷调查表

松华坝水源保护区生态补偿受偿意愿调查问卷

请填写或在单选项上打 √

1. 您来自_____县（_____区），现年_____岁，性别（男，女），受教育情况（a. 没受过学校教育，b. 小学，c. 初中，d. 高中，e. 中专，f. 大学专科，g. 大学本科，h. 研究生），家中人口数_____人。

2. 您的工作是：

①公务人员；②企业单位；③事业单位；④军人；⑤教师；⑥农民；⑦学生；⑧其他

3. 您个人年收入是_____万元。

4. 您关注身边的环境破坏问题的程度：

①非常关注；②比较关注；③一般关注；④很少关注；⑤不关注

5. 您认为松华坝水源保护区的生态环境是否重要？

①非常重要；②比较重要；③一般重要；④不太重要；⑤不重要

6. 对松华坝水库上游来说最重要的生态环境功能是哪项？

①防治水土流失、保育土壤资源；

②涵养水源、净化废物；

③保证饮水安全及工业生产可持续性；

④娱乐、休闲；

⑤维护野生动植物生物多样性等

7. 您了解为保护松华坝水源保护区的生态环境需要水利设施、基础设施及其管理维护等投入吗？

①非常了解；②比较了解；③一般了解；④不太了解；⑤不了解

8. 哪一种手段能有效保护松华坝水源保护区的生态？

①行政命令；②法律法规；③经济补偿

9. 由谁进行补偿呢？

①国家；②松华坝水源保护区下游地方政府；③松华坝水源保护区水用户；④所有生态受益者

10. 现在水源保护区的措施（例如征地、禁止旅游开发等）限制了水源保护区上游经济的发展。作为对水源保护区环境保护作出贡献的居民，您现在是否正在接受补偿？
①是；②否。

☆如果选择"是"，您现在接受补偿的金额按年是＿＿＿＿＿＿元每人。（或按月是＿＿＿＿＿＿元每人）

11. 如果您继续接受补偿，您每年预期的人均受偿金额是：

①现有受偿标准；②200～300 元；③300～500 元；④500～1 000 元；

⑤1 000～2 000 元；⑥2 000～4 000 元；⑦4 000～8 000 元；⑧8 000 元以上

12. 如果您继续接受补偿，您每年预期的人均受偿金额具体是＿＿＿＿＿＿元。

谢谢您的配合！

松华坝水源保护区生态补偿支付意愿调查问卷

请填写或在单选项上打 √

1. 您来自_____省(_____市)_____县(_____区),现年_____岁,性别(男,女),受教育情况(a. 没受过学校教育, b. 小学, c. 初中, d. 高中, e. 中专, f. 大学专科, g. 大学本科, h. 研究生),家中人口数_____人。

2. 您的工作是:

①公务人员;②企业单位;③事业单位;④军人;⑤教师;⑥农民;⑦学生;⑧其他

3. 您个人年收入是_____万元。

4. 您关注身边的环境破坏问题的程度:

①非常关注;②比较关注;③一般关注;④很少关注;⑤不关注

5. 您认为松华坝水源保护区的生态环境是否重要?

①非常重要;②比较重要;③一般重要;④不太重要;⑤不重要

6. 对松华坝水库上游来说最重要的生态环境功能是哪项?

①防治水土流失、保育土壤资源;②涵养水源、净化废物;③保证饮水安全及工业生产可持续性;④娱乐、休闲;⑤维护野生动植物生物多样性等

7. 您了解为保护松华坝水源保护区的生态环境需要水利设施、基础设施及其管理维护等投入吗?

①非常了解;②比较了解;③一般了解;④不太了解;⑤不了解

8. 哪一种手段能有效保护松华坝水源保护区的生态?

①行政命令;②法律法规;③经济补偿

9. 由谁进行补偿呢?

①国家;②滇池下游地方政府;③滇池水用户;④所有生态受益者

10. 现在水源保护区周边的生态环境在加剧恶化,您愿意支付一定费用用于松华坝水源保护区的生态环境保护,从而实现整个流域的生态环境改善吗?①不愿意;②愿意

☆如果选择"不愿意",您的理由是:

①收入低;

②不感兴趣;

③认为不起作用;

④个人受环境影响非常小;

⑤掏钱不应是个人或家庭,而是国家;

⑥其他（请补充）

☆回答的是 "愿意支付"，则请继续选择以下问题：

11. 您每年最多想支付多少元？ _____元。

12. 希望选择哪种方式？

①以现金形式捐献到专用的基金组织；

②捐献到松华坝水源保护区环境保护的管理机构；

③国家统一收生态环境保护税；

④水价提高；

⑤其他

附件二

正式调研问卷调查表

松华坝水源保护区生态补偿支付意愿调查问卷

（调访者：请将以下的简单介绍读给被调访者听）

调查访问者（以下简称"调访者"）姓名：.....................................

问卷号码：...

日期：...

地点：...

注意：1. 最好询问家庭的户主。

2. 最好不要询问不满 18 岁的未成年人。

简介（INTRODUCTION）

（调访者：请将以下的简单介绍读给被调访者听）

尊敬的昆明市区居民：

您好！我是北京师范大学的学生，正在就松华坝水源保护区生态补偿支付意愿问题为环保部门进行一项调查。众所周知，松华坝水库是昆明市主要饮用水水源。环保部门水专项开展"滇池流域水污染控制环境经济政策综合示范课题"，旨在通过环境经济研究手段、利用意愿调查法获得昆明市主城区居民对松华坝水源保护区生态补偿的额度，有利于我国滇池流域生态补偿机制的完善。为此，我们精心设计了本调查问卷，内容涉及居民个人信息、居民关于松华坝水源保护区环境保护的认知状况、居民关于生态补偿的认知状况、支付意愿等，以此来半定量地评估昆明市主城区居民对松华坝水源保护区的生态补偿支付意愿。

此次调查大约需要占用您 20 分钟的时间。您的真诚合作对我们获得准确的科学数据至关重要。您所提供的所有信息都将严格保密，并且只用于本项目。在我们将来的科研报告中也决不会提及您个人的姓名和有关信息。下面就想请您对我们的问卷进行回答，您可以随时停止回答，也可以拒绝回答某些问题。我们将向您提出一系列问题，您的回答无所谓对、错，只要简单地告诉我们您的想法就行。对于您的支持与合作，我们感到万分感激。

调访者：询问被访问者是否愿意接受问卷询问。

PART A：对环境问题的看法

A.1　在以下列出的所有问题中，您认为哪一个是昆明地区所面临的最为严重的问题（应当首要使用公共资金去解决）？哪一个是第二严重的问题？

请圈出一个最重要的和一个第二重要的选项：

问题	最重要的	第二重要的
1. 金融安全（通货膨胀等）	1	2
2. 环境问题	1	2
3. 公共医疗问题	1	2
4. 教育公平问题	1	2
5. 城市交通拥堵	1	2
6. 贫困、失业	1	2
7. 住房问题	1	2

99－不知道

A.2　请考虑下表列出的昆明所存在的环境问题。什么问题是您认为最主要的（也就是最需要优先动用公共基金加以解决的）？什么是第二重要的？

请圈出一个最重要的和一个第二重要的选项：

环境问题	最重要的	第二重要的
1. 濒危物种灭绝	1	2
2. 固体废物污染	1	2
3. 饮用水水源区污染	1	2
4. 空气污染	1	2
5. 海洋污染	1	2
6. 土壤污染	1	2
7. 森林破坏	1	2
8. 河流、湖泊、地下水污染	1	2

99－不知道

A.3　您对身边的生态环境破坏问题的关注程度：

态度	非常不关注	不关注	无所谓关注或不关注	关注	非常关注
代码	1	2	3	4	5

A.4　您认为松华坝水源保护区的生态环境是否重要：

态度	非常不重要	不重要	无所谓重要或不重要	重要	非常重要
代码	1	2	3	4	5

A.5　已有研究表明，滇池上游生态保护具有以下生态环境功能，我将把一系列的陈述读给您听。请您告诉我：您是觉得这项功能非常不重要、不重要、无所谓重要或不重要、重要还是非常重要。

态度	非常不重要	不重要	无所谓重要或不重要	重要	非常重要
代码	1	2	3	4	5

把以下内容读给被调访者听。

对每项陈述只选择一个代码：

陈述	代码				
防治水土流失、保育土壤资源	1	2	3	4	5
涵养水源、净化废物	1	2	3	4	5
保证饮水安全及工业生产可持续性	1	2	3	4	5
娱乐、休闲	1	2	3	4	5
维护野生动植物生物多样性	1	2	3	4	5

A.6　您了解为保护松华坝水源保护区的生态环境需要水利设施、基础设施及其管理维护等投入吗？

态度	非常不了解	不了解	无所谓了解或不了解	了解	非常了解
代码	1	2	3	4	5

A.7　解决松华坝水源保护区的生态保护问题，有以下各种手段。请您告诉我：您是认为非常无效、无效、无所谓有效或无效、有效还是非常有效。

态度	非常无效	无效	无所谓有效或无效	有效	非常有效
代码	1	2	3	4	5

把以下内容读给被调访者听。

对每项陈述只选择一个代码：

陈述	代码				
行政命令	1	2	3	4	5
法律法规	1	2	3	4	5
经济补偿	1	2	3	4	5
公众环境教育	1	2	3	4	5

PART B：生活用水情况

我们希望了解人们平时的生活用水情况。

B.1 您目前居住在＿＿＿＿＿＿＿

只选一个答案代码：

居住地	代码
中心城区（商业聚集或交通繁忙处）	1
其他人口密集的城区（住宅区）	2
郊区（农村）	3
其他（请具体说明）	4

B.2 附近的交通情况？＿＿＿＿＿＿＿

只选一个答案代码：

交通情况	代码
交通主干线	1
交通次干线	2
偏僻，交通量少	3

B.3 住宅类型＿＿＿＿＿＿＿

只选一个答案代码：

住宅类型	代码
单元楼房	1
无独立院墙的平房	2
具有独立院墙的平房	3
无独立院墙的独栋楼房	4
具有独立院墙的独栋楼房	5
其他（请具体说明）	6

B.4 家庭清洁习惯：多长时间对房间进行一次清洁（包括擦玻璃、拖地等）？

只选一个答案代码:

家庭清洁的频率	代码
每天	1
大约一周两次	2
一周一次	3
两周一次	4
一月一次	5
频率低于一月一次,一年数次	6
一年一次或更少	7
从不	8

B.5 洗澡频次:

只选一个答案代码:

洗澡频次	代码
每天	1
2~3 天一次	2
3~5 天一次	3
一周一次	4
两周一次	5
一个月一次	6
更长时间(请具体说明)	7

B.6 您拥有以下何种物品:

请圈出一个代码:

	有	没有
1. 电视	1	2
2. 洗衣机	1	2
3. 冰箱	1	2
4. 室内沐浴装置	1	2
5. 录音机或 CD 机	1	2
6. 电话	1	2
7. 洗碗机	1	2
8. 轿车	1	2

B.7 是否有节水意识、重复用水情况?

请圈出一个代码：

有	1
无	2

B.8 是否清楚知道水价？

请圈出一个代码：

是	1
否	2

注意：若回答"是"，接着提问下一题；若回答"否"，则跳过下一题。

B.9 当前水价＿＿＿＿＿＿元/吨。

注意：此处由调访者询问后填写。

B.10 家庭当前每月用水约＿＿＿＿＿＿吨。

注意：此处由调访者询问后填写。

B.11 家庭当前平均每月交水费＿＿＿＿＿＿元。

注意：此处由调访者询问后填写。

B.12 如果提高水价，会不会改变自己的用水习惯？

请圈出一个代码：

是	1
否	2

注意：若回答"是"，接着提问下一题；若回答"否"，则直接跳过下一题。

B.13 如果改变自己的用水习惯，会从以下哪一个方面节约用水？

请圈出一个代码：

家庭用水行为	代码
洗衣服	1
洗菜	2
洗澡	3
洗漱	4
冲厕	5
清洁房间	6
更换节水设施	7
其他	8

B.14 根据您的收入情况，您认为昆明水价定在＿＿＿＿＿＿元/m^3 比较合适。

PART C：对水源区生态的感知

C.1　下面是对滇池流域水源区生态状况的描述。请您告诉我您对各项描述同意、不同意还是无所谓同意或不同意。

请圈出一个答案代码：

对滇池流域水源区生态普遍状况的描述	不同意	无所谓同意或不同意	同意
1. 在靠近水源区（水库）的地方以及在河里有许多各种各样的树和其他植物	1	2	3
2. 水源区（水库）是野生动物（如鱼、鸭）的理想栖息地	1	2	3
3. 水源区（水库）里的水挺干净，游泳没问题	1	2	3
4. 水源区（水库）的水挺干净，饮用没问题	1	2	3
5. 排进的垃圾和污水几乎没有	1	2	3
6. 水闻起来没有难闻的气味	1	2	3

C.2　要是您熟悉松华坝水源保护区，请您就松华坝水源保护区回答与上面一样的问题：

请圈出一个代码。如果被调访人对松华坝水源保护区不熟悉，那么对第一项描述选"不同意"，然后转到问题 C.3。

对松华坝水源保护区生态状况的描述	不同意	无所谓同意或不同意	同意
1. 我熟悉松华坝水源保护区	1	2	3
2. 在靠近松华坝水源保护区的地方以及在河里有许多各种各样的树和其他植物	1	2	3
3. 松华坝水源保护区是野生动物（如鱼、鸭）的理想栖息地	1	2	3
4. 松华坝水源保护区里的水挺干净，游泳没问题	1	2	3
5. 松华坝水源保护区里的水挺干净，饮用没问题	1	2	3
6. 排进松华坝水源保护区里的垃圾和污水几乎没有	1	2	3
7. 水闻起来没有难闻的气味	1	2	3

C.3　水源区的污染有多种来源。下面列出了一些，请告诉我您认为最主要的污染来源是什么？

向被调访者出示下表。

请圈出一个代码：

污染源	最主要的
农田排水	1
村镇生活废水排放	2
村镇倾倒的垃圾	3
工业污水排放	4
工厂废渣倾倒	5
其他（请具体说明）	6

99－不知道

PART D：生态目标

目前，松华坝水源保护区仍存在生态恶化、污染问题的威胁。由于经济发展受到限制，水源保护区内人民生活水平相对较低，限制耕地以来，有些人甚至无所生计。所有措施的目的都在于将滇池流域水源保护区生态环境、水质水量控制在当前的水平上。

在一定程度上都是要靠像您这样的家庭支付的税收和较高的水价来支持。

因此，为了保护饮用水安全、水环境质量，每个人都需要出些钱，至于出钱的方式则有两种：一种是购买产品时多付钱，即包含在每吨水的水价里，或实行阶梯水价等；另一种方式是由政府提高税收。

D.1　您能理解这些信息吗？

请圈出一个代码：

理解	1
多少理解（如有必要重复一遍）	2
不理解（重复一遍）	3

PART E：估价问题

现在我想要问您，为了能使松华坝水源保护区的生态环境不致恶化、水质不至于变坏，水量充足，确保饮用水和生活用水不受影响，您的家庭人均每年愿意支付多少钱。但在回答我之前，请注意：有的人认为水源保护区生态环境保护、水污染控制很重要，并愿意多纳税和多付水费；而其他一些人可能会认为还有其他许多更重要的事情需要优先花钱去解决，所以根本不愿意为此多掏钱。我们只对您自己认为您愿意支付多少感兴趣。

E.0　如果要对松华坝水源保护区进行生态补偿，您认为应该由谁进行补偿？

请圈出一个代码：

由谁补偿	最主要的
国家	1
滇池下游地方政府	2
滇池水用户	3
所有生态受益者	4
可能排污的工厂、企业等	5
其他（请具体说明）	6

E.1　您是否愿意为了把松华坝水源保护区生态保持在目前的水平上，每年以多付水费或多纳税的方式多支付一定量的金钱吗？

请圈出一个代码：

	代码
愿意	1
不愿意	2

99—不知道

E.2 当人们说他们不愿意为水源保护区生态付费或不知如何回答这些问题时，总有不同的理由。下面列出了一些理由，那么哪一个最能代表您的看法？

请圈出一个代码：

原因	代码
家庭收入低；我经济上负担不起，否则愿意付费	1
我认为上游地区的努力不会达到预期目标	2
我不认为这个问题应当优先解决，还有更重要的事要做	3
我不认为自己对松华坝水源保护区的现状负有责任，这是其他人的事情	4
我对松华坝水源保护区的生态环境、水质状况不感兴趣，我还能到别的地方去	5
我不相信松华坝水源保护区将来会被严重污染	6
我认为我已经交了太多税了	7
是政府的职责，应由国家出资，不应由个人和家庭掏钱	8
环境变化对个人影响甚微	9

99—不知道

E.2A 本部分用重复投标博弈的方法询问出最大支付意愿，就问卷调研方法，事先对调访志愿者进行培训。博弈最终结果为_____元。

E.3 您是否愿意为了把滇池流域所有水源保护区生态保持在目前的水平上，每年以多付水费或多纳税的方式支付一定量的金钱吗？

请圈出一个代码：

	代码
愿意	1
不愿意	2

99—不知道

如果被调访者回答"不"或"不知道"，询问问题 E.3A，然后转向第六部分。

E.3A 当人们说他们不愿意为水源保护区生态付费或不知如何回答这些问题时，总有不同的理由。下面列出了一些理由，那么哪一个最能代表您的看法？

请圈出一个代码：

原因	代码
家庭收入低；我经济上负担不起，否则愿意付费	1
我认为上游地区的努力不会达到预期目标	2
我不认为这个问题应当优先解决，还有更重要的事要做	3
我不认为自己对松华坝水源保护区的现状负有责任，这是其他人的事情	4
我对松华坝水源保护区的生态环境、水质状况不感兴趣，我还能到别的地方去	5
我不相信松华坝水源保护区将来会被严重污染	6
我认为我已经交了太多税了	7
是政府的职责，应由国家出资，不应由个人和家庭掏钱	8
环境变化对个人影响甚微	9

99—不知道

如果被调访者对问题 E.3 回答"愿意"，接着询问以下问题。

E.4A　为了将滇池流域所有水源保护区生态维持在当前状态，您愿意以多付水费和交税的方式每年多付＿＿＿＿＿＿元钱吗？

请圈出一个答案代码：

	愿意	不愿意
代码	1（转向问题 E.4B）	2（转向问题 E.4C）

99—不知道（转向问题 E.4B）

如果被调访者对前一问题回答"愿意"或"不知道"，那么接着问：

E.4B　好的，那么为了将滇池流域所有水源保护区生态维持在当前状态，您愿意以多付水费和交税的方式每年多付＿＿＿＿＿＿元钱吗？

请圈出一个代码：

	代码
愿意	1
不愿意	2

99—不知道

如果被调访者对前一问题回答"不愿意"，那么接着问：

E.4C　好的，那么为了将滇池流域所有水源保护区生态维持在当前状态，您愿意以多付水费和交税的方式每年多付＿＿＿＿＿＿元钱吗？

请圈出一个代码：

	代码
愿意	1
不愿意	2

99—不知道

PART F：对生态补偿的态度

F.1　您认为滇池流域生态补偿政策实施会得到公众的大力支持吗？

请圈出一个代码：

当然会	1
可能会	2
可能不会	3
当然不会	4

99——不知道

F.2　您认为政府会实施这样的生态补偿政策以保护滇池流域水源保护区生态吗？

请圈出一个代码：

当然会	1
可能会	2
可能不会	3
肯定	4

99——不知道

F.3　您认为用生态补偿政策来保护水源保护区能得到预期的结果吗？

请圈出一个代码：

当然会	1
可能会	2
可能不会	3
当然不会	4

99——不知道

F.4　您认为提高收税和提高水价是为保护水源区生态筹集资金的好办法吗？

请圈出一个代码：

当然是	1
可能是	2
可能不是	3
当然不是	4

99——不知道

PART G：样本特征

现在，我想了解一下您的背景，这些信息仅用于统计。

G.1　性别

请圈出一个代码：

男	1
女	2

G.2　年龄

请圈出一个代码：

20 岁以下	1
20～30 岁	2
31～40 岁	3
41～50 岁	4
50 岁以上	5

G.3　您家里有几口人？

....

G.4　您家里有几个 16 岁以下的儿童？

....

G.5　您的最高学历是什么？

请圈出一个代码：

未受过教育	1
小学	2
中学	3
中专	4
大学	5

G.6　您是：

请圈出一个代码：

单身	1
有家	2
离异	3
丧偶	4

G.7　您的职业是什么？

请圈出一个代码：

自由职业	1
农民	2
有一份全日工	3
有一份非全日工	4
失业	5
家庭主妇	6
学生	7
退休	8
因病、因残不能工作	9
其他（请具体说明）	10

G.8　您家每月用于食物的开支大约有多少？

....

G.9　请看下表，您家庭的年均税前收入是多少（元/年）？

请圈出一个代码：

10 000 以下	1
10 000～20 000	2
20 001～30 000	3
30 001～40 000	4
40 001～50 000	5
50 001～60 000	6
60 001～70 000	7
70 000 以上	8

99—不知道

G.10　您认为这份问卷如何？

请圈出一个代码：

有趣	1
讨厌	2
太长	3
难以理解	4
不可靠	5

松华坝水源保护区生态补偿受偿意愿调查问卷

调查访问者（以下简称"调访者"）姓名：..................................

问卷号码：..

日期：..

地点：..

注意：1. 最好询问家庭的户主。

2. 最好不要询问不满 18 岁的未成年人。

简介（INTRODUCTION）

（调访者：请将以下的简单介绍读给被调访者听）

尊敬的水源保护区居民：

您好！我是北京师范大学的学生，正在就松华坝水源保护区生态补偿受偿意愿问题为环保部门进行一项调查。众所周知，松华坝水库是昆明市主要的饮用水水源。环保部门水专项开展"滇池流域水污染控制环境经济政策综合示范课题"，旨在通过环境经济研究手段，利用意愿调查法获得昆明市主城区市民对松华坝水源保护区生态补偿的额度，有利于我国滇池流域生态补偿机制的完善。为此，我们精心设计了本调查问卷，内容涉及居民个人信息、居民关于松华坝水源保护区环境保护的认知状况、居民关于生态补偿的认知状况、受偿意愿等，以此来半定量地评估对松华坝水源保护区受调查村民生态补偿受偿意愿。

此次调查大约需要占用您 20 分钟的时间。您的真诚合作对我们获得准确的科学数据至关重要。您所提供的所有信息都将严格保密，并且只用于本项目。在我们将来的科研报告中也决不会提及您个人的姓名和有关信息。下面就想请您对我们的问卷进行回答，您可以随时停止回答问卷，也可以拒绝回答某些问题。我们将向您提出一系列问题。您的回答无所谓对、错，只要简单地告诉我们您的想法就行。对于您的支持与合作，我们感到万分感激。

调访者：询问被访问者是否愿意接受问卷询问。

PART A：对环境问题的看法

A.1　在以下列出的所有问题中，您认为哪一个是昆明地区所面临的最为严重的问题（应当首要使用公共资金去解决）？哪一个是第二严重的问题？

请圈出一个最重要的和一个第二重要的选项：

问题	最重要的	第二重要的
1. 金融安全（通货膨胀等）	1	2
2. 环境问题	1	2
3. 公共医疗问题	1	2
4. 教育公平问题	1	2
5. 城市交通拥堵	1	2
6. 贫困、失业	1	2
7. 住房问题	1	2

99—不知道

A.2 请考虑下表列出的昆明所存在的环境问题。什么问题是您认为最主要的（也就是最需要优先动用公共基金加以解决的）？什么是第二重要的？

请圈出一个最重要的和一个第二重要的选项：

环境问题	最重要的	第二重要的
1. 濒危物种灭绝	1	2
2. 固体废物污染	1	2
3. 饮用水水源区污染	1	2
4. 空气污染	1	2
5. 海洋污染	1	2
6. 土壤污染	1	2
7. 破坏森林	1	2
8. 河流、湖泊、地下水污染	1	2

99—不知道

A.3 您对身边的生态环境破坏问题的关注程度：

态度	非常不关注	不关注	无所谓关注或不关注	关注	非常关注
代码	1	2	3	4	5

A.4 您认为松华坝水源保护区的生态环境是否重要：

态度	非常不重要	不重要	无所谓重要或不重要	重要	非常重要
代码	1	2	3	4	5

A.5 已有研究表明，滇池上游具有以下生态环境功能，我将把一系列的陈述读给您听。请您告诉我：您觉得这项功能非常不重要、不重要、无所谓重要或不重要、重要还是非常重要。

态度	非常不重要	不重要	无所谓重要或不重要	重要	非常重要
代码	1	2	3	4	5

把以下内容读给被调访者听。

对每项陈述只选择一个代码：

陈述	代码				
防治水土流失、保育土壤资源	1	2	3	4	5
涵养水源、净化废物	1	2	3	4	5
保证饮水安全及工业生产的可持续性	1	2	3	4	5
娱乐、休闲	1	2	3	4	5
维护野生动植物生物多样性	1	2	3	4	5

A.6　您了解为保护松华坝水源保护区的生态环境需要水利设施、基础设施及其管理维护等投入吗？

态度	非常不了解	不了解	无所谓了解或不了解	了解	非常了解
代码	1	2	3	4	5

A.7　解决松华坝水源保护区的生态保护问题，有以下各种手段。请您告诉我：您认为这些手段非常无效、无效、无所谓有效或无效、有效还是非常有效。

态度	非常无效	无效	无所谓有效或无效	有效	非常有效
代码	1	2	3	4	5

把以下内容读给被调访者听。

对每项陈述只选择一个代码：

陈述	代码				
行政命令	1	2	3	4	5
法律法规	1	2	3	4	5
经济补偿	1	2	3	4	5
公众环境教育	1	2	3	4	5

PART B：对松华坝水源保护区的保护

我们希望了解您为了松华坝水源保护区的保护直接或者间接做了哪些事情。

B.1　您从哪儿来？请告诉我们您所居住的自然村名称＿＿＿＿＿＿＿

注意：此处由调访者询问后填写。

B.2 您通常所用的交通工具是什么？

只选一个答案代码：

交通方式	代码
全靠走路	1
轿车或货车	2
摩托车	3
自行车	4
公共汽车或火车	5
其他（请具体说明）	6

B.3 您家里现在人均几亩耕地？

只圈出一个答案代码：

人均耕地	代码
1 亩以下	1
1~2 亩	2
2~3 亩	3
3~4 亩	4
5 亩以上	5

B.4 政府为保护松华坝水源保护区，避免农业污染，实施了一些征地和补偿政策。征地之前您家里人均几亩耕地？

请圈出一个答案代码：

人均耕地	代码
1 亩以下	1
1~2 亩	2
2~3 亩	3
3~4 亩	4
5 亩以上	5

B.5 目前您是否享有征地补贴：

请圈出一个代码：

是	1
否	2

若回答"是"，继续下一题；若回答"否"，跳过下一题。

B.6 目前征地补贴是_____每亩每年。

注意：此处由调访者询问后填写。

B.7　您对目前征地补贴额度的满意程度:

态度	非常不满意	不满意	无所谓满意或不满意	满意	非常满意
代码	1	2	3	4	5

B.8　您目前主要收入来源是:

只圈出一个答案代码:

主要收入来源	代码
务农耕地	1
外出打工	2
本地经商	3
外地经商	4
固定工资收入	5
政府补贴	6
其他（请具体说明）	7

B.9　您在松华坝水源保护区相关保护政策实施之前的主要收入来源是:

只圈出一个答案代码:

主要收入来源	代码
务农耕地	1
外出打工	2
本地经商	3
外地经商	4
固定工资收入	5
政府补贴	6
其他（请具体说明）	7

B.10　您在松华坝水源保护区相关保护政策（如限制发展等）实施之后主要收入增加、减少还是不变?

只圈出一个答案代码:

减少	1
变化不大	2
增加	3

B.11　除此之外您还享有哪些水源区相关补贴？

相关补贴	是	否
1. 能源补贴	1	2
2. 水价	1	2
3. 生态补偿费	1	2
4. 其他（请具体说明）	1	2

B.12　为保护水源区您是否经历过搬迁？

请圈出一个代码：

是	1
否	2

PART C：对水源区生态的感知

C.1　下面是对滇池流域水源区生态状况的描述。请您告诉我您对各项描述同意、不同意还是无所谓同意或不同意。

请圈出一个答案代码：

对滇池流域水源区生态普遍状况的描述	不同意	无所谓同意或不同意	同意
1. 在靠近水源区（水库）的地方以及在河里有许多各种各样的树和其他植物	1	2	3
2. 水源区（水库）是野生动物（如鱼、鸭）的理想栖息地	1	2	3
3. 水源区（水库）里的水挺干净，游泳没问题	1	2	3
4. 水源区（水库）的水挺干净，饮用没问题	1	2	3
5. 排进的垃圾和污水几乎没有	1	2	3
6. 水闻起来没有难闻的气味	1	2	3

C.2　要是您熟悉松华坝水源保护区，请您就松华坝水源保护区回答与上面一样的问题：

请圈出一个代码。如果被调访人对松华坝水源保护区不熟悉，那么对第一项描述选"不同意"，然后转到问题 C.3。

对松华坝水源保护区生态状况的描述	不同意	无所谓同意或不同意	同意
1. 我熟悉松华坝水源保护区	1	2	3
2. 在靠近松华坝水源保护区的地方以及在河里有许多各种各样的树和其他植物	1	2	3

对松华坝水源保护区生态状况的描述	不同意	无所谓同意 或不同意	同意
3. 松华坝水源保护区是野生动物（如鱼、鸭）的理想栖息地	1	2	3
4. 松华坝水源保护区里的水挺干净，游泳没问题	1	2	3
5. 松华坝水源保护区里的水挺干净，饮用没问题	1	2	3
6. 排进松华坝水源保护区里的垃圾和污水几乎没有	1	2	3
7. 水闻起来没有难闻的气味	1	2	3

C.3　水源保护区的污染有多种来源。下面列出了一些，请告诉我您认为最主要的污染来源是什么？

向被调访者出示下表。

请圈出一个代码：

污染源	最主要的
农田排水	1
村镇生活废水排放	2
村镇倾倒的垃圾	3
工业污水排放	4
工厂废渣倾倒	5
其他（请具体说明）	6

99－不知道

PART D：生态目标

目前，松华坝水源保护区仍存在生态恶化、污染问题的威胁。由于经济发展受到限制，水源保护区内人民生活水平相对较低，限制耕地以来，有些人甚至无所生计。所有措施的目的都在于将滇池流域水源保护区生态环境、水质水量控制在当前的水平上。

在一定程度上需要每年补贴像您这样的水源区居民家庭。

为了补偿水源区居民为保护饮用水安全、水环境质量承受的损失，应向水源区内居民每人每年支付一定的费用。费用来自向下游受水区居民提高水价的部分或是政府征税。

D.1　您能理解这些信息吗？

请圈出一个代码：

理解	1
多少理解（如有必要重复一遍）	2
不理解（重复一遍）	3

PART E：估价问题

现在我想要问您，为了能使您继续保护松华坝水源保护区，使松华坝水源保护区的生态环境不致恶化、水质不至于变坏，水量充足，确保饮用水和生活用水不受影响，您的家庭人均每年愿意收到多少钱。但在回答我之前，请注意：有的人认为水源保护区生态环境保护、水污染控制很重要，收取适当费用即可，而有的人认为经济发展更重要、自身经济利益更重要。我们只对您自己认为您应当被补偿多少感兴趣。

E.1　如果要对松华坝水源保护区进行生态补偿，您认为应该由谁进行补偿？

请圈出一个代码：

由谁补偿	最主要的
国家	1
滇池下游地方政府	2
滇池水用户	3
所有生态受益者	4
可能排污的工厂、企业等	5
其他（请具体说明）	6

E.2　每年以生态补偿费的方式多支付一定量的金钱给您，您是否愿意为了把松华坝水源保护区生态保持在目前的水平上，而继续支持水源保护区限制农耕、限制经济发展等政策？

请圈出一个代码：

	代码
愿意	1
不愿意	2

99—不知道

E.2A　本部分用重复投标博弈的方法询问出最小受偿意愿，就问卷调查方法，事先对调访志愿者进行培训。博弈最终结果为_____元。

E.2B　好的，那么为了将松华坝水源保护区的生态维持在当前状态，您愿意以生态补偿的方式每年多收_____元钱吗？

请圈出一个代码：

	代码
愿意	1
不愿意	2

99—不知道

PART F：对生态补偿的态度

F.1　您认为滇池流域生态补偿政策实施会得到公众的大力支持吗？

请圈出一个代码：

当然会	1
可能会	2
可能不会	3
当然不会	4

99——不知道

F.2　您认为政府会实施这样的生态补偿政策以保护滇池流域水源保护区生态吗？

请圈出一个代码：

当然会	1
可能会	2
可能不会	3
肯定会	4

99——不知道

F.3　您认为用生态补偿政策来保护水源保护区能得到预期的结果吗？

请圈出一个代码：

当然会	1
可能会	2
可能不会	3
当然不会	4

99—不知道

F.4　您认为提高收税和提高水价是为保护水源区生态筹集资金的好办法吗？

请圈出一个代码：

当然是	1
可能是	2
可能不是	3
当然不是	4

99——不知道

PART G：样本特征

现在，我想了解一下您的背景，这些信息仅用于统计。

G.1　性别

请圈出一个代码：

男	1
女	2

G.2　年龄

请圈出一个代码：

20 岁以下	1
20～30 岁	2
31～40 岁	3
41～50 岁	4
50 岁以上	5

G.3　您家里有几口人？

....

G.4　您家里有几个 16 岁以下的儿童？

....

G.5　您的最高学历是什么？

请圈出一个代码：

未受过教育	1
小学	2
中学	3
中专	4
大学	5

G.6　您是：

请圈出一个代码：

单身	1
有家	2
离异	3
丧偶	4

G.7　您的职业是什么？

请圈出一个代码：

自由职业	1
农民	2
有一份全日工	3
有一份非全日工	4
失业	5
家庭主妇	6
学生	7
退休	8
因病、因残不能工作	9
其他（请具体说明）	10

G.8　您家每星期用于食物的开支大约有多少？

....

G.9　请看下表，您家庭的年均税前收入是多少（元/年）？

请圈出一个代码：

5 000 元以下	1
5 000～10 000 元	2
10 001～15 000 元	3
15 001～20 000 元	4
20 001～25 000 元	5
25 001～30 000 元	6
30 001～35 000 元	7
35 000 元以上	8

99—不知道

G.10　您认为这份问卷如何？

请圈出一个代码：

有趣	1
讨厌	2
太长	3
难以理解	4
不可靠	5

附件三
_____

政策建议

关于完善城镇污水处理厂考核机制的若干意见

根据国务院《关于落实科学发展观　加强环境保护的决定》（国发〔2005〕39 号）、住房和城乡建设部《关于印发城镇污水处理厂工作考核暂行办法的通知》（建城函〔2010〕684 号）以及《云南省城镇污水处理厂运行管理考核办法》等的要求，为进一步加强滇池流域城镇污水处理厂的精细化和差异化科学管理，全面提高城镇污水处理设施的运行效率和管理水平，促进水污染防治工作，改善水环境质量，结合滇池流域实际情况，现就完善城镇污水处理厂考核机制提出以下意见。

一、充分认识城镇污水处理厂实施季节分类考核机制的重要性和迫切性

城镇污水处理厂是解决城市水环境污染的关键基础设施，近年来，为治理滇池水环境污染，地方政府及相关部门投入大量物力财力新建、扩建污水处理厂和对污水处理工艺进行改造升级，污水处理厂在滇池水污染治理中起到愈发关键的作用。然而，目前现行的滇池流域污水处理厂的考核管理办法，并未针对滇池流域的实际特点做出相应差异化调整，而季节更替对污水处理厂进水水质、处理量、排放河流的环境容量及污水处理成本等都有较大影响。滇池流域城镇污水处理厂管理部门要在季节分类考核方面，切实改革现有污水处理厂考核管理办法，提高监管运行工作的精细化与差异化。

二、城镇污水处理厂季节分类考核充分考虑滇池流域不同区域环境质量现状

季节分类考核的初衷是充分利用雨季动态变化的水环境容量，因此在实行城镇污水处理厂季节分类考核之前，应对污水处理厂尾水排放水体的水环境容量进行测算，按照不同的水环境质量现状实施不同的季节分类考核模式，有效避免污水处理厂尾水对水体

的二次污染。

三、充分完善城镇污水处理厂季节分类考核模式与机制

季节分类考核采取日常监管、现场核查和重点抽查相结合的方式进行。城镇污水处理厂管理部门于每年9月前,对上一年5月1日至当年4月31日的城镇污水处理情况进行考核,并对部分项目进行季节分类考核。滇池流域各区县于每年7月底之前上报城镇污水处理工作的自查报告,并报送昆明市环保局。自查内容还应包括分雨、旱季的城镇污水处理监管制度和落实、污水处理费和重大安全事故等。

四、因地制宜确定分类考核季节划分方案

综合考虑城镇污水处理厂纳污区域的排水体制、降雨季节规律、尾水排放河流的季节水文特征以及污水处理工艺等因素,在进行充分的比选后,确定季节划分方案,作为城镇污水处理厂季节分类考核的依据。

五、科学核定城镇污水处理厂季节分类考核标准

季节分类考核分为有效处理、基础管理、运行管理、设施设备管理、化验分析、能耗及成本控制、安全管理和厂容厂貌八项考核项目,其中有效处理、化验分析、能耗及成本控制项目的若干指标为季节分类考核。

（一）污水处理量

污水处理量考核采用季节平均处理负荷率,由近年内不同季节的负荷率置信区间的上限、下限作为考核标准。

（二）尾水排放浓度

尾水排放浓度根据滇池流域水污染现状,对于排放河流有剩余环境容量的污水处理厂,根据环境容量反推尾水排放浓度标准;对于无剩余环境容量的,根据近年尾水排放浓度的平均水平来确定排放浓度标准。

（三）污染物削减率

污染物削减率根据雨、旱季不同的进水、出水污染物浓度差异,确定该项考核指标的最高分,以此形成雨、旱季的分类考核。

（四）污泥含水率

污泥含水率考核根据污水处理厂近年内不同季节的污泥含水率置信区间的上限、下限作为考核标准。

（五）水质分析与泥质分析

根据分析的频次进行考核,分析的污染物种类根据现行考核办法确定,分析的频次

在雨季实行较高的考核标准,在旱季实行较低的考核标准。

(六)成本控制

根据滇池流域城镇污水处理厂的不同处理工艺和设计处理规模,在雨、旱季实行不同的处理成本考核标准。

关于建立健全滇池流域生态补偿的指导意见

滇池流域现阶段在跨流域生态补偿实践方面仍处于空白,水源保护区补偿基本上是行政补偿,总体补偿具有效率低、覆盖范围窄、数额低、不能体现市场价值等不足;针对此,为推动流域生态补偿机制,完善环境经济政策,促进生态环境保护,现就健全滇池流域生态补偿工作提出如下意见。

一、充分认识目前滇池流域生态补偿工作的实施现状及存在的主要问题

(一)滇池流域跨界生态补偿在实践方面基本还是空白

滇池流域松华坝水源区实施的真正意义上的生态补偿政策是从 2005 年 7 月 1 日实施的《昆明市松华坝水源保护区生产生活补助办法(试行)》开始的。通过一年多的试行和完善,2007 年 1 月 1 日开始实行《昆明市松华水源区群众生产生活补助办法》,该补助办法于 2010 年 12 月 31 日到期。2009 年《中共昆明市委、昆明市人民政府关于进一步加强集中式饮用水源保护的实施意见》对相关补偿政策进行了修订和加强。"十二五"开局之年实施的《昆明市松华坝、云龙水源保护区扶持补助办法》使水源区生态补偿政策得到延续和加强。松华乡位于松华坝水源区的核心位置,对其生态补偿的实施效果将直接影响松华坝水库的水质和水量。

根据《昆明市松华坝、云龙水源保护区扶持补助办法》对松华坝水源保护区补助范围及标准作出的规定以及 2013 年落实的提案,现阶段水源保护区的补偿主要包括:①生产扶持,如退耕还林补助、"农改林"补助、产业结构调整补助、清洁能源补助、劳动力转移技能培训补助、生态环境建设项目补助;②生活补助,如学生补助、能源补助、新型农村合作医疗补助;③管理补助,如护林工资补助、保洁工资补助、监督管理经费补助。

(二)滇池流域现阶段水源保护区补偿基本上是行政补偿

现阶段的补偿主要通过政府的行政力量推动实施,总体补偿具有效率低、覆盖范围窄、数额低、不能体现市场价值等诸多缺点和不足。在具体生态补偿政策实施过程中存在以下困难:

(1)公众和政府管理部门对水资源的生态价值认识有限,受益方参与补偿的积极性不高。

(2)流域生态补偿机制不健全,由于补偿区域、补偿方法、补偿额度、补偿绩效、生态转移支付等方面的国家性方案和标准尚未出台,当地政府的政策制定缺乏依据和指导。目前,涉及滇池跨流域生态保护和生态建设的法律法规,都没有对"谁来补偿"和

"补偿给谁"作出明确的界定和规定，对于牛栏江-滇池补水工程补偿主客体也无明显界定，对其在上下游生态环境方面具体拥有的权利和必须承担的责任仅限于原则性的规定，导致各利益相关者无法根据法律界定自己在生态环境保护方面的责、权、利关系。

（3）流域生态补偿方法相对单一，补偿资金难以落实。目前滇池流域生态补偿的方法主要是资金补助，且资金的主要来源是政府的财政收入，增加了政府的财政压力，而实质上补偿资金的使用效率又很低。

二、明确健全滇池流域生态补偿工作的指导思想、原则和目标

（三）指导思想

以科学发展观为指导，以保护生态环境、促进人与自然和谐发展为目的，以落实生态环境保护责任、理清相关各方利益关系为核心，着力建立和完善滇池流域生态补偿标准体系，探索解决健全滇池流域生态补偿关键问题的方法和途径，在实践中取得经验，为全面建立生态补偿机制提供方法、技术与实践支持。

（四）基本原则

谁开发、谁保护，谁破坏、谁恢复，谁受益、谁补偿，谁污染、谁付费。要明确生态补偿责任主体，确定生态补偿的对象、范围。环境和自然资源的开发利用者要承担环境外部成本，履行生态环境恢复责任，赔偿相关损失，支付占用环境容量的费用；生态保护的受益者有责任向生态保护者支付适当的补偿费用。

责、权、利相统一。生态补偿涉及多方利益调整，需要广泛调查各利益相关者情况，合理分析生态保护的纵向、横向权利义务关系，科学评估维护生态系统功能的直接和间接成本，研究制订合理的生态补偿标准、程序和监督机制，确保利益相关者责、权、利相统一，做到应补则补，奖惩分明。

共建共享，双赢发展。滇池流域生态环境保护的各利益相关者应在履行环保职责的基础上，加强生态保护和环境治理方面的相互配合，并积极加强经济活动领域的分工协作，共同致力于改善流域生态环境质量，拓宽发展空间，推动区域可持续发展。

政府引导与市场调控相结合。要充分发挥政府在生态补偿机制建立过程中的引导作用，结合国家相关政策和当地实际情况研究改进公共财政对生态保护投入机制，同时要研究制订和完善调节、规范市场经济主体的政策法规，增强其珍惜环境、资源的压力和动力，引导建立多元化的筹资渠道和市场化的运作方式。

（五）目标

通过健全滇池流域生态补偿工作，明确滇池流域跨界断面水质生态保护的责权关系，界定流域跨界断面水质生态补偿的相关责任主体；建立流域生态补偿核算方法，构建滇池跨流域跨界通量生态补偿实施机制框架；初步实现滇池流域生态补偿标准的量化研究，

确定滇池流域生态补偿额度，解决滇池流域生态补偿资金在各具体的补偿主体间的分摊及其在各补偿客体间的分配等问题；为滇池流域"十二五"水环境保护目标的实现提供政策支撑，为国家全面开展生态补偿提供借鉴。

三、牛栏江-滇池补水工程跨流域生态补偿建议

（六）加速跨流域生态补偿法制化进程，清晰界定生态产权

将跨流域生态补偿立法工作作为引导生态补偿由强制补偿向自愿补偿转变的一个重要环节。跨流域生态补偿是区域间协调发展的选择，这种协调主要以经济手段来实现，其中最重要的是市场手段，而市场的正常运行是以清晰界定的产权为前提的。跨流域生态产权确立，才能为跨流域生态机制的运行提供一套权威性和可操作性强的行为规定和使用约束，也是跨流域生态环境产权流转的重要前提。

（七）确定生态补偿标准

如何科学地界定生态补偿的额度和惩罚的额度是跨流域生态补偿机制能否运行的核心。关于牛栏江-滇池补水工程生态补偿，建议下游昆明市支付上游曲靖市生态补偿费总额约为 9.014 亿元/a。但是生态补偿机制能否顺利实施的关键不完全在于补偿金额的大小，仅仅依靠增加生态补偿标准来解决生态补偿政策存在的问题是不够的。为了解决跨流域生态环境个体理性和集体理性之间的矛盾,在构建牛栏江-滇池流域生态补偿机制时,应引入监督惩罚机制。在政府制定生态补偿长效政策时，还应该将补偿年限纳入政策制定范畴中，并作为重点考虑的因素。

四、建立松华坝水源保护区生态补偿长效机制的建议

（八）补偿资金筹集途径建议

根据松华坝水源区生态补偿支付意愿与受偿意愿问卷调查结果统计，补偿资金需求额度为 2.37 亿元/a，而生态补偿的投入额度约为 6 700 万元/a，资金缺口高达 1.7 亿元/a，因此，需要加大资金筹集力度，多方筹集补偿资金：

（1）加大政府专项资金投入和财政转移支付力度，在有条件的情况下征收生态补偿税，税费标准为人均 116 元/a。补偿总额约为 2.59 亿元/a。

（2）多渠道筹集社会资金，积极吸收各种形式的民间组织、金融机构、企业集体、环保社团以及个人对水源区生态保护建设的资助和援助，形成"市场不足政府补充，政府不足社会弥补"的水源区生态补偿格局，动员全社会的力量来关注和参与水源区生态补偿。一旦条件成熟，昆明市可以成立专门的"水源区生态保护基金"或发行水源区保护的环保彩票等，筹集社会各界的资金用于水源区环境保护和生态补偿。

（九）对完善松华坝水源区生态补偿方式和途径的建议

补偿方式和途径是生态补偿得以实施的最终落脚点，二者是相辅相成的。目前，松华坝水源区生态补偿的方式多为资金补偿和实物补偿，政策补偿和智力补偿占的比例较小。补偿途径多为直接补偿，间接补偿较少。为更好地提高生态补偿的效率，将生态补偿工作落到实处，应将资金补偿、实物补偿、政策补偿和智力补偿有机地结合起来，直接补偿和间接补偿相结合，因地制宜地开展松华坝水源区的生态补偿工作。水源区的政策补偿有以下几种具体途径：

（1）加强"造血型"补偿。运用"项目支持"的形式，将补偿资金转化为技术项目安排到水源区，帮助水源区群众建立替代产业，或者对无污染产业的上马给予补助以促进发展生态经济产业，补偿的目标是增加水源区的发展能力，形成造血机制与自我发展机制，使外部补偿转化为自我积累能力和自我发展能力，真正做到"因保护生态资源而富"。

（2）自来水费中收取的反哺资金，通过市财政直接拨付到昆明市重点水源区保护委员会办公室，由保护委员会办公室专管，直接用于水源区直补和管理与保护工作。资金使用前期全部用于保护区保护整治，后期按 3∶7 的比例，用于保护区保护整治和人民直补。

（3）各级财政补贴完全用于水源保护区人民直补，以乡镇（办事处）为单位，市、县区财政通过提高"三农"财政转移支付资金总额，按照城、乡转移支付资金 3∶1 的比例，由市财政实行转移支付。在测算水源保护区每年资金缺口的基础上，每年从"三农"财政转移支付资金中安排水源保护补贴，直补到水源保护区人民身上。建议保护区内持农村户口居民平均补助约为人均 2 963.109 元/a，补偿总额约为 2.37 亿元。

（4）将水源区作为"生态特区"。利用制订政策的优先权和优惠待遇，制订一系列引导扶持的政策，在保护水源区生态环境的同时促进经济发展，做到"给政策，也是一种补偿"。建议水源区作为"GDP 豁免区"，享受优惠政策扶持，实施减免税收或退税政策。水源区干部考核制度与其他地区脱钩，对水源区政府及领导实行新的绿色政绩考核标准，以保护水源区的生态可持续为政绩。

（5）智力补偿。智力补偿是一种间接补偿，即通过由昆明市政府及其相关部门组织开展教育与培训活动，对受补偿者提供技术咨询和指导，培养老百姓应用科学技术与技能开展生产生活的能力，输送各类专业技术人才与管理人才。各级政府应通过给予补贴技术服务等多种方式引导水源区农民进一步加大无公害农产品的种植规模，同时，积极为农户联系有机农产品的销售渠道，鼓励农民种植无公害作物，争取达到水源保护及经济发展的"双赢"。

（十）完善滇池流域生态补偿机制

（1）建立滇池流域协调管理机制。昆明市上级政府应对滇池流域补偿工作宏观调控，推动需要开展滇池流域生态补偿的地区开展生态补偿工作，并给予一定的资金、政策和技术方面的支持。

（2）建立滇池流域生态补偿效果评估机制，了解滇池流域生态补偿的效果，及早发现补偿中存在的问题，调整补偿方式和补偿额度，提高流域补偿效率。

（3）建立滇池流域生态补偿的监督、约束机制。鉴于生态环境保护的长期性和艰巨性，昆明市上级政府需要对补偿双方进行监督和约束，以保证补偿工作和补偿资金落实到位，以及补偿协议的长期履行。对于保护和改善水源区生态环境的主体采取奖励措施（如资金补偿、政策补偿、项目补偿），对损害和破坏水源区生态环境的主体进行惩罚，对达不到生态保护目标的补偿客体按比例扣减甚至取消其补偿资金，严重恶化水源区生态环境的还应处以罚款或提高其水资源使用费用。

关于落实环境经济政策法规促进流域非点源污染防治的意见

为落实《中华人民共和国环境保护法》《中华人民共和国水污染防治法》《水污染防治行动计划》等关于促进非点源污染防治的相关要求，切实保障水环境安全，促进非点源污染物排放总量持续有效减少，拓宽非点源污染防治资金来源渠道，依据《滇池流域总量控制与污染减排清洁发展机制研究》的相关成果，现提出以下意见：

一、指导思想

深入贯彻落实党的十八大和十八届二中、三中、四中、五中全会及习近平总书记考察云南重要讲话精神，按照"预防为主、保护优先、防治结合、系统治理"的原则，以流域水环境质量改善为核心，强化非点源污染源头控制，系统推进非点源污染防治，逐步形成"政府统领、企业施治、市场驱动、公众参与"的流域非点源污染防治新机制，为建设美丽昆明，推进昆明成为生态文明建设排头兵提供良好的水环境保障。

二、工作目标

充分发挥市场在资源配置中的决定性作用，引入清洁发展机制、排污交易等市场化思路和手段，积极探索建立基于总量控制的非点源污染减排清洁发展机制，促进非点源排污主体树立环境意识，主动减少污染物排放，切实改善滇池流域水环境质量。到 2020 年，选择流域内合适地区及点源、非点源排污主体开展基于清洁发展机制项目的点源-非点源排污交易试点。

三、农业非点源污染总量控制

结合试点地区地形地貌、气候气象、土地利用方式、作物管理措施和社会经济发展等实际特征，研究农业非点源污染产生和迁移转化机制。采用排污系数法估算农田固体废物、化肥施用、农村生活和禽畜养殖污染负荷，进而估算农业非点源污染负荷。分析四种非点源污染类型排放贡献，识别主要的农业非点源污染贡献源。估算试点地区的水环境容量，根据各污染源排放现状，按照比例分配环境容量，确定农业非点源总量控制目标，估算农业非点源污染物削减量。

四、开展农业非点源污染减排 CDM 项目

（一）积极开展针对化肥污染减排的 CDM 项目。采用土壤测试技术、GIS 空间定位、空间分析和空间数据库建立技术、配方肥研制技术以及由配方肥施用后的样本采样、分

析和监测技术组成的测土配方施肥技术，以替代现有的传统施肥技术。计算常规种植条件下连续三年常规施肥或习惯施肥条件下排放的 TN 和 TP 总量，以及采用测土配方技术和实施测土配方工程的条件下施用化肥排放的 TN 和 TP 的总量，分别作为基准线排放和项目活动排放。分析项目活动的投资障碍、技术障碍及普遍性障碍，不考虑项目活动的泄露，监测研究区基础数据（作物种植、气象条件、土壤样本、施肥、灌溉情况等数据）、项目实施前 3 年按照常规施肥方式施用的化肥数量的历史记录和对历史记录进行核对的额外资料（如化肥的销售发票）、配方肥在农田中的施用情况（用文件证明配方肥最终产品的销售和交货情况，并有现场证据证实配方肥在土壤中的科学使用）、参与项目的农户接受相关培训及对自己农田的土壤肥力及配方肥施用品种及施用量了解情况。

（二）构建 CDM 项目组织管理体系。申请实施 CDM 项目的企业应向云南省发展和改革委员会提出申请，并同时提交项目设计文件、企业资质状况证明文件、工程项目概况和投、融资情况的文字说明等。云南省发展和改革委员会委托评估机构，对申请项目组织专家评审，并将专家审评合格的项目报国家 CDM 执行理事会登记注册，并在接到 CDM 执行理事会批准通知后 10 日内向国家发展和改革委员会报告执行理事会的批准状况。评估机构按照有关规定向云南省发展和改革委员会及经营实体提交项目实施和监测报告。为保证 CDM 项目实施的质量，云南省发展和改革委员会对 CDM 项目的实施进行管理和监督。经营实体对 CDM 项目产生的减排量进行核实和证明，将核证的减排量及其他有关情况向 CDM 执行理事会报告，经批准签发后，由 CDM 执行理事会将核证的减排量进行登记和转让，并通知参加 CDM 项目的合作方。云南省发展和改革委员会或受其委托机构，将经 CDM 执行理事会登记注册的 CDM 项目产生的核证减排量登记。

（三）加大 CDM 项目推广力度。利用电视、广播、网络、报刊、现场培训等形式对 CDM 项目进行广泛宣传，培养普通群众、参与企业的工作人员、相关部门工作人员有关清洁发展机制的意识和观念。对适合发展 CDM 项目的企业通过专门的培训、召开研讨会等多种形式传播 CDM 相关专业知识，以增进有关人员对 CDM 项目的了解。以云南省清洁发展机制技术服务中心为平台，组织国内外 CDM 领域的专家学者对 CDM 项目相关从业人员进行工程建设、法律、经济等方面的全面综合培训，并进行考核。择优选派相关从业人员到国家相关机构甚至国际相关机构进行进一步培训，加强专业技能。

五、建立点源-非点源排污交易制度

（四）严格落实污染物总量控制制度。实施污染物排放总量控制是开展试点的前提。试点地区要严格按照云南省和昆明市确定的污染物减排要求，将污染物总量控制指标分解到基层，不得突破总量控制上限。试点的污染物应为云南省作为约束性指标进行总量控制的污染物，试点地区也可选择对本地区环境质量有突出影响的其他污染物开展试点。

（五）合理核定点源排污主体排污权。核定排污权是试点工作的基础。试点地区应完成现有点源排污单位排污权的初次核定，以后原则上每 5 年核定一次。现有点源排污单位的排污权，应根据有关法律法规标准、污染物总量控制要求、产业布局和污染物排放现状等核定。新建、改建、扩建项目的排污权，应根据其环境影响评价结果核定。点源排污权由地方环境保护部门按污染源管理权限核定。

（六）规范交易行为。点源-非点源排污权交易仅限于在同一流域内进行，原则上在试点地区内进行。环境质量未达到要求的地区不得进行增加本地区污染物总量的排污权交易。点源-非点源排污交易参与主体应在自愿、公平、有利于环境质量改善和优化环境资源配置的原则下进行。交易价格由交易双方自行确定。试点初期，可参照排污权定额出让标准等确定交易指导价格。试点地区要严格按照《国务院关于清理整顿各类交易场所切实防范金融风险的决定》等有关规定，规范排污权交易市场。

（七）加强交易管理。点源-非点源排污权交易按照污染源管理权限由相应的地方环境保护部门负责。排污权交易完成后，交易双方应在规定时限内向地方环境保护部门报告，并申请变更点源排污单位的排污许可证。

六、强化试点组织领导和服务保障

（八）加强组织领导。试点地区地方人民政府要加强对试点工作的组织领导，制定具体可行的工作方案和配套政策规定，建立协调机制，加强能力建设，主动接受社会监督，积极稳妥推进试点工作。财政、环保等部门负责对地方人民政府的试点申请进行确认，并加强对试点工作的指导、协调，对排污权交易平台建设和 CDM 项目开展等给予适当支持。

（九）提高服务质量。试点地区要及时公开排污权核定、排污权拍卖及回购、CDM 项目运行及减排等情况以及当地环境质量状况、污染物总量控制要求等信息，确保试点工作公开透明。要优化工作流程，认真做好非点源排污主体"富余排污权"核定、点源排污主体排污许可证发放变更等工作。加强部门协作配合，积极研究制定帮扶政策，为试点地区开展的 CDM 项目及基于 CDM 项目的点源-非点源排污交易提供便利。

（十）严格监督管理。非点源排污主体应当准确计量污染物排放量，主动向当地环境保护部门报告。参与交易的点源排污单位应安装污染源自动监测装置，与当地环境保护部门联网，并确保装置稳定运行、数据真实有效。试点地区要强化对排污单位的监督性监测，特别是非点源排污主体污染削减的监测核查。加大执法监管力度，对于超排污权排放或在交易中弄虚作假的排污单位，要依法严肃处理，并予以曝光。

重污染企业退出财政补贴的相关规定

为鼓励企业加快滇池流域退出高污染、高耗水产业，发展绿色替代产业，加快经济结构战略性调整，合理配置空间资源，强化产业发展定位，实现滇池流域经济社会环境的持续发展，现就滇池流域重污染企业退出的财政补贴作出以下规定：

一、重污染企业退出范围

（一）对滇池流域内的违法、违规及产业指导目录中限制级淘汰类的高污染企业一律实行依法退出政策。

必须对这类重污染企业实行坚决退出，执法要严。对这类企业的退出主要依据：一是国家及云南省、昆明市相关环境保护政策法规明确规定取缔、关闭或停产淘汰的企业；二是产业结构调整指导目录涉及的限制、淘汰类产业，如国家《产业结构调整指导目录》中涉及的限制、淘汰类产业及云南省、昆明市《产业结构调整指导目录》中涉及的限制、淘汰类产业，主要包括食品饮料制造业、纺织及皮革制品业、造纸及造纸品业、燃气与水生产供应业、化工行业等；三是不符合国家及云南省、昆明市相关行业清洁生产标准的企业。

（二）对"合法"污染企业按退出指数有序退出。

对企业的退出指数（ERI）进行计算，计算公式如下：

$$\mathrm{ERI} = \frac{\sum \frac{q_i}{C_{0i}} \times 10^{-3}}{V} \quad (i = 1, 2, 3, \cdots, m)$$

式中：q_i ——企业排放污染物 i 的总量（kg/a）；

C_{0i} ——污染物 i 的环境质量指标限值，（mg/L），根据企业废水具体排入控制断面的质量指标规定，也可统一选用地表Ⅳ类水标准；

V ——产业增加值；

$i = 1, 2, 3, \cdots, m$ ——i 从 1 到 m；i 值视流域污染情况而定，根据洱海流域污染情况，初步确定 i 为化学需氧量和氨氮 2 个污染因子。

根据滇池流域行业发展的具体情况，建议对 ERI 值 ≥ 1 000 的企业首先进行退出，之后对 ERI ≥ 100 的企业进行有序退出。

二、重污染企业退出补贴主客体及资金来源

（一）补贴主客体

补贴的主体是中央和云南省、昆明市人民政府、流域内企业和非政府组织等多元化

体系。为保证滇池流域重污染企业的退出能够顺利进行，按照"谁保护，谁受益"的原则，对上述"合法"污染企业的退出必须给予适当补贴，因此，补贴的客体是退出的"合法"污染企业，对违法的污染企业一律不予补贴。

（二）资金来源

补贴资金的来源包括中央和云南省、昆明市人民政府财政专项拨款，昆明市政府向流域内企业和非政府组织征收的水资源使用费、排污权有偿使用费，以及滇池流域内企业"环境责任保险基金"等几部分。同时，随着滇池流域环境质量逐渐提高，之后将逐步提高水资源使用费和排污权有偿使用费的征收标准。

三、补贴标准

（一）关闭的重污染企业补贴费（利润损失补贴费）

重污染企业调控及退出补贴费的基数，为该重污染企业调控及退出前 3 年的平均年利润。退出后关闭的重污染企业补贴费为该企业退出前 3 年平均年利润 2～3 倍的 90%；调控及退出后停产、搬迁的重污染企业补贴费为停产期间的平均利润的 90%。当调控及退出后停产、搬迁的重污染企业进行改造再生产时，提供土地、基建方面的优惠政策。

对退出后关闭的大中型国有企业，补贴费由中央财政承担，承担的比例不超过重污染企业补贴费的 50%。对退出后关闭的职工集资性企业，补贴费由中央财政、昆明市财政及企业各自承担 1/3；对退出关闭的银行贷款性企业，补贴费由企业自行承担；对退出关闭的混合型企业，按照上述条款处理。

对调控及退出后停产、搬迁的大中型国有企业的利润损失可归纳到中央财政的税收减免政策，中央财政承担比例可达到或超过 100%。对重组、转产的中小企业，中央财政、昆明市财政及企业各自承担 1/3。同时，为了扶助调控及退出企业的产业升级，可在实际实施过程中采用绿色贷款、风险理赔等优惠政策。

（二）重污染企业固定资产补贴费

固定资产补贴费主要是对重污染企业调控及退出后固定资产未计提折旧的部分予以补贴。常见的固定资产计提折旧的方法有平均年限法、工作量法、双倍余额递减法以及年数总和法等，具体方法可根据企业计提折旧方法加以调整。对固定资产补贴费由中央、昆明市及企业分别承担 1/3。

在企业发展的过程中对企业给予补助，对进行技术设备改造的企业所花费的技术设备改造费由中央财政、昆明市财政及企业各自承担 1/3，企业承担的部分可以安排专项贷款予以激励。

四、补贴方式

（一）财政补贴

给予退出企业适当的经济补贴是保证退出有序、有效进行的必要措施，也是落实相关法律法规的基本要求。补贴范围包括：一是对退出企业的原土地使用权、地上建筑物和附着物的补贴；二是对退出企业搬迁时发生的有关费用和损失的补贴；三是对退出企业职工安置的补贴；四是对其他由于企业关、停、迁而造成的损失，如退出企业固定资产损失、利润损失、当地财政税收损失。

1. 退出企业的原土地使用权、地上建筑和附着物的补贴

退出企业原土地使用权无论以出让还是划拨方式取得，均由管辖区域政府直接收回，按合同剩余年限出让土地使用价格，或按相应的划拨土地价格予以补贴。退出企业房屋按现行评估净值补贴；有关设备补贴标准按照设备评估净值的 25%～50%补贴。

对搬迁企业的土地使用权、建筑物和地上附着物给予补贴（已关闭、破产的企业除外）。土地使用权的补贴按搬迁时企业原土地取得方式和原用途的土地评估价给予补贴。建筑物和地上附着物的补贴要分情况处理。如果改制企业原有建筑物进入企业资产的和改制后新建的建筑物，以及未改制企业的建筑物，均按搬迁时评估的重置价结合成新价给予补贴。违章建筑和改制企业原有建筑物未进入企业资产的一律不予补贴。

企业搬迁方案及补贴资金经确认并签订搬迁协议后，原则上先预付补贴资金的 30%，以后根据搬迁进度分次支付。

享受补贴资金的企业必须按期退出现有土地，上交土地使用权证和房屋所有权证。

企业搬迁时将发生有关费用和损失，在对搬迁企业土地使用权和建筑物给予补贴的基础上，以企业原有地块出让所得扣除上述两项补贴资金等费用后的净收益为基数，给予企业 30%的补贴。企业搬迁后的地块若用于公益性项目，则参照同类企业同等地块出让所得的净收益，给予相应比例的补贴。对搬迁企业在规定期限内实行早搬多奖、逐年递减的奖励。

此外，调控及退出企业将原有政府划拨土地改为商业开发或住宅用地的不予补贴。调控及退出企业属于违法用地的，由昆明市政府无偿收回，不予补贴；经批准用于商业开发的，应当按市场价缴纳土地出让金；用于住宅建设的，由昆明市国土管理部门公开拍卖，所得资金用于补贴企业资产损失。

2. 对退出企业搬迁时发生的有关费用和损失的补贴

对调控及退出的重污染企业进行的补贴，主要包括因关停、搬迁造成的企业利润损失部分和固定资产损失部分给予补贴。对重污染企业的利润和固定资产损失的补贴，可分情况分别对待。

对调控及退出企业的机器设备的损失予以补贴。对不符合国家产业政策、采用国家已明令淘汰的落后生产工艺技术、企业无项目审批文件和营业执照、环保不达标或超能力超标排放的违法生产企业不予补贴。对符合当时国家产业政策、企业有项目审批文件和营业执照、但现在环保不达标或超能力超标排放的调控及退出予以补贴。

重污染企业需要整体搬迁、部分搬迁、部分拆除，或处置相关资产而按规定标准从政府取得的搬迁补贴收入或处置相关资产而取得的收入，以及通过市场（招标、拍卖、挂牌等形式）取得的土地使用权转让收入，根据《国家税务总局关于企业政策性搬迁或处置收入有关企业所得税处理问题的通知》（国税函〔2009〕118 号）第二条规定，可以按情况分别享受企业所得税优惠。

第一，企业根据搬迁规划，异地重建后恢复原有或转换新的生产经营业务，用企业搬迁或处置收入购置或建造与搬迁前相同或类似性质、用途或者新的固定资产和土地使用权（以下简称重置固定资产），或对其他固定资产进行改良，或进行技术改造，或安置职工的，准予其搬迁或处置收入扣除固定资产重置或改良支出、技术改造支出和职工安置支出后的余额，计入企业应纳税所得额。

第二，企业没有重置或改良固定资产、技术改造或购置其他固定资产的计划或立项报告，应将搬迁收入加上各类拆迁固定资产的变卖收入、减除各类拆迁固定资产的折余价值和处置费用后的余额计入企业当年应纳税所得额，抵免缴纳企业所得税。

第三，企业利用政策性搬迁或处置收入购置或改良的固定资产，可以按照现行税收规定计算折旧或摊销，并在企业所得税税前扣除。

第四，企业从规划搬迁次年起的五年内，其取得的搬迁收入或处置收入暂不计入企业当年应纳税所得额，在五年期内完成搬迁的，企业搬迁收入按上述规定处理。

第五，重污染企业在搬迁过程中发生的直接费用可列入企业的"营业外支出"。

3．退出企业职工安置补贴

重污染企业员工的安置补助费，按需要安置的员工人数计算。退出后关闭的重污染企业员工安置补助费，按退出前 3 年当地年平均工资的 1～2 倍发放。退出后停产的重污染企业员工安置补助标准为停产期间的当地最低生活保障水平。重污染企业调控及退出后，云南省及昆明市劳动和社会保障局应负责已纳入社会保障体系职工的当年投保费用，加大对失业人员的技能培训和劳动就业及基本养老保障和医疗保险的投入。

（二）退出企业税收优惠政策。

退出企业经批准出让土地使用权、地上的建筑物及其附着物所取得的收入，其土地增值税部分可免征；对原有土地、房屋和设备的转让一律免收行政性收费。按规定时间、采取变更方式实施转让产权、转产、整合升级的企业，变更过程中涉及的各种税费，其地方留成部分全部返还奖励给企业。对妥善安置退出企业（被出售企业法人予以注销）

30%以上职工的企业，其所购企业的土地、房屋权属，征收契税减半；安置原企业全部职工的企业契税全免，并享受招商引资优惠政策。对转型或整合升级后的企业（转产新上项目必须符合国家产业政策）三年内国税实行减半征收，地税减免征收。退出企业一年内转产到位的，转产后的新企业各类行政事业性收费予以全部减免。

关于提高"十三五"滇池流域水污染防治财政投资实施绩效的建议

一、滇池流域水污染防治财政投资实施绩效现状及存在的主要问题

滇池是中国重点关注的"三湖三河"之一,滇池流域自 1996 年以来,国家先后批准并实施了三期五年计划,依次是《滇池流域水污染防治"九五"计划》《滇池流域水污染防治"十五"计划》《滇池流域水污染防治"十一五"计划》以及《滇池流域水污染防治"十二五"规划》。将"十一五"规划与"补充报告"的投资合并计算为"十一五"期间的投资,并将三个五年计划的若干项目归类,参考云南省 2001—2012 年环境状况公报,得到滇池流域"九五"、"十五"、"十一五"期间的投资分类(见表 1),分别为城市排水基础设施建设类(含污水处理厂及配套管网建设等)、水生态修复类、水资源优化配置类(主要指跨流域调水以及中水回用等)、监督管理类、面源污染控制(含农业和农村面源污染控制示范工程等)。

表 1 "九五"到"十一五"期间滇池投资分类

阶段	城市排水基础设施建设		水生态修复		水资源优化配置		监督管理		面源污染控制		合计/亿元
	金额/亿元	比例/%	金额/亿元	比例/%	金额/亿元	比例/%	金额/亿元	比例/%	金额/亿元	比例/%	
"十一五"	106.3	61.9	34.4	20.0	2.6	1.5	1.0	0.6	27.3	15.9	171.8
"十五"	17.2	54.3	8.0	25.2	4.8	15.0	0.5	1.7	1.2	3.9	31.7
"九五"	10.4	49.1	3.0	14.2	2.7	12.7	0.3	1.4	4.8	22.6	21.2
合计	133.9	58.0	45.4	21.3	10.1	7.3	1.8	1.0	33.3	12.3	224.7

根据统计,滇池流域"九五"期间计划投资 21.2 亿元,其中用于城市排水基础设施建设的比例最大,达到 10.4 亿元。"十五"期间共投资 31.7 亿元,仍然是污染控制项目的投资金额最大,达到 17.2 亿元,占总投资的 54.3%,而监督管理为 0.5 亿元,仅占 1.7%。"十一五"期间,总投资 171.8 亿元,其中城市基础设施建设投资 106.3 亿元,占总数的 61.9%,而监督管理的投入仅占 0.6%,比例进一步下降。三个"五年计划"期间累计投资共 224.7 亿元,其中用于城市基础设施建设的资金比例达到 58.0%,水生态修复的资金比例占 21.3%,水资源优化配置的资金比例占 7.3%,监督管理的资金比例占 1.0%,面源污染控制的资金比例占 12.3%。

经过多年治理,滇池外海综合营养状态指数也由 2001 年的 74.18 降到 2012 年的

68.40，由重度富营养状态转为中度富营养状态。但由于滇池流域是昆明市乃至云南省人口最稠密、社会经济最发达的地区。社会经济与城镇化的快速发展与水资源短缺和水环境污染之间的矛盾仍十分突出，滇池流域水污染治理仍旧任重道远，需长期坚持。"十二五"期间，国家和地方政府拟投资420亿元继续推进滇池水污染防治。未来滇池治理的工程规模仍将不断增大，资金需求仍会不断增长，而我国目前用于滇池水环境保护和污染防治的财政投资金额仍然十分有限。因此，在资金总量尚显不足的情况下，提高滇池流域水污染防治财政投资资金使用效率，提高其产出效益，具有非常重要的现实意义。

二、政策建议

为提高"十三五"滇池流域水污染防治财政投资实施绩效，本课题通过相关研究提出以下建议。

（1）滇池流域水污染防治财政投资绩效的非有效性主要来自规模非有效，其次来自纯技术非有效，建议在制订"十三五"滇池流域水污染防治财政投资规划时，应更加统筹投资的规模和结构，应充分结合滇池流域治污控污的实际情况和需要确定各类型投资的金额。

（2）影响滇池流域水污染防治财政投资实施绩效的主要因素有两个：城镇污水处理率和滇池外海综合营养状态指数，建议"十三五"期间，滇池流域进一步加强城镇排水系统和污水管网的建设，提高城市污水的收集和处理率，以减少污水的排放；应继续推进和开展环湖截污和内源污染的控制，以降低入湖污染负荷和减少内源污染物的释放。

（3）在滇池水污染防治方面，监督管理投资与工程治理投资和面源污染治理投资相比，具有投资少、效果好的优势，建议"十三五"期间，适当增加监督管理相关的投资金额及比例，着重继续完善重点企业环境自动在线监测系统的建设（监督管理类投资），并逐步向中小企业铺展。

关于调整和完善昆明市水污染防治收费政策的建议

一、滇池流域水污染防治收费政策实施现状及存在的主要问题

"十二五"期间，昆明社会经济发展仍保持了较快的增长速度，2013年全市生产总值（GDP）为3 415.31亿元，同比增长12.8%，三次产业产值结构为5.1∶45.0∶49.9；年末常住人口657.9万人，人均生产总值为52 094元，城市化率为68.05%。"十二五"期间，昆明总体上将处于工业化中后期加速发展阶段，这一时期也是环境形势的多变期、环境危机的高发期和环境问题的敏感期，昆明面临着产业及城市化快速发展带来的巨大资源环境压力。由于经济增长在很长一段时间内主要依赖传统产业支撑，高能耗、高水耗、高污染、资源密集型和劳动密集型产业还占相当大的比重，昆明工业化、城市化加速发展与资源环境之间的矛盾将十分突出，面临着巨大的资源环境压力。

国内外的环境保护实践经验已经证明，环境保护工作需要运用行政的、法律的、经济的、技术的、教育的等多种手段，其中经济手段在环境保护工作中起着十分重要的作用。根据经济学理论，环境问题是外部不经济性的产物，如向环境排放污染物、开采环境资源均会产生外部不经济性，其最终结果是造成环境污染和生态破坏。为解决环境问题，必须从问题的根源入手，通过一系列政策、措施，将外部不经济性内部化。发达国家的实践经验证明，环境经济政策是将外部不经济性内部化最为有效的途径。因此，市场经济体制下，环境经济政策是实施可持续发展战略的关键措施，建立并实施环境经济政策是政府干预环境保护的最佳途径。

环境经济政策主要有环境收费、环境激励补贴、信贷、保险、建立市场（交易许可证制度）等类型。环境收费政策是我国政府进行环境管理的主要经济手段，在我国环境保护中发挥了重要作用。我国现行的水污染防治收费政策主要有排污收费制度、污水处理收费制度和城市供水价格政策。以上3种政策均通过制定一定的征收标准，由国家或地方政府相关部门对用水和排污单位统一征收相关费用。

为促进结构调整、资源节约和环境保护，《中华人民共和国国民经济和社会发展第十二个五年规划纲要》明确提出"完善城市供水价格政策"，"积极推行居民用电、用水阶梯价格制度"，"建立健全污染者付费制度"，"提高排污费征收率"和"完善污水处理收费制度"，"积极推进环境税费改革"等目标。《国家环境保护"十二五"发展规划》也明确提出完善环境经济政策的目标，其中"对非居民用水要逐步实行超额累进加价制度，对高耗水行业实行差别水价政策"和"推进环境税费改革，完善排污收费制度。全面落实污染者付费原则，完善污水处理收费制度，收费标准要逐步满足污水处理设施稳定运

行和污泥无害化处置需求"，均与水污染防治收费政策密切相关。

昆明是水资源短缺的特大型城市，为了保护和合理开发利用水资源，促进节约用水，加大城市污水处理力度，自 1997 年昆明率先试点实行征收污水处理费，自 2002 年起实行阶梯式水价，是全国较早实施阶梯式水价的城市，污水处理费包含在滇池流域居民、企事业和工商业日常用水的水价中，由相关部门进行统一征收。

表 1　滇池流域阶梯水价和污水处理费征收标准历年调整情况

时间	水价/（元/m³）		污水处理费/（元/m³）		居民阶梯水价情况
	居民生活用水	工业生产用水	居民	工业	
2002—2004 年	1.30	1.60	0.50	0.60	三级阶梯，基数用水量 15 m³；16～20 m³ 部分，加价 50%；21 m³ 以上，加价 100%
2004—2006 年	1.30	1.60	0.50	0.60	四级阶梯，基数用水量 10 m³；11～15 m³ 部分，加价 50%；16～20 m³ 部分，加价 100%；21 m³ 以上，加价 150%
2006—2007 年 6 月 31 日	2.05	3.30	0.75	0.95	四级阶梯，基数用水量 10 m³；11～15 m³ 部分，加价 50%；16～20 m³ 部分，加价 100%；21 m³ 以上，加价 150%
2007 年 7 月 1 日—2009 年 5 月 31 日	2.45	4.10	0.75	0.90	四级阶梯，基数用水量 10 m³；11～15 m³ 部分，加价 50%；16～20 m³ 部分，加价 100%；21 m³ 以上，加价 150%
2009 年 6 月 1 日至今	2.45	4.35	1.00	1.25	四级阶梯，基数用水量 10 m³；11～15 m³ 部分，加价 100%；16～20 m³ 部分，加价 150%；21 m³ 以上，加价 200%

通过上表可以看出，为充分发挥价格杠杆，滇池流域污水处理费和阶梯式水价政策自实施以来，经过了多次调整，2002—2009 年平均每隔一年调整一次，水价由 1.30 元/m³ 增长到 2.45 元/m³，增长了 88.5%，水价阶梯也由开始的三阶调整到四阶，基数用水量由 15 m³ 降低到 10 m³；工业用水增长幅度较大，由 1.60 元/m³ 增长到 4.35 元/m³，增长了 171.9%；居民和工业污水处理收费标准也分别由 0.50 元/m³ 和 0.60 元/m³ 调整到 1.00 元/m³ 和 1.25 元/m³，分别增长了 100% 和 108.3%。

滇池流域从 1982 年开始实施排污收费制度，迄今为止已经实施 30 余年，是滇池流域实施最早的环境经济政策。

表 2　滇池流域污水排污收费制度变迁

阶段	时间	主要政策	政策描述
建立及逐步系统化阶段	1982—1993 年	《云南省执行国务院〈征收排污费暂行办法〉实施细则》《云南省征收超标排污费若干问题补充规定》	①根据废水排放量收费；②单一浓度收费
系统制度化阶段	1993—2003 年	《云南省征收排污费管理办法》《云南省污染源治理专项基金有偿使用实施办法》	①根据废水量收费，0.05 元/t；②浓度超标 0.15 元/t
革新转变阶段	2003—2009 年	《排污费征收使用管理条例》《排污费征收标准管理办法》《排污费资金收缴使用管理办法》	①排污即收费；②多污染物因子收费，前三项污染物当量之和；③每一污染物当量 0.7 元；④超标加倍 1.4 元
强化实施阶段	2009 年至今	《云南省发展和改革委员会、云南省财政厅、云南省环保局关于调整我省二氧化硫和化学需氧量排污费征收标准有关问题的通知》《云南省排污费征收标准调整实施方案》	①调整 COD、氨氮和五项主要重金属（铅、汞、铬、镉、类金属砷）污染物排污费征收标准，每污染当量提高至 1.4 元；②超标加倍 2.8 元

通过以上相关规定可以看出，滇池流域排污收费政策自实施以来，依据国家相关征收规定，经历了以下四个转变：由超标收费转变为排污收费；由单一浓度收费转变为浓度与总量相结合收费；由单因子收费转变为多因子收费。

尽管滇池流域较早实施阶梯水价、污水处理费和排污收费政策，但目前滇池流域在水污染防治收费政策实施方面仍存在如下几个问题：①收取的污水处理费标准偏低，不能够满足污水处理厂日常运营的需求；②城市水价标准偏低，不能够较好地调控居民用水行为，流域内居民节水意识较弱，存在较多的浪费现象；③排污收费政策收费标准偏低，已不能有效调控企业排污行为，需制定更为严格的政策控制企业排污。

二、政策建议

环境保护部于 2011 年印发的《"十二五"全国环境保护法规和环境经济政策建设规划》中也大力支持地方环保立法，确保制定的法规和政策具有针对性、前瞻性和有效性。为此，根据相关研究成果，本课题对调整和完善昆明市水污染防治收费政策提出以下建议。

1. 排污收费政策实施绩效较低，建议进一步提高其收费标准。通过核算昆明市污水处理成本，制定更为严格的征收标准，尤其是超标征收标准应高于或接近污水处理成本，从而引导企业达标排放。

2. 建议滇池流域积极试点环境税费改革，选择防治任务繁重、高能耗、高水耗的产业，试点征收环境税，逐步扩大征收范围。污染物税目的税率水平可以选择将排污费征收标准提高一倍作为最低税率水平。

3. 继续施行阶梯式水价政策，根据居民消费水平，在保证居民最低生活用水的前提下，建议提高居民和工业用水水费征收标准，建议"十三五"期间，居民水价提高至 3.23 元/m³，工业水价提高至 4.99 元/m³。

4. 建议在现有基础上继续推进和完善污水处理收费政策，建立健全污水处理费征收和管理体系，提高污水处理收费标准，建议"十三五"期间，居民污水处理费提高至 1.50 元/m³，工业污水处理费提高至 2.25 元/m³。

5. 为进一步防控企业超标排污，建议排污费仍按照现状收费标准执行，同时将超标排污与罚款相结合，对超标企业进行罚款，每次超标即罚 50 万元。

关于开展基于 CDM 项目的点源-非点源排污交易的建议

一、滇池流域相关政策实施现状及存在的主要问题

2013 年 1 月 1 日，《云南省滇池保护条例》（以下简称《条例》）正式实施。《条例》将重点水污染物总量控制制度作为削减和控制滇池污染的核心思想，规定"昆明市人民政府、有关县级人民政府应当严格控制排污总量，根据重点水污染物排放总量控制指标的要求，将控制指标分解落实到排污单位，不得突破控制指标和出境断面水质标准"。《条例》的颁布实施，表明每年排入滇池的各类重点水污染物总量是一定的，滇池流域各个地区都有额定指标，发生超标的县区，来年的项目审批（会产生重点水污染物的）将受到控制，防止出现以牺牲环境为代价的不科学发展。由于并非每个地方都会用完这个指标，在实际工作中可以考虑以"水污染物排污权交易"的方式，控制流域内水污染物的总量增加。虽然《条例》将农业和城市非点源纳入总量控制范围，但相关规定仍比较原则化，缺乏具体办法和指南进行详细说明。

目前滇池流域以控制污染、改善水质为目标的总量控制制度，主要建立在水环境的点源污染研究和控制基础上，随着点源削减量的不断提高，非点源削减逐渐成为改善滇池水质的最重要任务之一，甚至部分地区农村非点源和城市非点源已成为入湖污染物的主要来源。虽然《云南省滇池保护条例》将农业和城市非点源纳入总量控制范围，体现了环境治理工作的进步性，但缺乏具体办法和指南对经济手段特别是基于市场交易的经济手段等方面进行详细说明。尽管"十一五"和"十二五"期间开展了一些针对农业和城市非点源污染治理的工程，取得一些显著成效，但上述措施缺乏基于市场交易的手段的引导和推动，政府主导性较强。此外，农村农户的化肥施用、农田固体废物、生活污水和垃圾等污染源量大面广，处理率相对较低，单纯依靠政府行政、财政等手段，治理成本相对较高。

清洁发展机制（Clean Development Mechanism，CDM）思路是允许减排成本相对较高的排污主体针对减排成本相对较低的排污主体实施可持续发展的减排项目，从而减少污染物排放量。其本质是一项在总量控制约束下排污主体履行其所承诺的限排或减排义务的灵活的交易机制。排污权交易作为一种典型的基于市场机制的经济激励型环境政策手段，具有费用有效性高、管理成本低等特点。2012 年，昆明二氧化硫排污权首次公开竞价交易成功，这标志着昆明市在将排污权引入市场机制的试点工作进入实质性的操作阶段。但昆明市目前尚未出台滇池水污染控制相关排污权交易政策，滇池流域内排污权交易政策仍处于试点阶段，总体框架还未形成。除此之外，滇池流域内实施的排污许可

证制度与总量控制制度脱节，多数工业企业排污许可证各污染物排放总量是根据和参考环境影响评价报告和建设项目竣工环境保护验收报告进行核算的，存在"需要多少就核算多少"的现象，忽视资源负荷及环境容量的实际情况。

二、政策建议

1. 加强农业非点源污染总量控制

结合试点地区地形地貌、气候气象、土地利用方式、作物管理措施和社会经济发展等实际特征，研究农业非点源污染产生和迁移转化机制。采用排污系数法估算农田固体废物、化肥施用、农村生活和禽畜养殖污染负荷，进而估算农业非点源污染负荷。分析四种非点源污染类型排放贡献，识别主要的农业非点源污染贡献源。估算试点地区水环境容量，根据各污染源排放现状，按照比例分配环境容量，确定农业非点源总量控制目标，估算农业非点源污染物削减量。

2. 推进农业非点源污染减排 CDM 项目积极开展

建立健全非点源污染减排 CDM 项目资质系统，明确项目参与方、咨询等中介机构的资质标准，以有效维护 CDM 项目利益相关方的利益，促进 CDM 市场的规范运作。加快制定对非点源污染减排 CDM 项目开发人员的考核机制、标准，建立促进 CDM 项目人才成长的机制体制，确保从事 CDM 项目开发的人员具有较高的素质。加大政策扶持力度，特别是税收优惠力度等政策，积极引导金融机构、社会资本向非点源污染减排 CDM 项目提供资金，增强其市场化融资能力。对适合发展 CDM 项目的企业应通过专门的培训、召开研讨会等多种形式传播 CDM 相关专业知识，以增进有关人员对 CDM 项目的了解，特别是提升 CDM 中介服务公司的能力。

3. 强化滇池流域排污交易市场建设

改革和完善滇池流域排污许可证制度，以此为基础，结合"水十条"和《关于进一步推进排污权有偿使用和交易试点工作的指导意见》的相关要求，强化滇池流域水污染物排污交易市场。出台《滇池流域水污染物排放权交易管理条例》，对交易规则、市场结构、计量准则、交易程序、权利责任、奖惩力度等方面进行明确详细的规定，以此作为开展排污交易的依据和指导。采用先进的装置设备和技术手段有效加强对污染物排放企业的监督管理，同时，建立信息发布系统，让政府、企业和社会公众及时、方便地了解到排污权交易市场上的相关数据，保证排污权交易的透明度。此外，加强环境监察队伍建设，提高执法人员素质，打造一支思想好、作风正、懂业务、会管理、善于做群众工作的环境监察队伍。

滇池流域城市污水处理厂季节分类考核办法

为完善滇池流域城镇污水处理厂运行管理考核办法，提高污水处理厂对雨季、旱季节变化的，促进滇池流域城乡人居环境提升行动和节能减排工作，根据《住房和城乡建设部关于印发城镇污水处理厂工作考核暂行办法的通知》（建城函〔2010〕684号）、《云南省城镇污水处理厂运行管理考核办法（征求意见稿）》及有关规定，制定本季节分类考核办法。

一、考核范围

滇池流域已建成并投入（试）运行的城镇生活污水处理厂。

二、考核内容

包括污水有效处理量、基础管理、运行管理、设施设备管理、化验分析、能耗及成本控制、安全管理、厂容厂貌等八个方面

三、考核依据

（一）《云南省城镇污水处理厂运营管理考核办法（征求意见稿）》；

（二）《云南省城镇污水处理厂运营管理考核标准（试行）》；

（三）《云南省城镇污水处理厂运行维护及安全技术规程》（DBJ 53/T-31—2011）；

（四）《云南省城镇污水处理厂运行维护及安全评定标准》（DBJ 53/T-32—2011）；

（五）《城镇污水处理厂污染物排放标准》（GB 18918—2002）；

（六）《城镇污水处理厂污泥处置混合填埋用泥质》（GB/T 23485—2009）；

（七）《城市污水水质检验方法标准》（CJ/T 51—2004）；

（八）《城市污水处理厂污泥检验方法》（CJ/T 221—2005）。

四、考核分级

根据考核情况，将滇池流域城镇生活污水处理厂运行管理情况分为四个等级，考核采用百分制，考核得分≥85分的为Ⅰ级（优良）、85分＞考核得分≥70分的为Ⅱ级（合格）、70分＞考核得分≥60分的为Ⅲ级（基本合格）、考核得分＜60分的为Ⅳ级（不合格）。

五、季节分类考核

各污水处理厂雨、旱季划分方法见附录1，每年上半年按照季节分类考核标准（见附

录 2），由滇池流域水务管理部门对各污水处理厂上一年度的运行管理情况进行考核和评分，考核分为雨季和旱季，各季节执行不同的考核标准。

附录1：滇池流域城镇污水处理厂季节分类考核的季节划分方法

目前，滇池流域处于正常运营阶段的污水处理厂共有八座（昆明市第一至第八污水处理厂），本季节分类考核办法按照尾水排放河流是否有剩余环境容量，将这些污水处理厂分为两类。根据实际调研，各污水处理厂的概况及尾水排放河流是否有剩余环境容量情况如附表1-1所示。对于有剩余环境容量的污水处理厂，季节划分方法采用方法1，对于无剩余环境容量的污水处理厂，季节划分方法采用方法2。

附表1-1　滇池流域污水处理厂及其尾水排放河流概况

污水处理厂	服务区域	设计规模/（万 m³/d）	主体处理工艺	尾水排放去向	功能区水质要求	剩余环境容量情况
第一污水处理厂	城南片区	12	氧化沟—混凝—D 型过滤池—UV	采莲河、船房河	地表水 IV 类	无
第二污水处理厂	城东片区	10	厌氧—氧化沟—混凝—V 型过滤池—UV	盘龙江	地表水 III 类	有
第三污水处理厂	城西片区	21	ICEAS—高效沉淀—D 型过滤池—UV	大观公园、老运粮河	地表水 V 类	有
第四污水处理厂	城北内环城北路以北，北二环以南	6	3AMBR	翠湖公园、盘龙江	地表水 III 类	有
第五污水处理厂	城北片区北二环以北片区	18.5	A²/O—混凝—V 型过滤池—UV	盘龙江	地表水 III 类	有
第六污水处理厂	城东南片区	13	A²/O—混凝—D 型过滤池—UV	新宝象河	地表水 V 类	有
第七污水处理厂、第八污水处理厂	城南片区	30	A²/O—混凝—D 型过滤池—UV	滇池外海	地表水 IV 类	无

注：1. 第七污水处理厂、第八污水处理厂已合并。

2. 对于污水处理厂尾水排放到两条河流中的情况，本考核办法治选取排放量较大的河流。

3. 功能区水质要求根据《滇池流域水污染防治规划（2011—2015）》和《地表水环境质量标准》（GB 3838—2002）确定。

季节划分方法 1

（1）统计排放河流近 10 年各月的平均流量，选择流量最小的月份作为最枯月。

（2）将最枯月作为旱季，剩下的 11 个月作为雨季，作为方案 1。

（3）将靠近最枯月的两个月中平均流量较小的那个月，与最枯月合并为旱季，剩下的 10 个月作为雨季，作为方案 2。以此类推，得到 12 种季节划分方案（其中 12 个月都为旱季的划分方案为对照方案）。

（4）核算每种初步划分方案的剩余水环境容量。

剩余水环境容量核算可分为单元划分、排污口概化、控制断面设定、水环境容量模型选择和代入参数计算五个步骤。

根据现有资料和现场考察，确定尾水排放河流的污染源情况，并以此进行单元划分、排污口概化和控制断面设定工作。需要说明的是，由于滇池主要入湖河流已完成截污工作，因此污染源调查可不考虑面源污染，仅对点源进行统计。

根据实际调研，滇池流域污水处理厂的尾水排放河流均为流量小于 150 m³/s 的中小型河流，且在河段面内能够均匀混合，根据《水域纳污能力计算规程》（SL 348—2006），采用一维水质模型计算水环境容量，计算公式如附式（1-1）所示：

$$M = [C_S - C_0 e^{-\frac{86\,400kx}{u}}](Q + Q_P) \tag{1-1}$$

式中：M——剩余水环境容量，kg/s；

  C_S——水质目标浓度值，mg/L；

  C_0——初始断面的污染物浓度，mg/L；

  Q——初始断面的入流流量，m³/s；

  Q_P——污水排放流量，m³/s；

  x——沿河段的纵向距离，m；

  u——设计流量下断面平均流速，m/s；

  k——污染物衰减系数，1/d。

根据滇池流域实际情况，各污染物衰减系数如附表 1-2 所示。

附表 1-2　滇池流域污染物衰减系数

污染物	衰减系数/（1/d）
COD	0.019
NH₃-N	0.045
TP	0.015

将各参数代入水质模型，计算出各季节划分方案的雨季、旱季水环境容量，相加即为全年的剩余环境容量。

（5）核算每种季节划分方案的水质超标风险。

本季节分类方法采用蒙特卡罗法计算水质超标风险。先选取河段流量 Q 和流速 u 作为超标风险变量，假设其满足正态分布，将其代入一维水质模型中，反复计算其控制断面污染物浓度，将其频次代入附式（1-2），即得到各季节划分方案的污染物超标风险。

$$R = P(C \geq C_S) = \frac{N(C \geq C_S)}{N} \qquad (1\text{-}2)$$

式中：R——水质超标风险；

C——控制断面水质浓度，mg/L；

C_S——河段目标浓度，mg/L；

$N(C \geq C_S)$——模拟过程中 $C \geq C_S$ 的次数。

（6）在超标风险可接受的范围内，选择水环境容量最高的划分方案作为最终季节划分方案。

季节划分方法 2

（1）统计排放河流近 10 年各月的平均流量。

（2）统计污水处理厂服务区域近 10 年各月的平均降水量。

（3）统计污水处理厂正常运行情况下近 5 年的污水处理量。

（4）综合考虑河流流量、降水量和污水处理量在近年的分布周期性规律，依次进行季节划分。

附录 2　滇池流域污水处理厂季节分类考核评分标准

序号	考核项目	考核内容	评分标准		依据及说明
1	一、有效处理量（30分）	污水处理量（5分）	雨季	（1）实际雨季平均污水处理率小于雨季置信区间下限的，得 1 分； （2）实际雨季平均污水处理率在雨季置信区间内的，得 3 分； （3）实际雨季平均污水处理率大于雨季置信区间上限的，得 5 分	（1）实际处理量查阅考核时限内进水流量在线监测记录，无在线监测的查阅抄表记录； （2）污水处理率及置信区间计算方法参见附录 3 中"污水处理量"相关内容
			旱季	（1）实际旱季平均污水处理率小于雨季置信区间下限的，得 1 分； （2）实际旱季平均污水处理率在雨季置信区间内的，得 3 分； （3）实际旱季平均污水处理率大于雨季置信区间上限的，得 5 分	
2		进水水质（3分）	（1）COD 平均进水浓度≥180 mg/L，得 3 分； （2）150 mg/L≤COD 平均进水浓度＜180 mg/L，得 2 分； （3）80 mg/L≤COD 平均进水浓度＜150 mg/L，得 1 分； （4）60 mg/L＜COD 平均进水浓度≤80 mg/L，得 0.5 分； （5）COD 平均进水浓度≤60 mg/L，不得分		查阅考核时限内进水在线监测记录，无在线监测的查阅水质化验分析单，进水水质超过设计浓度，酌情扣分

序号	考核项目	考核内容	评分标准		依据及说明
3	一、有效处理量（30分）	COD削减率（2分）	雨季	得分 $= \dfrac{\overline{\left(COD_{进水} - COD_{出水}\right)_{实际}}}{\left(COD_{进水} - COD_{出水}\right)_{设计}} \times$ 雨季最高分	（1）实际 COD、NH₃-N 和 TP 的进水浓度若高于设计值，以设计值计算；（2）最高分计算方法见附录 3 中"污染物削减率"相关内容
			旱季	得分 $= \dfrac{\overline{\left(COD_{进水} - COD_{出水}\right)_{实际}}}{\left(COD_{进水} - COD_{出水}\right)_{设计}} \times$ 旱季最高分	
4		NH₃-N削减率（2分）	雨季	得分 $= \dfrac{\overline{\left(NH_3\text{-}N_{进水} - NH_3\text{-}N_{出水}\right)_{实际}}}{\left(NH_3\text{-}N_{进水} - NH_3\text{-}N_{出水}\right)_{设计}} \times$ 雨季最高分	
			旱季	得分 $= \dfrac{\overline{\left(NH_3\text{-}N_{进水} - NH_3\text{-}N_{出水}\right)_{实际}}}{\left(NH_3\text{-}N_{进水} - NH_3\text{-}N_{出水}\right)_{设计}} \times$ 旱季最高分	
5		TP削减率（2分）	雨季	得分 $= \dfrac{\overline{\left(TP_{进水} - TP_{出水}\right)_{实际}}}{\left(TP_{进水} - TP_{出水}\right)_{设计}} \times$ 雨季最高分	
			旱季	得分 $= \dfrac{\overline{\left(TP_{进水} - TP_{出水}\right)_{实际}}}{\left(TP_{进水} - TP_{出水}\right)_{设计}} \times$ 旱季最高分	
6		COD排放浓度（3分）	考核期限内每日达标，得 2 分；一天不达标扣 0.1 分，扣完为止		（1）雨季、旱季执行不同的排放标准；（2）不同种类的污水处理厂雨季、旱季排放标准计算方法不同，具体计算方法见附录 3 中"污染物排放浓度"相关内容
7		NH₃-N排放浓度（3分）	考核期限内每日达标，得 2 分；一天不达标扣 0.1 分，扣完为止		
8		TP排放浓度（3分）	考核期限内每日达标，得 2 分；一天不达标扣 0.1 分，扣完为止		
9		污泥处置（5分）	污泥处置合同 2 分：（1）有污泥处置合同，不会造成二次污染，得 2 分；（2）有污泥处置合同，有科学合理的污泥处置办法，但会造成一定二次污染或者未明确处理方法和处理地点的，得 1 分；（3）无污泥处置合同，不得分		污泥处置现场和合同文本、污泥产量记录、运输记录
			污泥安全处置 1 分：以污泥安全处置率为准考核；得分=分值×污泥安全处置率；污泥安全处置率＝（干化、焚烧、卫生填埋、堆肥等安全处置方法）处置总量/污泥总量；无处置污泥不得分		以监管单位抽检结果为主要依据，结合查看污水处理厂台账及现场
			雨季（2分）	（1）实际雨季污泥平均含水率小于雨季置信区间下限的，得 3 分；（2）实际雨季污泥平均含水率在雨季置信区间内的，得 1.5 分；（3）实际雨季污泥平均含水率大于雨季置信区间上限的，不得分	（1）污泥含水率指污泥经脱水后的含水率；（2）污泥含水率置信区间计算方法见附录 3 中"污泥含水率"相关内容
			旱季（2分）	（1）实际旱季污泥平均含水率小于雨季置信区间下限的，得 3 分；（2）实际旱季污泥平均含水率在雨季置信区间内的，得 1.5 分；（3）实际旱季污泥平均含水率大于雨季置信区间上限的，不得分	

序号	考核项目	考核内容	评分标准	依据及说明
10	一、有效处理量（30分）	出水消毒（1分）	（1）消毒设施正常运行，并有规范的安全运行场所和防护措施，得1分； （2）无安全运行场所或防护措施，或消毒设施不能正常运行，不得分	现场查看，按照《城市污水处理厂运行、维护及其安全技术规程》（CJJ 60—2011）执行
11	二、基础管理（8分）	管理制度及岗位责任制（2分）	各项管理制度齐全的得2分，每缺一项扣0.2分	内容包括: 生产管理制度、生产会议制度、岗位责任制度、考核制度、设备管理制度、技术培训制度、化验室管理制度、材料物耗、财务、车辆安全管理
12		人员配置（2分）	（1）根据处理规模及岗位要求配备人员，人员配备满足处理规模要求得1分； （2）生产人员比例>50%，专业技术人员比例≥20%，得1分	人员台账、专业技术人员的受教育经历、资格证、职称证等
13		持证上岗（2分）	得分=2×持证人数/应持证人员总数	操作人员、关键技术工种应持证上岗,查看相关证书,此项结合省住房和城乡建设厅工作部署评分
14		人员培训（2分）	应定期分别对操作人员进行专业培训，有完整、真实的培训记录及材料	查看培训记录
15	三、运行管理（12分）	生产计划及实施（2分）	（1）制定科学、合理的年度、月度生产计划，并按计划有序实施，按时、按量完成得2分； （2）有科学合理的年度、月度生产计划，但未按计划有序实施，得1分； （3）无年度、月度生产计划，不得分	检查相关会议记录
16		污水系统（2分）	（1）污水处理设施应处于正常运行状态，得1分，否则不得分； （2）污泥负荷、活性污泥浓度、污泥沉降比、回流比等参数应与现场抽检的相应参数规律性一致，得1分，否则不得分	现场查看，并抽检
17		污泥系统（2分）	污泥浓缩（调节）、脱水药剂、污泥脱水、污泥硝化一处不正常扣0.5分，扣完为止	现场查看，按照《城市污水处理厂运行、维护及其安全技术规程》（CJJ 60—2011）执行

序号	考核项目	考核内容	评分标准	依据及说明
18	三、运行管理（12分）	运行天数及停减产（2分）	污水处理厂符合主管部门要求并保持连续运行，得2分，若因故停减产，提供相关证明材料，否则不得分	查看考核时限内生产报表
19		运行记录（2分）	（1）有详细的工艺运行管理规定、工艺调度方案、工艺调度单、有年度、季度、月度工艺运行报告并分析到位，得2分； （2）未对生产工艺各环节有明确规定的、各环节管理未量化、无责任人、无工艺执行情况，少一项，扣0.5分，扣完为止	检查工艺运行管理规定制定情况、工艺月度及年度分析报告、工艺调度方案及调度单；工艺运行调控方案执行及工艺交接班记录情况
20		操作规程（2分）	运行操作规程齐全，操作人员熟悉掌握并执行到位。操作规程缺一项扣0.5分，扣完为止	各构筑物、设备、岗位、安全操作规程应健全、科学、完善；各工艺、工段有操作规程
21	四、设施设备管理（12分）	设施运行状况（1分）	污水、污泥处理构筑物外观整洁、无明显的破损、渗漏；池面、堰口、池壁保持清洁、完好、出水均匀；不得出现污水、污泥堵塞外溢现象；出现淤积应及时清淤。设施一处达不到要求扣0.1分，扣完为止	构筑物维护记录、现场查看
22		设备运行状况（2分）	设备外观整洁；连接件齐全牢固；油漆良好无锈蚀；设备无腐蚀，润滑充分；仪器仪表准确灵敏；附属设备工作正常；整机运行平稳可靠；设施、设备的油箱、水泵、管道等无跑冒滴漏现象；主要设备完好率应≥95%。主要设备完好率<95%，扣1分。设备一处达不到要求扣0.1分，扣完为止	设备检修、维护记录，配件、油脂消耗单据，现场查看
23		在线监测（2分）	同时满足下列条件的得2分，否则不得分：监控设施稳定正常运行；在线监控系统与省环保厅污染源自动监控平台规范联网；在线监测数据传输正确、完整，并能如实反映污水处理厂实际工况	随机抽查在线监测装置记录，并进行现场检查
24		备品备件（2分）	（1）备品备件齐全的，得2分； （2）备品备件不足的，得1分； （3）无备品备件的，得0分	现场查看
25		设施设备日常检查维护（1分）	无设备日常巡视检查维护记录，不得分；检查维护记录不全，扣0.5分	应做好设备设施的日常巡视检查工作，并有详细、真实的情况记录

序号	考核项目	考核内容	评分标准	依据及说明
26	四、设施设备管理（12分）	自控及在线仪表运行状况（1分）	污水处理中控系统不能正常使用的不得分；控制操作、显示、数据管理、报警、打印、在线仪表等功能，一处不正常扣0.2分，扣完为止	检查中控监控主站、PLC子站、通讯网络以及各种仪表、控制器件正常运行、有自动生成的电子报表、有自控及在线仪表的维护校验记录
27		大、中、小修管理（1分）	无大、中、小修管理制度，不得分；大、中、小修项目台账不全，扣0.5分	大、中、小修要有规范的实施流程，台账完整（包括计划、审批、实施步骤、完成情况及相关验收台账等）
28		设备档案管理（1分）	未建立详细的设备档案，不得分；设备档案资料不全，扣0.5分	设备建档、履历卡等齐全；有详细的设备采购、参数、使用、维修、管理等记录
29	五、化验分析（12分）	化验分析仪器（2分）	（1）常规检测仪器齐备且工作正常的，得2分； （2）常规检测仪器每缺1项扣0.2分，扣完为止； （3）常规检测仪器每有1项不能正常工作的，扣0.2分，扣完为止	常规检测仪器指具备水质、泥质分析日检项目的仪器
30		水质分析与监测频次（3分）	得分=实际监测频率×满分	（1）化验分析参照GB 18918—2002及CJJ 60—2011进行考核； （2）监测频率标准见附录3中的"水质分析与监测频次"和"泥质分析与监测频次"部分； （3）实际监测频率在规定监测频率50%以下的污染物监测项目，不得分
31		泥质分析与监测频次（2分）		
32		化验分析方法（2分）	采用国家或行业标准检验分析方法，得2分；每有一项不符合要求，扣0.5分，扣完为止	按照《城镇污水处理厂污染物排放标准》（GB 18918—2002）的规定或建设部《城市污水水质检验方法标准》（CJ/T 51—2004）、《城市污水处理厂污泥检验方法》（CJ/T 221—2005）执行

328 // 滇池流域水污染防治环境经济政策实证研究

序号	考核项目	考核内容	评分标准	依据及说明
33	五、化验分析（12分）	化验室监测质量保证体系（1分）	（1）有完整的化验室分析质量保证体系，得 0.5 分，未建立不得分； （2）化验室的精密分析仪器完好可用，进行定期维护和有资质的定期校验，得 0.3 分； （3）化验室设备有完整的维护校验记录，得 0.2 分	参照《城市污水处理厂运行、维护及其安全技术规程》（CJJ 60—2011）7.3.2、7.3.5 制定化验室水质分析质量保证体系
34		化验员岗位培训（1分）	化验检测人员无培训合格证上岗，不得分；未定期接受培训和考核，扣 0.5 分	化验监测人员应经培训后，持证上岗，并应定期进行考核和抽验
35		水、泥质监测原始记录（1分）	未保存完善的水、泥质检测原始记录，不得分	检测原始记录数据应真实、填写规范，与实际检测项目与频次一致，不出现缺少原始记录现象，实验室记录能够复现检测过程
36	六、能耗及成本控制（12分）	节能降耗（3分）	对主要耗电设备采取节能降耗的管理措施 单耗小于 0.3 kW·h/m³ 得 3 分；0.3~0.35 kW·h/m³ 得 2.5 分；0.35~0.4 kW·h/m³ 得 2 分，每增加 0.05 kW·h/m³，扣 0.5 分，扣完为止	污水处理单耗，仅指厂内用电（不含尾水抽排、厂外提升泵站），查电费单据、污水处理年报等
37		成本控制（6分）	（1）在规定范围内或小于下限值，得 6 分； （2）大于所规定范围上限 10%，得 4 分； （3）大于所规定范围上限 10%~20%，得 2 分； （4）大于所规定范围上限 20% 以上，不得分	成本标准参见附录 3 中"成本控制"相关内容
38		成本分析（1分）	污水处理运行成本分析不完整，且数据不真实，不得分；数据真实，但分析不够完整，酌情扣分	检查运行成本一览表及成本分析的完整性与真实性
39		能耗一览表（1分）	污水处理运行能耗一览表不完整，且数据不真实，不得分；一览表数据真实，但不够完整，酌情扣分	查年度、月度运行单位耗电、水、药、油、气等一览表
40		再生水回用（1分）	有厂内回用水如反冲洗水、绿化用水等，得 1 分；无再生水回用不得分	厂内回用指脱水机反冲洗、绿化浇灌、道路喷洒等

序号	考核项目	考核内容	评分标准	依据及说明
41	七、安全管理（10分）	机构及人员（1分）	配备有专（兼）职安全人员和安全管理机构的，得1分；否则不得分	现场查看
42		安全管理制度及规程（1分）	各项制度、规程齐全的，得2分；每缺一项扣0.2分，扣完为止	内容包括：安全规章制度、安全检查记录、安全隐患响应措施、安全检查台账、安全隐患排除记录
43		现场安全管理（2分）	安全生产器具配备齐全；安全警示牌悬挂醒目；有毒有害场所有必要的安全防护仪器、仪表；危险品、易燃、易爆品按规定管理（每项0.5分）	现场检查
44		安全隐患（2分）	无安全隐患，得2分；每发现一处安全隐患，扣1分，扣完为止	现场检查
45		安全培训（2分）	主管领导和安全负责人定期接受正规安全培训并有上级部门颁发的安全培训证书（1分）；对职工进行安全生产教育并有学习记录（1分）	证书、培训、学习记录
46		应急预案（2分）	编制火灾、触电、中毒、防汛、停电、水质水量突变、重要设备故障等7项预案得1分，每少一项扣0.2分，扣完为止；每年组织演练得1分	预案文本和演练记录
47	八、厂容厂貌（4分）	厂区室外环境（1分）	厂内道路完好、通畅、无破损；车辆在固定场所停放有序；管道有色标、井盖整齐完好，井内无积水、污物；厂内照明设施完好；厂内绿化、绿地植被无死亡、缺损；生产区内无堆放杂物，清洁整齐；线路指示、安全标志，设施、设备标牌、铭牌齐备，整齐有序，清晰，有一项不符合扣0.2分，扣完为止	现场检查
48		室内卫生（1分）	办公室、值班室、操作室、机房内物品摆放整齐，卫生整洁，无烟头、污渍等，照明齐全有效；门、窗、玻璃明亮无破损，墙壁整洁；办公桌椅、操作工具摆放整齐；淋浴室、卫生间设施齐全、无破损、无异味；有一项不符合扣0.2分，扣完为止	现场检查
49		宣传管理及环境标示（1分）	有固定的宣传标语、宣传栏或黑板报，确保每日水质对外公示，内容充实。各项线路指示、安全标志整齐有序，指示清晰；重要构筑物、车间、办公室、会议室、值班室、仓库、中控室、化验室、配电室、鼓风机房等有统一、整洁标示。有一项不符合扣0.2分，扣完为止	现场检查
50		其他（1分）	企业文化建设：有良好的企业文化氛围，得0.5分，工作人员统一着装0.5分	现场检查

附录 3　季节分类考核标准具体算法

（1）污水处理量

污水处理率计算方法如附式（3-1）所示：

$$季节平均污水处理率 = \frac{季节内实际处理量}{设计处理量 \times 季节天数} \times 100\% \qquad (3\text{-}1)$$

置信区间计算方法如附式（3-2）所示：

$$\left[\overline{X} - \frac{S}{\sqrt{n}} t_{\alpha/2}(n-1), \overline{X} + \frac{S}{\sqrt{n}} t_{\alpha/2}(n-1) \right] \qquad (3\text{-}2)$$

式中：$\overline{X}$——季节内污水处理率均值；

S——季节内污水处理率标准差；

n——季节内数据个数；

$t_{\alpha/2}(n-1)$——t 分布在自由度为（n–1）、置信水平为 α 时的值，此处 α 取 0.95。

（2）污染物削减率

最高分计算方法，如附表 3-1 所示。

附表 3-1　污染物削减率最高分计算方法

污染物	季节	最高分
COD	雨季	2
	旱季	$2/\alpha_{COD}$
NH₃-N	雨季	2
	旱季	$2/\alpha_{NH_3\text{-}N}$
TP	雨季	2
	旱季	$2/\alpha_{TP}$

式中：$\alpha_{COD} = \dfrac{\overline{(COD_{进水} - COD_{出水})}_{旱季}}{\overline{(COD_{进水} - COD_{出水})}_{雨季}}$ ；

$\alpha_{NH_3\text{-}N} = \dfrac{\overline{(NH_3\text{-}N_{进水} - NH_3\text{-}N_{出水})}_{旱季}}{\overline{(NH_3\text{-}N_{进水} - NH_3\text{-}N_{出水})}_{雨季}}$ ；

$\alpha_{TP} = \dfrac{\overline{(TP_{进水} - TP_{出水})}_{旱季}}{\overline{(TP_{进水} - TP_{出水})}_{雨季}}$ ；

$\overline{(COD_{进水} - COD_{出水})}_{旱季}$——污水处理厂旱季 COD 进水浓度减出水浓度的均值；其他污染物、季节依次类推。

（3）污染物排放浓度

污染物排放浓度标准对于尾水排放河流有无剩余环境容量的污水处理厂，其计算方法不同。

a. 有剩余环境容量时排放浓度标准如附式（3-3）所示：

$$c_{排放标准} = \frac{86\,400M}{Q_P} \tag{3-3}$$

式中：$c_{排放标准}$——污染物排放浓度标准，mg/L；

M——剩余环境容量，g/s，具体计算方法见季节划分方法 1 中的环境容量计算公式附式（1-1）；

Q_P——污水处理厂日处理量，m^3/d。

b. 无剩余环境容量时排放浓度标准如附式（3-4）所示：

$$c_{排放标准} = \frac{\overline{(c_{进水} - c_{出水})_{季节} \times Q_{P_{季节}}}}{\overline{Q_{P_{季节}}}} \tag{3-4}$$

式中：$c_{排放标准}$——污染物排放浓度标准，mg/L；

$c_{进水}$、$c_{出水}$——污染物进水浓度、出水浓度，mg/L；

$\overline{Q_{P_{季节}}}$——污水处理厂日处理量季节平均值，m^3/d。

（4）污泥含水率

置信区间计算方法如附式（3-5）所示：

$$\left[\overline{X} - \frac{S}{\sqrt{n}} t_{\alpha/2}(n-1),\ \overline{X} + \frac{S}{\sqrt{n}} t_{\alpha/2}(n-1) \right] \tag{3-5}$$

式中：$\overline{X}$——季节内污泥含水率均值；

S——季节内污泥含水率标准差；

n——季节内数据个数；

$t_{\alpha/2}(n-1)$——t 分布在自由度为（n–1）、置信水平为 α 时的值，此处 α 取 0.95。

（5）水质分析与监测频次

水质分析与监测频次标准如附表 3-2 所示。

附表 3-2　水质分析与监测频次标准

监测项目	满分	监测频率	
COD_{Cr}	0.6	雨季	每日 3 次
		旱季	每日 1 次
pH	0.2	雨季	每日 3 次
		旱季	每日 1 次
BOD_5	0.3	雨季	每日 3 次
		旱季	每日 1 次
SS	0.3	雨季	每日 3 次
		旱季	每日 1 次
TN	0.3	雨季	每日 3 次
		旱季	每日 1 次
TP	0.3	雨季	每日 3 次
		旱季	每日 1 次
NH_3-N	0.2	雨季	每日 3 次
		旱季	每日 1 次
NO_3-N	0.2	雨季	每日 3 次
		旱季	每日 1 次
氯化物	0.1	雨季	每日 3 次
		旱季	每日 1 次
活性污泥 MLSS	0.1	雨季	每日 2 次
		旱季	每日 1 次
活性污泥 MLVSS	0.1	雨季	每日 2 次
		旱季	每日 1 次
活性污泥 SV	0.1	雨季	每日 2 次
		旱季	每日 1 次
溶解氧	0.1	雨季	每日 2 次
		旱季	每日 1 次
粪大肠菌群	0.1	雨季	每周 3 次
		旱季	每周 1 次

（6）泥质分析与监测频次

泥质分析与监测频次标准如附表 3-3 所示。

附表 3-3　泥质分析与监测频次标准

监测项目	满分	监测频率	
含水率	0.6	雨季	每日 3 次
		旱季	每日 1 次
有机物	0.4	雨季	每日 3 次
		旱季	每日 1 次
pH	0.4	雨季	每日 3 次
		旱季	每日 1 次
粪大肠菌群	0.2	雨季	每周 1 次
		旱季	每月 1 次
汞	0.05	雨季	每周 1 次
		旱季	每月 1 次
镉	0.05	雨季	每周 1 次
		旱季	每月 1 次
铬	0.05	雨季	每周 1 次
		旱季	每月 1 次
铅	0.05	雨季	每周 1 次
		旱季	每月 1 次
铜	0.05	雨季	每周 1 次
		旱季	每月 1 次
总氮	0.05	雨季	每周 1 次
		旱季	每月 1 次
总磷	0.05	雨季	每周 1 次
		旱季	每月 1 次
总钾	0.05	雨季	每周 1 次
		旱季	每月 1 次

（7）成本控制

成本控制考核标准如附表 3-4 所示。

附表 3-4　成本控制考核标准　　　　　　　单位：元/m³ 处理量

工艺类型		≤5 万 m³/d		5 万~20 万 m³/d		≥20 万 m³/d
传统活性污泥工艺	雨季	0.63~0.70	雨季	0.48~0.55	雨季	0.38~0.45
	旱季	0.55~0.63	旱季	0.40~0.48	旱季	0.30~0.38
氧化沟工艺	雨季	0.55~0.60	雨季	0.45~0.50	雨季	0.33~0.40
	旱季	0.50~0.55	旱季	0.40~0.45	旱季	0.25~0.33
AB 法工艺	雨季	0.55~0.60	雨季	0.45~0.50	雨季	0.35~0.40
	旱季	0.50~0.55	旱季	0.40~0.45	旱季	0.30~0.35
A²/O 工艺	雨季	0.68~0.75	雨季	0.55~0.60	雨季	0.45~0.50
	旱季	0.60~0.68	旱季	0.50~0.55	旱季	0.40~0.45
SBR 工艺	雨季	0.65~0.70	雨季	0.55~0.60	雨季	0.45~0.50
	旱季	0.60~0.65	旱季	0.50~0.55	旱季	0.40~0.45

滇池流域污水处理厂初期雨水补偿方案与雨水管理政策路线图

一、污水处理厂初期雨水补偿方案

参考《昆明市滇池水体污染物去除补偿办法（试行）》《昆明市松华坝、云龙水源保护区扶持补助办法》等相关政策文件，并借鉴国内外相关政策的经验，拟定了滇池流域污水处理厂初期雨水补偿方案。

第一条　为加快滇池面源污染治理进程，保证污水处理厂对面源污染的有效控制，规范滇池流域雨水污染去除及补偿资金的行为，根据《中华人民共和国水污染防治法》《滇池保护条例》及有关法律法规，结合滇池实际情况，制定本补偿方案。

第二条　本补偿方案所称污水处理厂初期雨水补偿是指在滇池流域内受昆明市有关部门管理的污水处理厂、水质净化厂等单位处理因降雨产生的额外市政污水，政府按照污染物去除量兑现补偿资金的行为，污染物去除量以总氮为准。

第三条　污水处理厂初期雨水补偿遵循先实施后补偿的原则，待考核部门对污水处理厂处理效果考核合格后，再实施补偿。

第四条　污水处理厂初期雨水补偿资金纳入财政预算，依法多渠道筹集。

第五条　污水处理厂初期雨水补偿额度由污水处理厂管理部门组织专家组会同环保主管部门对监测数据进行复核并对处理效果进行评价后最终确定。计算额度时要充分考虑污水处理厂服务区域的功能区分布、气象和地貌特征、市政管网布设情况，选用能准确估算服务区域的雨水径流量、污染物负荷量的模拟方法，并结合污水处理厂近年的污染物处理成本，公平、客观、科学地制定补偿额度。在补偿额度制定的调研、核算过程中，要充分结合污水处理单位、市政管网管理部门的意见和建议。

第六条　本补偿方案以年度作为核算补偿金的周期。

第七条　本补偿方案的补偿对象，应符合以下条件：

（一）近三年污染物出水浓度考核达标率98%以上；

（二）具有可行的雨水处理实施方案和暴雨应急预案；

（三）具有健全的财务核算管理体系，有相应数量的技术人员；

（四）按时提交生产、运行和成本报表和其他必要的考核材料；

（五）法律、法规规定的其他条件。

第八条　本补偿方案实行公示制，由政府主管部门对雨水收集和处理情况、补偿情况在单位内部和当地主要新闻媒体或政府网站进行定期公示，主动接受社会各界和群众监督。

第九条　在补偿方案实施过程中，如发现污水处理单位在污水处理过程中有弄虚作假、偷排污水、虚报处理耗材等行为，将责令其限期整改，并由上级主管机关或监察机关给予警告处分，一切损失由污水处理单位自行承担。

二、雨水管理政策路线图

为保证滇池流域降雨引起的城市径流污染得到有效控制，并对雨水进行资源化利用，缓解滇池流域的缺水问题，提出以下滇池流域雨水管理政策路线图，如下图所示。

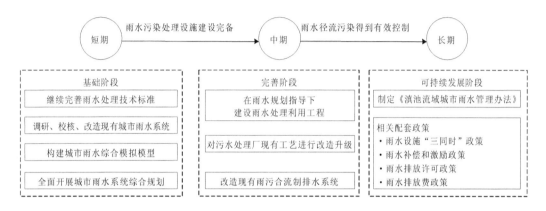

（一）在现阶段，应继续完善雨水处理利用技术的技术标准，并对城市雨水系统现状进行详尽调研，校核雨水口和地下管网的排水和排涝能力，对不满足技术要求的管线进行改造。在此基础上，构建城市雨水管理综合模拟模型，全面收集城区内各类各级雨水管线的工程资料，以及管线对应的下垫面数据，并将其数字化，建立覆盖整个城区的降雨径流过程模型，包括地面的产流汇流过程、管网、河网和积滞水模拟功能。根据构建的雨水管理模型，对城区雨水系统进行模拟与诊断，根据模拟结果全面开展城市雨水系统的综合规划，在"蓄排结合"理念下开展雨水管网、雨水集蓄工程的规划工作，统筹考虑内涝防治、雨水利用和面源污染控制。

（二）在城市雨水系统规划工作完成后，即完全进入雨水政策的中级阶段。建议在此阶段，在雨水规划和"海绵城市"思想指导下建设城市雨水处理利用工程，具体包括现有道路改造、滞蓄设施、泵站、雨水管网、截污设施、雨水处理厂等，并根据降雨实际情况和可行性研究对污水处理厂现有处理工艺进行改造升级，使其具备针对降雨径流污染的"雨水模式"。设施竣工后要保证其稳定运行，也可以考虑引入"公私合作模式"等以促进雨水设施的高效、安全运行。

（三）在城市雨水设施建设完毕并稳定运行后，即进入雨水政策的高级阶段。建议在此阶段，研究并制定《滇池流域城市雨水管理办法》，实现城市雨水管理的规范化、制度化。出台与雨水管理的相关政策：将雨水管理纳入建设项目立项审批、核准的前置条件；

制定切实可行的雨水设施的补偿和激励政策；建立雨水许可制度，对建筑工地、工业企业、园区等的雨水排放水量、水质及对周边环境的影响进行合理评估，并对其采取的相关措施进行评价，其后对达到排放标准的发给雨水排放证，达不到排放标准的限期进行改造，对不按标准排放的处以罚款；建立雨水排放费制度，激励社会力量减少径流雨水的排放。

参考文献

才惠莲，2009. 美国跨流域调水立法及其对我国的启示[J]. 武汉理工大学学报（社会科学版），22（2）：66-70.

柴艳，2008. 昆明市饮用水源区生态补偿机制研究[D]. 杭州：浙江大学.

陈进，黄薇，张卉，2006. 长江上游水电开发对流域生态环境影响初探[J]. 水利发展研究，（8）：10-13，17.

陈雯，肖皓，祝树金，等，2012. 湖南水污染税的税制设计及征收效应的一般均衡分析[J]. 财经理论与实践，33（1）：73-77.

程颐，2008. 饮用水源保护区生态补偿机制构建初探[D]. 厦门：厦门大学.

储博程，2010. 水源保护政策对农户生计影响及农业发展模式研究[D]. 昆明：云南大学.

党志良，孙健，2010. 跨流域调水利益冲突的博弈研究——以南水北调中线陕西水源区和北京市为例[J]. 西北大学学报（自然科学版），40（2）：332-334，347.

段志国，2014. 排污权交易现状研究[D]. 呼和浩特：内蒙古大学.

范英英，2006. 水源保护区生态补偿机制及实证研究以松华坝水源区为例[D]. 北京：北京大学.

冯金鹏，吴洪寿，赵帆，2004. 水环境污染总量控制回顾、现状及发展探讨[J]. 南水北调与水利科技，（1）：45-47.

高琼，赵珊，陈蓉，等，2009. 北京汛期对卢沟桥污水处理厂运行影响探讨[J]. 给水排水，（5）：49-52.

高彤，杨姝影，2006. 国际生态补偿政策对中国的借鉴意义[J]. 环境保护，34（19）：71-76.

关品高，2011. 昆明市松华坝水源区森林植被类型及水源涵养量估算[J]. 山东林业科技，（2）：57-59.

郭梅，滕宏林，彭晓春，等，2010. 东江流域跨省生态补偿意愿调查与政策建议[C]. 第六届环境与发展中国（国际）论坛论文集：7.

何理，曾光明，2002. 考虑随机挠动因素的水环境风险模型研究[J]. 水科学进展，13（2）：197-200.

何平林，石亚东，李涛，2012. 环境绩效的数据包络分析方法——基于我国火力发电厂的案例研究[J]. 会计研究，（2）：11-17.

贾国宁，黄平，2012. 基于支付能力与支付意愿的居民生活用水水价承受能力研究——以广州市番禺区为例[J]. 中国环境科学，32（3）：547-555.

昆明市环保局，2015. 滇池流域基于污染负荷总量控制的基础调查报告[R].

李超显，曾润喜，徐晓林，2012. DEA 在政府社会管理职能绩效评估中的应用研究——以湖南省为例[J]. 情报杂志，31（8）：204-207.

李格娟，2013. 陕西省排污权交易制度研究[D]. 西安：长安大学.

李浩，黄薇，刘陶，等，2011. 跨流域调水生态补偿机制探讨[J]. 自然资源学报，26（9）：1506-1512.

李浩，刘陶，黄薇，2010. 跨界水资源冲突动因与协调模式研究[J]. 自然资源学报，25（5）：705-712.

李鹏，2013. 我国水污染物排污权交易的法律问题研究[D]. 兰州：西北民族大学.

李青，张落成，武清华，2011. 太湖上游水源保护区生态补偿支付意愿问卷调查——以天目湖流域为例[J]. 湖泊科学，23（1）：143-149.

李群，2007. 东江流域水源保护区生态补偿机制的研究[D]. 兰州：西北民族大学.

李烨楠，卢培利，宋福忠，等，2014. 排污权交易定价下的 COD 和氨氮削减成本分析研究[J]. 环境科学与管理，（3）：50-53.

梁丽娟，葛颜祥，傅奇蕾，2006. 流域生态补偿选择性激励机制——从博弈论视角的分析[J]. 农业科技管理，2006（4）：49-52.

刘春腊，刘卫东，陆大道，2013. 1987—2012 年中国生态补偿研究进展及趋势[J]. 地理科学进展，32（12）：1780-1792.

刘巍，田金平，李星，等，2012. 基于数据包络分析的综合类生态工业园区环境绩效研究[J]. 生态经济，28（7）：125-128.

刘小峰，盛昭瀚，金帅，2011. 基于适应性管理的水污染控制体系构建——以太湖流域为例[J]. 中国人口·资源与环境，21（2）：73-78.

卢艳丽，丁四保，2009. 国外生态补偿的实践及对我国的借鉴与启示[J]. 世界地理研究，18（3）：161-168.

孟浩，2013. 基于农户认知的水源地生态补偿政策社会效益评估及其影响因素研究[D]. 上海：上海师范大学.

彭晓春，刘强，周丽旋，等，2010. 基于利益相关方意愿调查的东江流域生态补偿机制探讨[J]. 生态环境学报，19（7）：1605-1610.

钱学森，于景元，戴汝为，1990. 一个科学新领域——开放的复杂巨系统及其方法论[J]. 自然杂志，13（1）：3-10.

邵林广，1999. 南方城市污水处理厂实际运行水质远小于设计值的原因及其对策[J]. 给水排水，25（2）：11-13.

谭术魁，张红霞，2010. 基于数量视角的耕地保护政策绩效评价[J]. 中国人口·资源与环境，20（4）：153-158.

陶建格，2012. 生态补偿理论研究现状与进展[J]. 生态环境学报，21（4）：786-792.

田昕，2007. 基于多 Agent 的南水北调水资源供需协商研究与仿真[D]. 南京：河海大学.

王翠然，陆根法，蔡邦成，2006. 中国道路建设生态补偿机制建立的理论思考[J]. 环境保护科学，（3）：
　　43-45.

王金南，杨金田，陆新元，等，1995. 市场机制下的环境经济政策体系初探[J]. 中国环境科学，15（3）：
　　183-186.

王金南，董战峰，杨金田，等，2008. 排污交易制度的最新实践和展望[J]. 环境经济，7（10）：31-45.

王金南，龙凤，葛察忠，等，2014. 排污费标准调整与排污收费制度改革方向[J]. 环境保护，42（19）：
　　37-39.

王军锋，侯超波，2013. 中国流域生态补偿机制实施框架与补偿模式研究——基于补偿资金来源的视角[J].
　　中国人口·资源与环境，23（2）：23-29.

王克强，李国军，刘红梅，2011. 中国农业水资源政策一般均衡模拟分析[J]. 管理世界，26（9）：81-92.

王品文，2014. 湖北省排污权交易实践重点问题研究[D]. 武汉：中国地质大学.

王志飞，2007. 松华坝饮用水源区补偿政策探讨[J]. 环境科学导刊，（3）：28-31.

乌兰，伊茹，马占新，2012. 基于 DEA 方法的内蒙古城市基础设施投资效率评价[J]. 内蒙古大学学报
　　（哲学社会科学版），44（2）：5-9.

徐大伟，郑海霞，刘民权，2008. 基于跨区域水质水量指标的流域生态补偿量测算方法研究[J]. 中国人
　　口·资源与环境，（4）：189-194.

徐琳瑜，于冰，2015. 水电开发受益者应分阶段补偿当地[J]. 环境经济，31（11）：18.

严冬，周建中，2010. 水价改革及其相关因素的一般均衡分析[J]. 水利学报，（10）：1220-1227.

杨磊，孙洲，2011. 经济博弈视角下的生态补偿[J]. 绿色科技，（10）：6-8.

袁伟彦，周小柯，2014. 生态补偿问题国外研究进展综述[J]. 中国人口·资源与环境，24（11）：76-82.

原媛，2009. 实施环境税对辽宁省产业结构的影响——基于 CGE 模型的分析[D]. 大连：大连理工大学.

曾霞，侯兵，2013. 基于系统动力学的流域农村面源污染生态补偿[J]. 华北水利水电学院学报，（4）：
　　111-115.

张家瑞，杨逢乐，曾维华，等，2015. 滇池流域水污染防治财政投资政策绩效评估[J]. 环境科学学报，
　　5（2）：596-601.

张银平，2012. 基于系统动力学的济宁市节水管理决策模型研究[D]. 泰安：山东农业大学.

张永亮，2012. 流域水污染物排污交易政策设计及其水环境质量影响研究[D]. 南京：南京大学.

张友国，郑玉歆，2005. 中国排污收费征收标准改革的一般均衡分析[J]. 数量经济技术经济研究，（5）：
　　3-16.

张志强，徐中民，等，2002. 黑河流域张掖地区生态系统服务恢复的条件价值评估[J]. 生态学报，22（6）：
　　885-893.

赵璟，秦海龙，方小林，2008. 昆明市松华坝水源保护区生态补偿机制与政策建议[J]. 西南林学院学报，

（4）：137-141.

赵俊波，2013. 云南省师宗县城自来水价格规制存在问题及对策研究[D]. 昆明：云南大学.

郑春梅，刘丹，2013. 水价调控的城市节水效应分析——以天津市为例[J]. 人民珠江，34（3）：77-79.

郑媛，2007. 松华坝水源保护区利益补偿机制研究[D]. 昆明：昆明大学.

中国环境科学院研究院，环保部环境规划院，昆明市环境科学研究院. 滇池流域水污染防治规划（2016—2020）[R].

周琼，2008. 河流水质风险评估模型与应用[J]. 人民珠江，29（4）：40-42.

朱桂香，2008. 国外流域生态补偿的实践模式及对我国的启示[J]. 中州学刊，（5）：69-71.

卓珊慧，万魏，2012. 雨污合流污水处理厂的运行管理[J]. 绿色科技，14（7）：195-196.

Banker R D，Charnes A，Cooper W W，1984. Some models for estimating technical and scale inefficiencies in data envelopment analysis [J]. Management Science，30：1078-1092.

Becu N，Perez P，Barreteau O，et al.，2002. How bad isn't the Agent-based model Catchscape? Proceedings of the First Biennial Meeting of the International Environmental Modelling and Software Society[J]. Manno Switzerland，iEMSs，6：1236-1241.

Berrittella M，Rehdanz K，Hoekstra A Y，et al.，2006. The economic impact of restricted water supply: a computable general equilibrium analysis[J]. Working Papers，41（8）：1799-1813.

Boland J J，Whittington D，1998. The Political Economy of Increasing Block Tariffs in Developing Countries[J]. Special Papers.

Charnes A，Cooper W W，Rhodes E，1978. Measuring the efficiency of decision making units[J]. European Journal of Operational Research，2（6）：429-444.

Dahan M，Nisan U，2007. Unintended consequences of increasing block tariffs pricing policy in urban water[J]. Water Resources Research，43（3）：344-347.

Daily G C，1997. Introduction: What are Ecosystem Services[J]. Natures Services Societal Dependence on Natural Services Island Press Washington DC，63（6）：15-34.

Decaluwe B，Party A，Savard L，1999. When water is no longer heaven sent: comparative pricing analysis in an CGE model. Available: www.ecn.ulaval.ca/w3/recherche/cahiers/1999/9908.pdf.

Doumpos M，Cohen S，2014. Applying data envelopment analysis on accounting data to assess and optimize the efficiency of Greek local governments[J]. Omega，46（9）：74-85.

Eheart J W，Brill E D，Lence B J，et al.，1987. Cost efficiency of time-varying discharge permit programs for water quality management[J]. Water Resources Research，23（2）：245-251.

Gomez C M，Tirado D，Rey-Maquieira J，2004. Water exchanges versus water works: insights from a computable general equilibrium model for the Balearic Islands[J]. Water Resources Research，40：1-11.

Hare M，Medugno D，Heeb J，et al.，2002. An Applied Methodology for Participatory Model Building of

Agent-Based Models for Urban Water Management[M]. Belgium：SCS-European Publishing House：61-66.

Herbay J P，Smeers Y，D Tyteca，1983. Water quality management with time varying river flow and discharger control[J]. Water Resources Research，19（6）：1481-1487.

Horridge M，Madden J，Wittwer G，2005. The impact of the 2002-2003 drought on australia[J]. Journal of Policy Modeling，27（3）：285-308.

Ines W，Gary B，Sam T，2009. The Use of System Dynamics Simulation in Water Resources Management[J]. Water Resources Management，23（7）：1301-1323.

J F Raffensperger，M Milke，2005. A design for a fresh water spot market[J]. Water Supply，5（6）.

Joshua J C，Gary B，2004. Lamont：Parallel Simulation of UAV Swarm Scenarios[C]//Proceedings of the 2004 Winter Simulation Conference. USA：WSC.

Kieser M S，Fang F，Hall D L，et al.，2004. A preliminary analysis of water quality trading opportunities in the Great Minmi River watershed Ohio[J]. Proceedings of the Water Environment Federation，57：1375-1386.

Kraemer R A，Kampa E，Interwies E，2004. The role of tradable permits in water pollution control. Inter-American Development Bank[J]. Sustainable Development Department Environment Division，36：567-572.

Lamb J C，Hull I B，1985. Current status in use of flexible effluent standards[J]. Journal（Water Pollution Control Federation），57（10）：993-998.

Letsoalo A，Blignaut J，Wet T D，et al，2005. Triple dividends of water consumption charges in south africa[J]. Working Papers，43（5）：603-603.

Liu J S，Lu L Y Y，Lu W M，et al.，2013. Data envelopment analysis 1978–2010：a citation-based literature survey[J]. Omega-The International Journal of Management Science，41：3-15.

Ma Y，Shen Z J，Kawakami M，et al.，Geospatial Techniques in Urban Planning Advances in Geographic Information Science 2012[M]. Chapter 6：An Agent-Based Approach to Support Decision-Making of Total Amount Control for Household Water Consumption：107-128.

Martin J F，2002. Emergy valuation of diversions of river water to marshes in the Mississippi River Delta[J]. Ecological Engineering，18（3）：265-286.

Mehdi R，Hafner C M，2014. Local Government Efficiency：The Case of Moroccan Municipalities[J]. African Development Review，26（1）：88-101.

Meran G，Hirschhausen C V，2014. Increasing Block Tariffs in the W ater Sector：An Interpretation in Terms of Social Preferences[J]. Georg Meran，43：3412-3419.

Millspaug J J，Brundig G C，Gitze R A，et al.，2004. Herd organization of cow elk in custer state park，south dakota[J]. Wildlife Society Bulletin, 32 (2): 506-514.

Moran D, McVittie A, Allcrot D J, et al., 2007. Quantifying public references for agri-environment policy in Scotland: A comparison of methods[J]. Ecological Economic, 63 (1): 42-53.

Nicola1 A D, Gitto S, Mancuso P, et al., 2014. Healthcare Reform in Italy: An Analysis of Efficiency Based on Nonparametric Methods [J]. The International Journal of Health Planning and Management, 29 (1): 48-63.

Pattanayak S K, 2004. Valuing watershed services: concepts and empirics from southeast Asia[J].Agriculture Ecosytems & Environment, 104 (1): 171-184.

Raffensperger J F, Milke M A, 2005. Design for a Fresh Water Spot Market[J]. Water Science and Technology, 5 (6): 217-224.

Roe T, Dinar A, Tsur Y, et al., 2005. Feedback links between economy-wide and farm-level policies: with application to irrigation water management in morocco[J]. Policy Research Working Paper, 27 (8): 905-928.

Rogers P, Silva R D, Bhatia R, 2002. Water is an economic good: How to use prices to promote equity, efficiency, and sustainability[J]. Water Policy, 4 (4): 1-17.

Salvador Del Saz-Salazar, Francesc Hernández-Sancho, Ramón Sala-Garrido, 2009. The social benefits of restoring water quality in the context of the Water Framework Directive: A comparison of willingness to pay and willingness to accept[J]. Science of The Total Environment, 407 (16): 4574-4583.

Schuck E C, Green G P, 2002. Supply-based water pricing in a conjunctive use system: implications for resource and energy use[J]. Resource and Energy Economics, 24 (3): 175-192.

Stanley R H, Luiken R L, 1982. Water rate studies and rate making philosophy [J]. Public Works, 113 (5): 70-73.

Tyteca D, 1983. Water quality management with time varying river flow and discharger control[J]. Water Resourses Research, 19 (6): 1481-1487.

Winz I, Brierley G, Trowsdale S, 2009. The use of system dynamics simulation in water resources management[J]. Water Resources Management, 23 (7): 1301-1323.

Yuan X C, Wei Y M, Pan S Y, et al., 2014. Urban Household Water Demand in Beijing by 2020: An Agent-Based Model[J]. Water Resources Management, 28 (10): 2967-2980.

Zhang J, Zeng W, Wang J, et al., 2015. Regional low-carbon economy efficiency in China: Analysis based on the Super-SBM model with CO_2 emissions[J]. Journal of Cleaner Production, 163 (1): 202-211.

Zhou P, Ang B W, Poh K L, 2008. A survey of data envelopment analysis in energy and environmental studies[J]. European Journal of Operational Research, 189 (1): 1-8.